应用型人才培养实用教材
普通高等院校土木工程“十三五”规划教材

建筑工程制图与识图

主　编　刁乾红　李景林　刘　颖　孙　科
副主编　常允艳　付文艺　蒙　旺　潘　潺
主　审　吴全吉

西南交通大学出版社
·成　都·

图书在版编目（CIP）数据

建筑工程制图与识图 / 刁乾红等主编．—成都：西南交通大学出版社，2016.8
应用型人才培养实用教材 普通高等院校土木工程“十三五”规划教材
ISBN 978-7-5643-4964-6

Ⅰ．①建… Ⅱ．①刁… Ⅲ．①建筑制图－识图－高等学校－教材 Ⅳ．①TU204.21

中国版本图书馆 CIP 数据核字（2016）第 205511 号

应用型人才培养实用教材
普通高等院校土木工程“十三五”规划教材

建筑工程制图与识图

主编 刁乾红 李景林 刘 颖 孙 科

责任编辑	罗在伟
封面设计	何东琳设计工作室
出版发行	西南交通大学出版社 （四川省成都市二环路北一段 111 号 西南交通大学创新大厦 21 楼）
发行部电话	028-87600564 028-87600533
邮政编码	610031
网 址	http://www.xnjdcbs.com
印 刷	四川森林印务有限责任公司
成品尺寸	185 mm×260 mm
印 张	14.5
字 数	359 千
版 次	2016 年 8 月第 1 版
印 次	2016 年 8 月第 1 次
书 号	ISBN 978-7-5643-4964-6
定 价	36.00 元

课件咨询电话：028-87600533
图书如有印装质量问题 本社负责退换

前　言

建筑工程制图与识图课程是土建工程各专业必修的一门技术基础课。不论是建造房屋、架桥铺路，还是修建水利枢纽，总之，完成一切工程项目，都离不开工程图样。工程图样是按照国家制定的统一标准绘制的，是工程技术人员沟通技术思想的“语言”，因此绘制和识读工程图样是工程技术人员必须具备的一项基本功。本课程的教学任务就是培养学生掌握绘制和识读土建工程图样的基本能力。

本书是在画法几何（投影基本知识、点和直线、平面、直线与平面以及两平面的相对位置、平面立体、曲面立体、轴测投影、立体表面展开）的基础上进行编写的，注重培养学生识图的方法和技巧。

本书主要根据教育部画法几何及工程制图教学指导委员会提出的画法几何及建筑工程制图课程教学基本要求，最新国家制图标准《房屋建筑制图统一标准》（GB/T 50001—2010）、《总图制图标准》（GB/T 50103—2010）、《建筑制图标准》（GB/T 50104—2010）、《建筑结构制图标准》（GB/T 50105—2010）、《给水排水制图标准》（GB/T 50106—2010），以及现行的与土建工程专业相关的其他规范和标准等进行编写。在内容编排上，注重实用性，坚持“保干去枝、简而够用”的原则，通过本书的学习使学生具有工程技术人员的基本素养。

本书共 13 章。第 1 章由重庆水利电力职业技术学院常允艳编写；第 2 章、第 3 章由重庆机电职业技术学院刘颖编写；第 0 章绪论、第 4 章由贵州民族大学人文科技学院李景林编写；第 5 章、第 6 章由重庆机电职业技术学院孙科编写；第 7 章由贵州民族大学人文科技学院蒙旺编写；第 8 章、第 9 章、第 10 章及附录由重庆机电职业技术学院刁乾红编写；第 11 章由重庆水利电力职业技术学院潘潺编写；第 12 章由重庆水利电力职业技术学院付文艺编写。

本书由重庆大学吴全吉教授担任主审，通过对本书的审阅，提出了不少建设性意见，对保证本书质量大有裨益，编者谨此表示由衷感谢。

限于编者的水平有限，加之时间仓促，本书难免有不妥之处，敬请广大读者及同行批评、指正，以便再版时及时修订。

编　者

2016 年 5 月

教学资源

目　录

第0章　绪　论

0.1　本课程的地位和作用

在建筑工程建设中，无论是建造房屋还是修建厂房、道路、桥梁、水利工程等，都离不开工程图样，都要根据图纸施工。因为建筑物的形状、尺寸和结构，都不是语言或文字所能描述清楚的。一套图纸，可以借助一系列的图，将建筑物各个方面的形状大小、内部布置、细部构造、结构、材料及布局，以及其他施工要求，按照制图国家标准，准确而详尽地在图纸上表达出来，作为施工的根据。无论是外形巍峨壮丽、内部装修精美的智能大厦，还是造型简单的普通房屋，都是先进行设计、绘制图样，然后按图样施工。所以，图纸是各项建筑工程不可缺少的重要技术资料。设计师借助图样表达自己的设计意图，施工人员依据图样将设计师的设计思想变为现实。所以，从事建筑工程的技术人员，必须掌握建筑工程图样的绘制和识读方法，否则将是既不会“写”又不会“看”的“文盲”；凡是从事建筑工程设计、施工、管理及相关行业的工程技术人员，都离不开图纸。建筑图纸有建筑施工图、结构施工图和设备施工图之分。最常使用的图样是根据正投影原理作出的正投影图。图 0-1 是一幢××小学教学楼的一张建筑施工图，由正立面图、底层平面图和剖面图构成，从图中可以看到教学楼的长宽高尺寸、正（北）立面形状、内部分隔、教室大小、楼层高度、门窗、楼梯的位置等主要施工资料。建筑施工图中，还有总平面图用以表示教学楼的位置、朝向、四周地形和道路等，还有建筑详图用以表示门、窗、栏板等构件的具体做法。除了建筑施工图之外，还要有一套结构施工图用以表示屋面、楼面、梁、柱、楼梯、基础等承重构件的构造。此外还有设备施工图用以表示室内给水、排水、电气等设备的布置情况。只有这样，才能满足施工的要求。上述这些表示建筑物及其构配件的位置、大小、构造和功能的图，称为图样。在图纸上绘出图样，并加上图标和必要的技术说明，即可用以指导施工。

在工程技术界，图还经常用来表达设计构思、进行技术交流、相互交换意见，因此，被称为工程界的共同语言。图还可以用来解决物体之间的几何关系问题和数学、力学的计算和分析问题。在科学研究中，图又可以用来统计、描绘和分析各种客观现象和实验数据，从而探索其中的规律。所以，图又是分析问题和解决问题的有力工具。

根据投影原理、标准或有关规定，表示工程对象并有必要的技术说明的图，称为工程图样。工程图样是表达设计意图、交流技术思想和指导工程施工的重要工具，被喻为工程界的“技术语言”。作为建筑工程方面的技术人员，必须具备绘制和阅读本专业工程图样的能力，才能更好地从事工程技术工作。

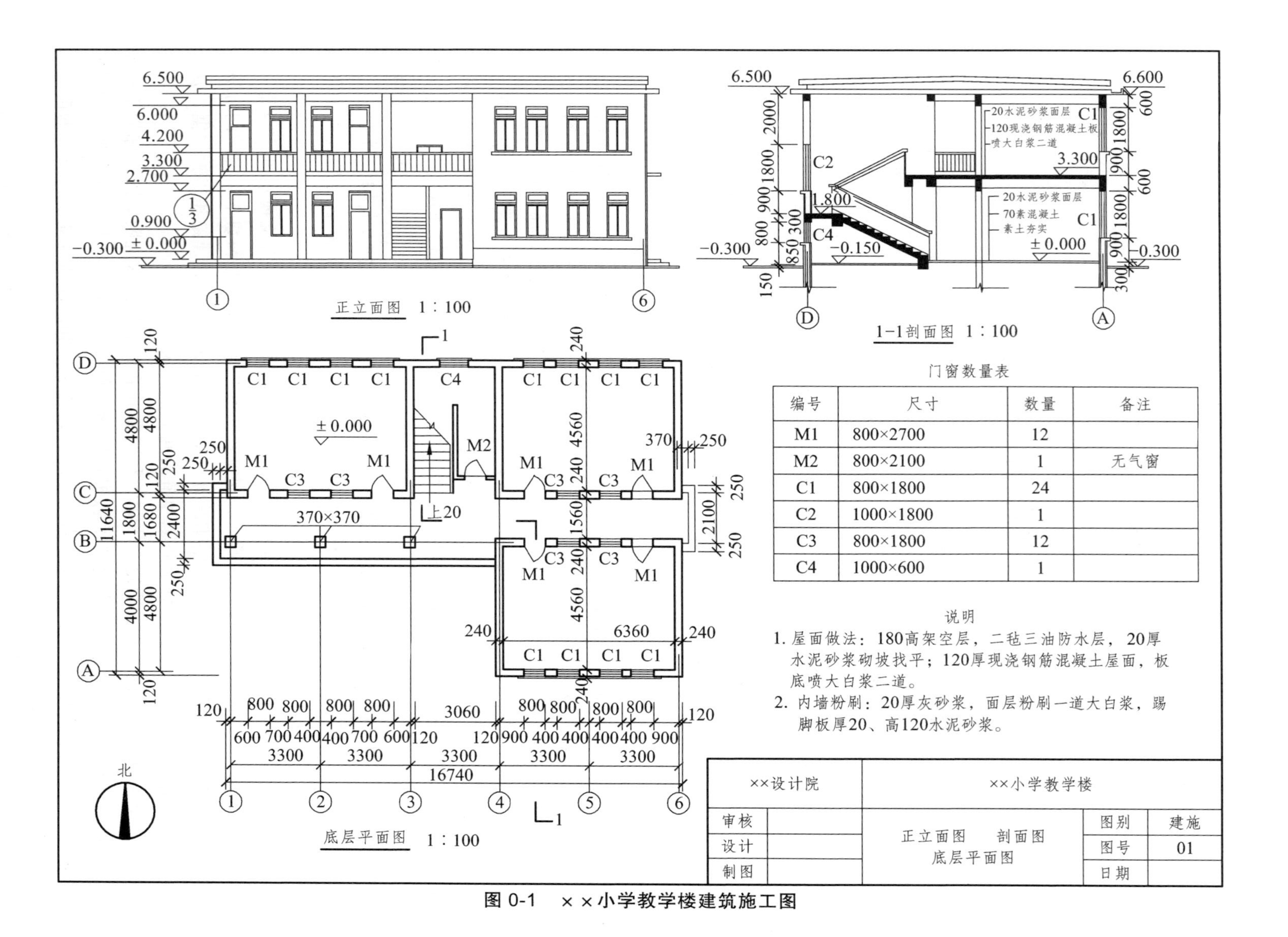

图 0-1 ××小学教学楼建筑施工图

0.2 本课程的性质及任务

建筑工程制图与识图是土木工程专业、房屋建筑工程施工专业、给水排水工程专业和建筑管理类各专业的一门主要技术基础课，是高等院校工科土建类专业的一门既有系统理论又有较强实践性的专业技术基础课，是一门既有投影理论又与生产实践相联系的技术基础课，是工程设计、工程施工、加工生产和技术交流的重要技术文件，主要用于反映设计思想、指导施工和制造加工等。它研究绘制和阅读工程图样的理论和方法，并培养学生的制图、识图及解图能力，同时又为学生后继课程的学习和完成课程设计与毕业设计打下基础。

本课程的任务主要有下列几方面的内容：

（1）学习投影(主要是正投影法)的基本理论及其运用。

（2）学习、贯彻制图国标及其他的有关规定。

（3）培养空间想象能力、空间几何问题的分析能力。

（4）研究常用的图解方法，培养图解能力。

（5）培养绘制和阅读房屋建筑工程图样的基本能力。

（6）通过绘图、读图和图解的实践，培养学生的相应能力。

（7）培养认真负责的工作态度和严谨细致的工作作风。

教师应通过本课程的教学，注意对学生自学能力、自信心的培养；注重对学生思维方法的训练，使其在学习知识的同时，掌握思维方法，提高解决问题的能力；对学生的日常作业严格要求，养成其对工程问题一丝不苟的作风。最终通过课程的学习，达到对学生四种能力（即工程设计表达能力、空间思维能力、设计创新能力、工程实践能力），一种素质（包括发散思维习惯、工程综合素质、质量与标准意识、设计审美意识、工作责任心）的培养，为培养工程应用技能型人才奠定坚实的基础。

0.3 本课程的主要要求和内容

本课程的主要内容包括正投影法基本原理和投影图、建筑工程图以及制图的基本知识与技能等三部分。学完本课程后，学生应达到如下要求：

（1）通过学习制图的基本知识与技能，熟悉并遵守国家标准规定的制图基本规范，学会正确使用绘图工具和仪器，掌握绘图的基本方法与技巧。

（2）通过学习正投影法基本原理和投影图，掌握用正投影法表达空间形体的基本理论和方法，具有绘制与识读空间形体投影图的能力。在学习投影图的过程中，不仅要熟悉制图标准规定的基本规格、正投影原理，掌握正确的绘图方法与技巧，而且应进一步熟悉和贯彻制图标准中有关符号、图样画法、尺寸标注等规定，掌握形体的投影图画法、尺寸标注和读法。这部分内容是绘制与识读有关专业图的基础，是学习本课程的重点。同时，学生应初步掌握轴测图的基本概念和画法。

（3）建筑工程图包括建筑施工图、结构施工图和设备施工图，这部分是本课程的主要内容。通过学习，学生应掌握建筑工程图样的图示特点和表达方法，初步掌握绘制与识读建筑工程图的方法，能正确绘制和识读中等复杂程度的建筑施工图和结构施工图，能识读设备施工图。

（4）随着计算机技术的发展与普及，计算机绘图将逐步代替手工绘图。在学习本课程的过程中，学生除了掌握尺规绘图和徒手绘图的技能外，还必须通过建筑 CAD 课程的学习对计算机在工程图中的应用有所了解。但必须指出，计算机绘图的出现与普及，并不意味着可以降低对手工绘图的技能要求，正如计算器的发明不能否认珠算的作用一样，只有在掌握绘图和识图基本技能的基础上，用计算机绘图方能得心应手。

通过本课程的学习，学生应该达到如下几方面能力：

（1）通过工程技术导引的学习，了解工程图作用及所涉及的工程技术领域概况、工程技术的构成和工程设计的步骤。

（2）通过画法几何的学习，理解掌握投影法的基本知识，点、直线、平面、立体的投影作图，几何要素各种相对位置的投影特性及图解空间定位、度量问题，掌握空间问题的图示方法，掌握轴测投影、透视投影图的基本作图方法。

（3）通过制图基础的学习，了解制图国家标准的基本规定，掌握几何作图、徒手草图、仪器绘图、计算机软件绘图的基本方法，掌握简化件——组合体的形体分析等画图、看图、尺寸标注、构型设计方法，掌握国家标准规定的常用的表达方法等。

（4）通过工程图样讨论及分析，掌握建筑形体视图、专业图的表达与画法，了解建筑形体的构型设计方法及应注意的问题。

（5）通过实践性教学环节，训练徒手速画、仪器绘图的能力技巧，学习手工模型、机制模型的绘制方法，通过建筑 CAD 课程的学习熟练掌握计算机软件绘图技术，基本掌握计算机三维造型技术，学会测绘工具的使用，训练由零件、部件组成测绘图样的基本能力。

本课程包括画法几何、制图基础、工程施工图三部分。其中：画法几何部分包括投影基本知识、点、线、面的投影、形体的投影、平面立体、立体的截断与相贯，轴测投影图；制图基础部分包括制图基本知识、组合体的投影图和建筑形体表达方法；工程施工图部分包括民用建筑建筑施工图、民用建筑结构施工图、单层工业厂房施工图、建筑给水排水和电气施工图以及装饰施工图。

0.4 本课程的学习方法

画法几何与工程制图既互相联系又各有特点，画法几何是工程制图的理论基础，工程制图是投影理论的具体应用。前者比较抽象，系统性和理论性较强；后者比较实际具体，实践性较强。计算机绘图是一项新技术，在建筑 CAD 中应加强其实践性教学环节。不论学习哪一部分内容，都必须认真耐心完成一系列的绘图作业，才能领会其内容实质。

本课程将学生领进了图学领域，这一领域对许多同学来说可能很陌生，初学时往往不得要领，学起来感到很吃力、很被动。为了使同学们能够主动、有效地学习，下面就本课程的特点及学习方法提出几点建议，供学习时参考。

（1）对专业的热爱和对知识的渴求，是同学们推动学习的动力。21 世纪是一个知识经济的时代，人才竞争日趋激烈，就业竞争日趋严峻，不进则退。只有端正学习态度，刻苦钻研，才能不断前进。

（2）要下工夫培养空间想象能力，要培养解题能力。解决有关空间几何问题，要坚持先对问题进行空间分析，找出解题方案，再利用所掌握的各种基本作图原理和方法，逐步做到作图表达、求解。无论是学习或练习制图，都要将画图和读图相结合。根据实物或立体图画出二维的平面图形后，再移开实物或立体图，从二维的平面图形想象出三维形体的形状，这是学习本课程的重点和难点之一。初学者可借助模型或立体图，通过图物对照加强感性认识，但要逐步减少对模型和立体图的依赖，逐步做到根据二维平面图形，即可想象出三维形体的形状直至可以完全依靠自己的空间想象力，看懂图形。

（3）在专业制图与读图部分，首先，应认真学习国家制图标准中的有关规定，熟记各种代号和图例的含义。其次，应多观察建筑物的造型、构造做法、装饰效果以及设备安装方法，以便绘图和读图。本课程实践性很强，只有理论联系实际，才能较好地掌握各种建筑工程图样的图示内容和图示方法。

（4）要注重自学能力的培养。上课前应预习教材有关内容，带着看不懂或弄不清的问题、带着疑难问题去听讲，课后应认真、独立地完成制图作业，巩固所学的概念和方法。画法几何的内容一环扣一环，前面的学习不透彻、不牢固，后面必然越学越困难。知识是无穷无尽的，更新非常迅速，高等学校的学生必须培养自学的能力，自己发现问题和寻找解决问题的方法（包括翻课本、找资料和请教老师、同学）。当代大学生只有具备较强的自学能力，才能适应科技迅猛发展、知识不断更新的时代，也才能适应终身学习的需要。

（5）培养认真负责、一丝不苟的工作作风。建筑工程图样是施工的依据，学习工程施工图部分时，要结合教材举例和工程实例，掌握工程图的图示方法和图示的要求，灵活运用前两部分的知识逐步掌握绘制与阅读工程图的基本方法和基本技能。一条线的疏忽或一个数字的差错，往往造成返工浪费。因此，从初学制图开始，同学们就要严格遵守国家制图标准，培养认真负责、一丝不苟的工作作风。同时，良好的职业道德和敬业精神是现代企业对工程技术人员的基本要求，所以初学者一定不要忽视这种职业素质的培养和训练。

（6）建筑制图课程只能为学生制图和读图能力的培养打下一定基础，学生还应在以后的各门技术基础课程和专业课程、上岗实践、课程设计和毕业设计中，无论绘图或读图，都自始至终严格要求自己，认真从事，逐步提高绘图速度，达到又好又快的要求，直至全面采用计算机绘图技术。只有这样，才能完成国家培养合格工程技术人员在制图能力方面的训练，毕业后才能出色地为我国全面建成小康社会服务，成为社会主义建设合格的应用技能型人才。

第 1 章　制图的基本知识

学习目标及能力要求：

通过本章的学习，学生应能够正确使用绘图工具，初步了解国家标准的基本规定，掌握几何图形的画法和绘图的步骤以及徒手绘图的一般方法。

通过学习，学生应该达到以下要求：

（1）掌握绘图工具的正确使用。

（2）掌握国家标准的基本规定。

（3）掌握平面图形的分析与作图。

（4）掌握绘图的基本方法和步骤。

1.1　绘图工具和仪器

若要绘制图样，必须正确使用和维护绘图工具，这样不仅能提高制图的质量、加快制图的速度，而且能够延长绘图工具的使用寿命。下面简要地介绍常用绘图工具及其使用方法。

1.1.1　绘图板

绘图板用来固定图纸。它的两面由胶合板组成，四周边框镶有硬质木条。作为绘图的垫板，绘图板要求板面平整、板边平直。为防止图板翘曲变形，图板应防止受潮、暴晒和烘烤，不能用刀具或硬质材料在图板上任意刻画。

1.1.2　丁字尺

丁字尺有木质和有机玻璃两种。它由相互垂直的尺头和尺身组成，主要用来与图板配合画水平线，再与三角板配合画垂直线。

使用丁字尺画线时，尺头应紧靠图板左边，以左手扶尺头，使尺上下移动。要先对准位置，再用左手压住尺身，然后画线。切勿图省事推动尺身，使尺头脱离图板工作边，也不能将丁字尺靠在图板的其他边画线，如图 1.1 所示。

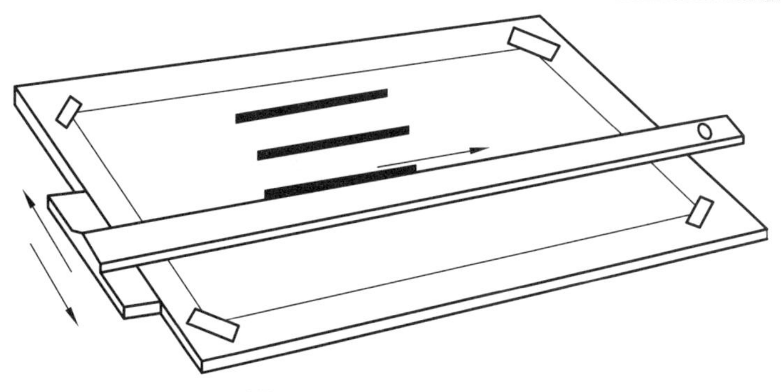

图 1.1　绘图板与丁字尺

应特别注意保护丁字尺的工作边，保证其平整光滑，不能用小刀靠住尺身切割纸张。不用时应将丁字尺装在尺套内悬挂起来，防止压弯变形。

1.1.3　三角板

三角板一般由有机玻璃制成，两块组成一副。其中一块是 45°的等腰直角三角形，另一块是 30°、60°的直角三角形。

三角板与丁字尺配合使用，可画垂直线及与丁字尺工作边成 15°、30°、45°、60°、75°等的各种斜线；两块三角板配合使用，能画出垂直线和各种斜线及其平行线，如图 1.2、图 1.3 所示。

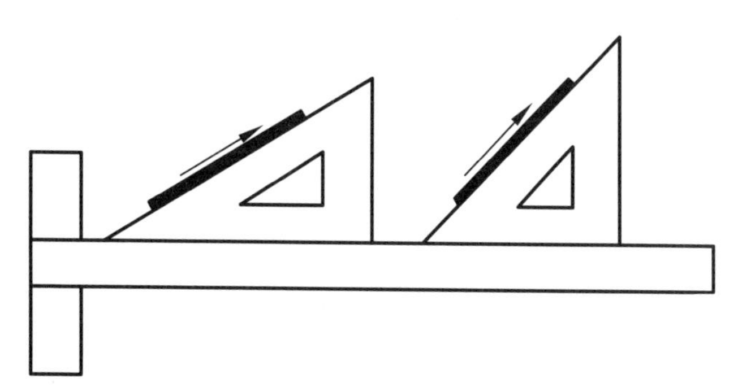

图 1.2　丁字尺与三角板作 30°、45°斜线

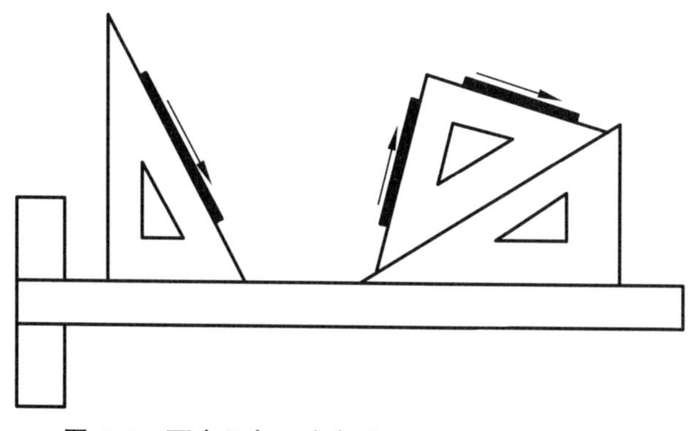

图 1.3　丁字尺与三角板作 60°、75°、15°斜线

1.1.4 比例尺

比例尺常为塑料三棱柱体，故也称之为三棱尺。比例尺有放大尺和缩小尺之分，在它的三面刻有 6 种不同的比例刻度，可直接用它在图纸上绘出物体按该比例的实际尺寸，不需要计算，如图 1.4 所示。

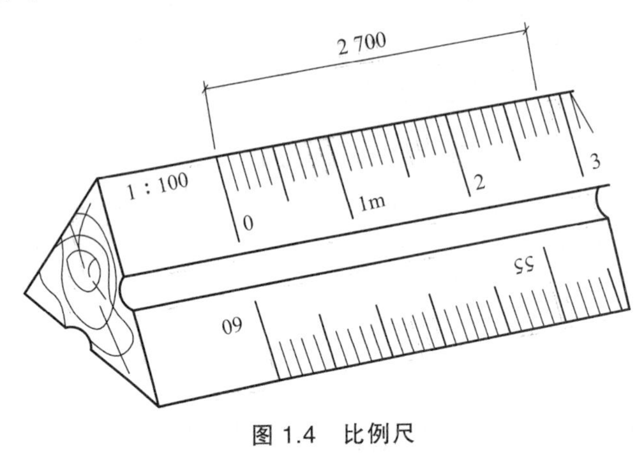

图 1.4 比例尺

比例尺的使用方法是：首先，在尺上找到所需的比例；然后，看清尺上每单位长度所表示的相应长度，就可以根据所需要的长度，在比例尺上找出相应的长度作图。

例如，要以 1 : 100 的比例画 2 700 mm 的线段，只要从比例尺 1 : 100 的刻度上找到单位长度 1 m（实际长度仅是 10 mm），并量取从 0 到 2.7 m 刻度点的长度，就可用这段长度绘图了。

1.1.5 圆规和分规

圆规是画圆和圆弧的工具，其一条腿上安装针脚，另一条腿可装上铅芯、钢针、直线笔三种插脚。圆规在使用前应先调整针脚，使针尖稍长于铅笔芯或直线笔的笔尖，取好半径，对准圆心，并使圆规略向旋转方向倾斜，按顺时针方向从右下角开始画圆。

在画圆或圆弧前，应将定圆心的钢针的台肩调整到与铅芯的端部平齐，铅芯应伸出芯套 6～8 mm，如图 1.5 所示。在一般情况下画圆或圆弧时，应使圆规按顺时针方向转动，并稍向画线方向倾斜，如图 1.6 所示。在画较大的圆或圆弧时，应使圆规的两条腿都垂直于纸面，如图 1.7 所示。

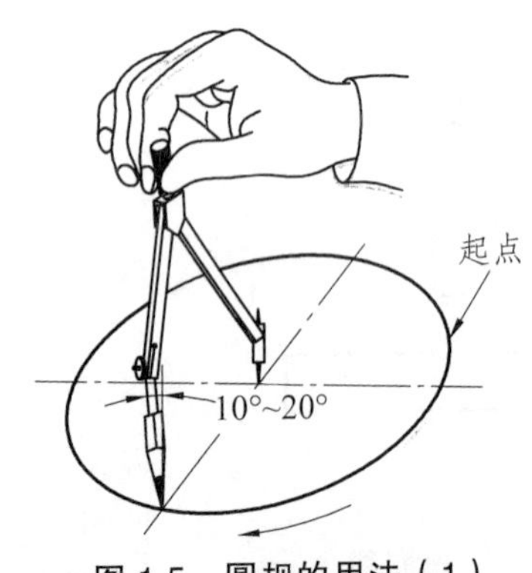

图 1.5 圆规的用法（1）

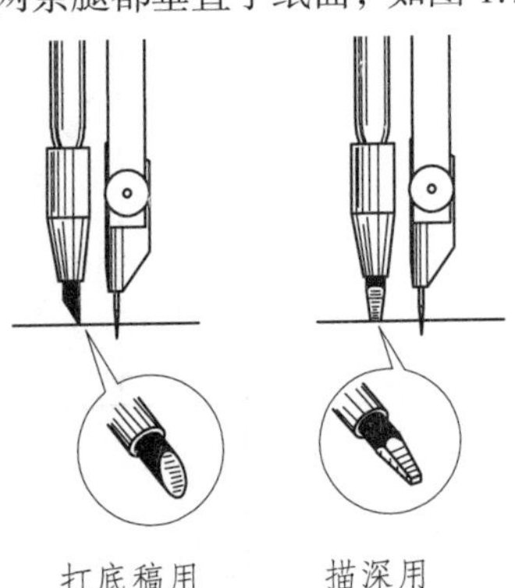

图 1.6 圆规的用法（2）

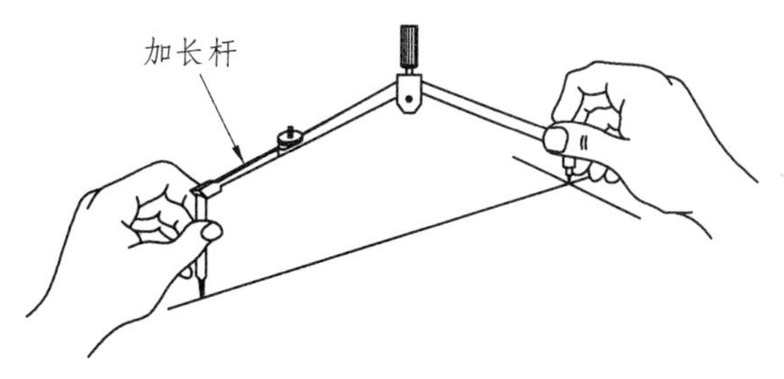

图 1.7　圆规的用法（3）

分规的形状与圆规相似，但两腿都装有钢针，用它量取线段长度，也可用它等分直线段或圆弧。

图 1.8 所示是用试分法三等分已知线段 *AB* 的示例。具体作法是：先按目测估计，使两针尖的距离调整到大约是 *AB* 的 1/3，在线段上试分，若图中的第三等分点恰巧落在 *B* 点上，说明试分准确；若第三等分点落在 *AB* 之内，则应将分规针尖间的距离目测放大 3*B* 的 1/3，再重新试分，这样继续进行，直到准确等分为止；如试分后，3 点在 *AB* 线段之外，则应将分规针尖间的距离目测缩小 3*B* 的 1/3，再重新试分。上述试分直线段的方法，也可用于等分圆周或圆弧。

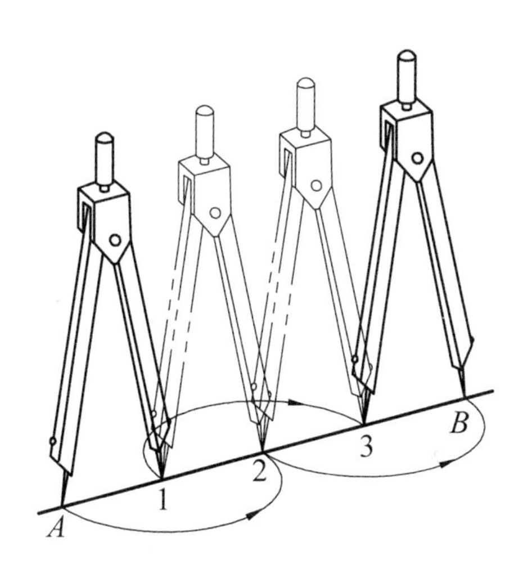

图 1.8　用分规等分直线段

1.1.6　墨线笔和绘图墨水笔

墨线笔也称直线笔，是上墨、描图的仪器。使用前，旋转调整螺钉，使两叶片间距约为线型的宽度，用蘸水钢笔将墨水注入两叶片间，笔内墨水的高度以 5 mm 左右为宜。正式描图前，应进行反复调整线型宽度、擦拭叶片外面沾有的墨水等工作。

正确的笔位如图 1.9 所示，墨线笔与尺边垂直，两叶片同时垂直纸面，且向前进方向稍倾斜。图 1.10 是不正确的笔位，笔杆向外倾斜，笔内墨水将沿尺边渗入尺底而弄脏图纸；而当笔杆向内倾斜时，所绘图线外侧不光洁。

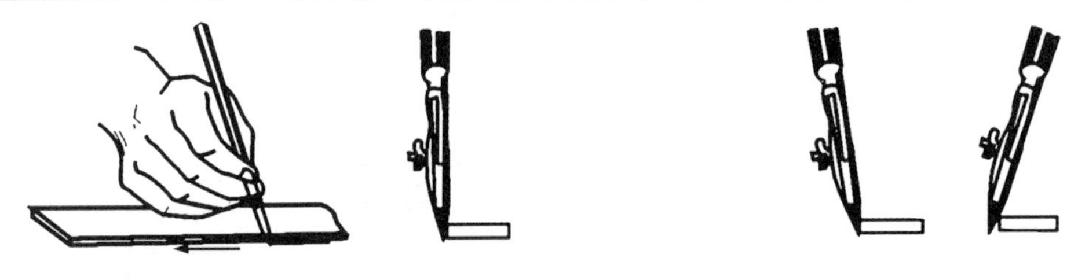

图 1.9　正确的笔位　　图 1.10　不正确的笔位

图 1.11 所示是绘图墨线笔，也称自来水直线笔，是目前广泛使用的一种描图工具。它的笔头是一针管，针管直径有粗细不同的规格，可画出不同线宽的墨线。使用绘图墨水笔时，应该注意：绘图墨水笔必须使用碳素墨水或专用绘图墨水，以保证使用时墨水流畅；用后要用清水及时把针管冲洗干净，以防堵塞。

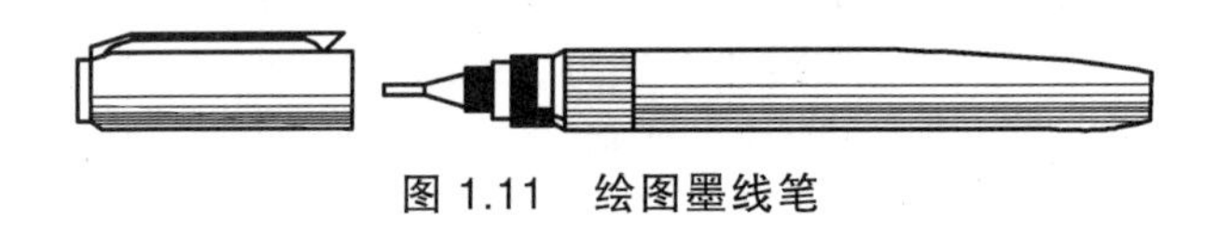

图 1.11　绘图墨线笔

1.1.7　铅　笔

绘图铅笔按铅芯的软硬程度可分为 B 型和 H 型两类。“B”表示软，“H”表示硬，HB 介于两者之间。B 或 HB 用于画粗线；H 或 2H 用于画细线或底稿线；HB 或 H 用于画中线或书写字体。画图时，可根据使用要求选用不同的铅笔型号。

铅芯磨削的长度及形状如图 1.12 所示。写字或打底稿用锥状铅芯，加深图线时宜用楔状铅芯。

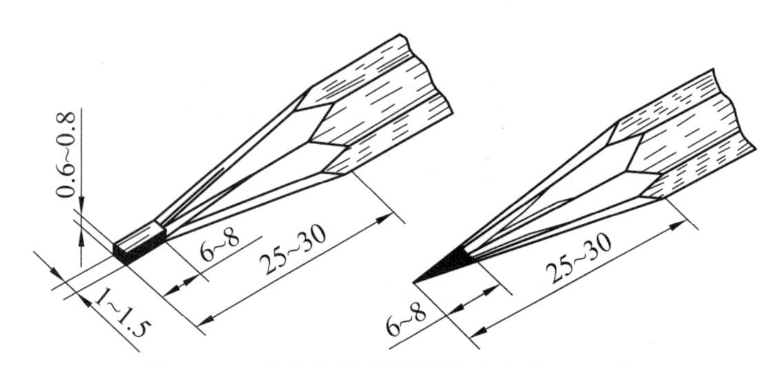

图 1.12　铅芯的长度及形状（单位：mm）

1.1.8　曲线板

曲线板是用于画非圆曲线的工具，有复式曲线板和单式曲线板两种。复式曲线板用来画简单曲线；单式曲线板用来画较复杂的曲线，每套有多块，每块都由一些曲率不同的曲线组成。使用曲线板时，应根据曲线的弯曲趋势，从曲线板上选取与所画曲线相吻合的一段描绘。吻合的点越多，所得曲线也就越光滑。用曲线板画曲线的方法如图 1.13 所示。

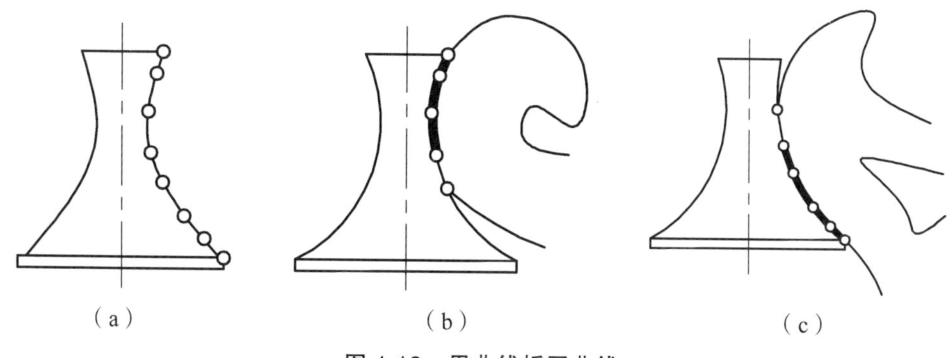

图 1.13　用曲线板画曲线

如图 1.13（a）所示，先将曲线上的点用铅笔轻轻连成曲线。如图 1.13（b）所示，在曲线板上选取相吻合的曲线段，从曲线起点开始，至少要通过曲线上的 3 ~ 4 个点，并沿曲线板描绘这一段密合的曲线，但不能把密合的曲线段全部描完，而应留下最后一小段。用同样的方法选取第二段曲线，两段曲线相接处应有一段曲线重合。如此分段描绘，直到描完最后一段，如图 1.13（c）所示。

1.1.9　其他用品

绘图时，还需要橡皮、小刀、擦图片、量角器、胶带纸和修磨铅芯的细砂纸等，见图 1.14。

图 1.14

1.2　制图的基本标准

标准是随着人类生产活动和产品交换规模及范围的日益扩大而产生的。我国现已制定了两万多项国家标准，涉及工业产品、环境保护、工业生产、工程建设、农业、信息、能源、资源及交通运输等方面。我国已成为标准化工作较为先进的国家之一。

图样是工程界的共同语言，为了使工程图样达到基本统一，便于生产和技术交流，绘制工程图样必须遵守统一的规定，这个统一的规定就是制图标准。

国家标准和行业标准又分为强制性标准和推荐性标准。强制性国家标准的代号形式为GB××××—××××，GB 分别是国标二字汉语拼音的第一个字母，其后的××××代表标准的顺序编号，而“—”后面的××××代表标准颁布的年号。推荐性国家标准的代号形式为 GB/T××××—××××。

标准是随着科学技术的发展和经济建设的需要而发展变化的。我国的国家标准在实施后，标准主管部门每 5 年对标准复审一次，以确定是否继续执行、修改或废止。在工作中应采用经过审订的最新标准。

目前，国内执行的制图标准主要有：

《房屋建筑制图统一标准》（GB/T 50001—2010）

《总图制图标准》（GB/T 50103—2010）

《建筑制图标准》（GB/T 50104—2010）

《建筑结构制图标准》（GB/T 50105—2010）

为了便于使用和保管，《房屋建筑制图统一标准》（GB/T 50001—2010）对图纸的幅面、图框、格式及标题栏、会签栏作了统一的规定。

1.2.1　图幅及标题栏

图幅是指绘图时采用的图纸幅面。

图框是指绘图范围的界线。

国标规定：绘图时，图样大小应符合表 1.1 中规定的图纸幅面尺寸。

表 1.1　幅面及图框尺寸　　mm

尺寸代号 \ 幅面代号	A0	A1	A2	A3	A4
$b \times l$	841×1 189	594×841	420×594	297×420	210×297
c	10			5	
a	25				

无论图纸是否装订，规定每张图样都要画出图框，图框线用粗实线绘制。图纸分横式和立式两种幅面，以短边作垂直边的称为横式幅面，以短边作水平边的称为立式幅面。其尺寸见图 1.15、图 1.16。

图纸标题栏简称图标。不论图纸是横放还是竖放，都应在图框右下角画一标题栏。标题栏中的文字方向为看图方向。图标的格式在国家标准中仅作原则的分区规定，各区的具体格式、内容和尺寸，可根据设计单位的需要而定，见图 1.17。

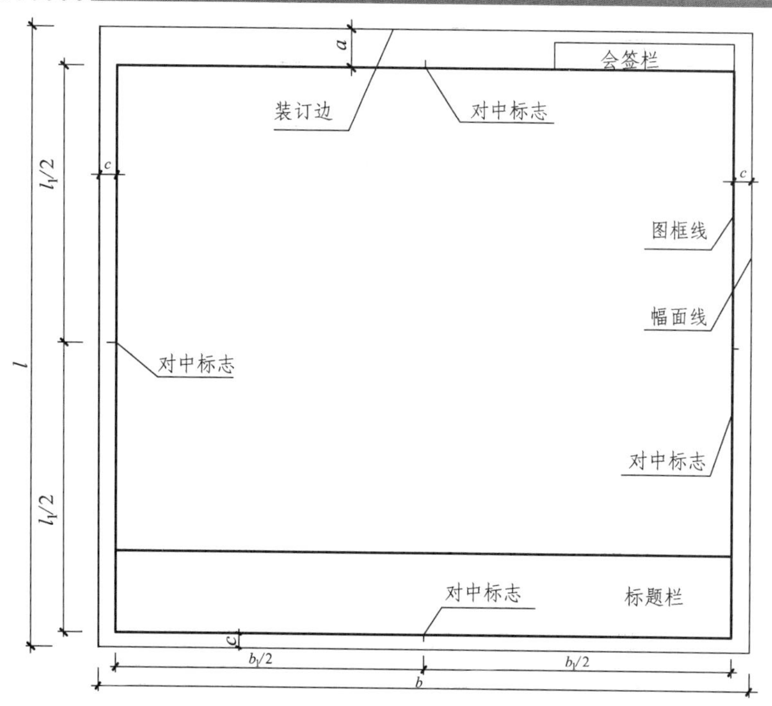

图 1.15　A0～A4 立式幅面

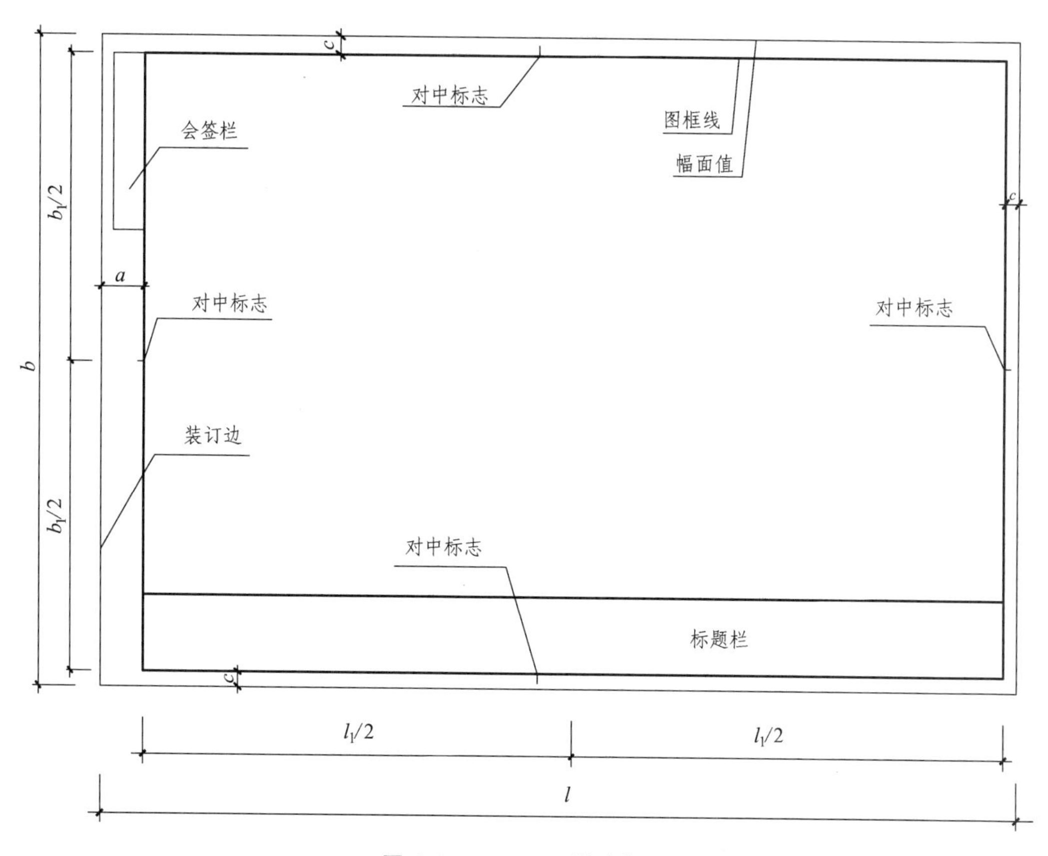

图 1.16　A0～A4 横式幅面

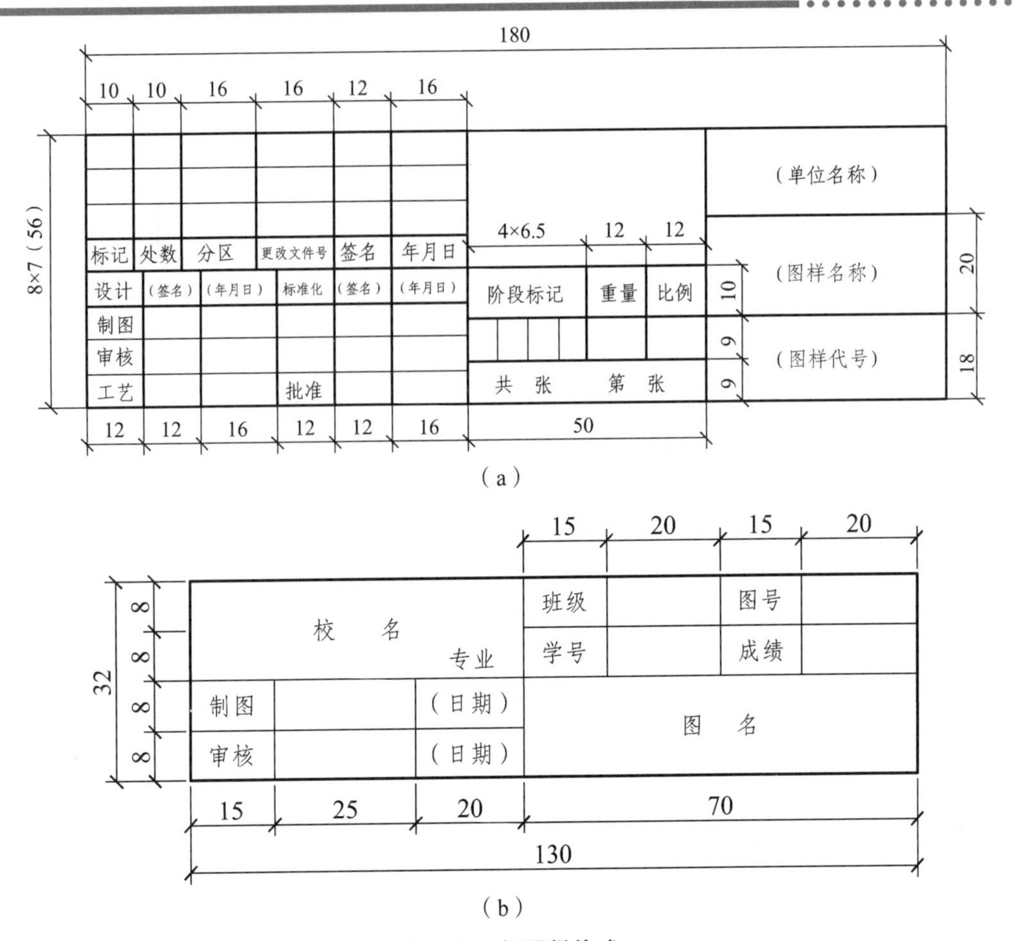

图 1.17　标题栏格式

1.2.2　图线及其画法

图线的宽度 b，宜从 1.4 mm、1.0 mm、0.7 mm、0.5 mm、0.35 mm、0.25 mm、0.18 mm、0.13 mm 线宽系列中选取。图线宽度不应小于 0.1 mm。每个图样，应根据复杂程度与比例大小，先选定基本线宽 b，再选用表 1.2 中相应的线宽组。

表 1.2　线宽组　　mm

线宽比	线宽组			
b	1.4	1.0	0.7	0.5
$0.7b$	1.0	0.7	0.5	0.35
$0.5b$	0.7	0.5	0.35	0.25
$0.25b$	0.35	0.25	0.18	0.13

注：1. 需要缩微的图纸，不宜采用 0.18 及更细的线宽。
2. 同一张图纸中的各不同线宽的细线，可统一采用较细的线宽组细线。

为了保证图样所表示的内容主次分明、清晰易看，图纸上应采用各种不同形式和粗细的图线，分别表示不同的意义和用途。各种图线及其用途见表 1.3。

表 1.3　图　线

名称		线型	线宽	用途
实线	粗		b	主要可见轮廓线
	中粗		$0.7b$	可见轮廓线
	中		$0.5b$	可见轮廓线、尺寸线、变更云线
	细		$0.25b$	图例填充线、家具线
虚线	粗		b	见各有关专业制图标准
	中粗		$0.7b$	不可见轮廓线
	中		$0.5b$	不可见轮廓线、图例线
	细		$0.25b$	图例填充线、家具线
单点长画线	粗		b	见各有关专业制图标准
	中		$0.5b$	见各有关专业制图标准
	细		$0.25b$	中心线、对称线、轴线等
双点长画线	粗		b	见各有关专业制图标准
	中		$0.5b$	见各有关专业制图标准
	细		$0.25b$	假想轮廓线、成型前原始轮廓线
折断线			$0.25b$	断开界线
波浪线			$0.25b$	断开界线

图纸的图框和标题栏线，可采用表 1.4 的线宽。

表 1.4　图框线、标题栏线的宽度

幅面代号	图框线	标题栏外框线	标题栏分格线
A0、A1	b	$0.5b$	$0.25b$
A2、A3、A4	b	$0.7b$	$0.35b$

图线的画法和要求：

（1）同一张图纸中，各相同比例的图样应选用相同的线宽组。

（2）相互平行的图例线，其净间隙或线中间隙不宜小于 0.2 mm。

（3）同一张图纸中，虚线、点画线和双点画线的线段长度及间隔大小应各自相等。

（4）如图形较小，画点画线和双点画线有困难时，可用细实线代替。

（5）点画线或双点画线的首尾两端应是线段而不是点，点画线与点画线或与其他图线相交，应交于线段。

（6）虚线与虚线或虚线与其他图线相交时，应交于线段处。虚线是实线的延长线时，应留空隙，不得与实线相接。

（7）图线不得与文字、数字或符号重叠、混淆，不可避免时，应首先保证文字的清晰。

（8）折断线直线间的符号和波浪线都徒手画出。折断线应通过被折断图形的轮廓线，其两端各画出 2 ~ 3 mm。

1.2.3 字　体

图样和技术文件中书写的汉字、数字、字母或符号必须做到笔画清晰、字体端正、排列整齐、间隔均匀。字迹潦草，不仅影响图样质量，而且可能导致不应有的差错，给国家、集体造成损失。

1. 汉　字

图样及说明中的汉字，宜采用长仿宋体（矢量字体）或黑体，同一图纸字体种类不应超过两种。长仿宋体的宽度与高度的关系应符合表 1.5 的规定，黑体字的宽度与高度应相同。

表 1.5　长仿宋字高宽关系　　mm

字高	20	14	10	7	5	3.5
字宽	14	10	7	5	3.5	2.5

大标题、图册封面、地形图等的汉字，也可书写成其他字体，但应易于辨认。

字体的号数，即字体的高度（单位为 mm），分为 20、14、10、7、5、3.5、2.5 七种，汉字的高度应不小于 3.5 mm。字体的高度与宽度的比值为 $\sqrt{2}$，即字宽约为字高的 2/3，见图 1.8。

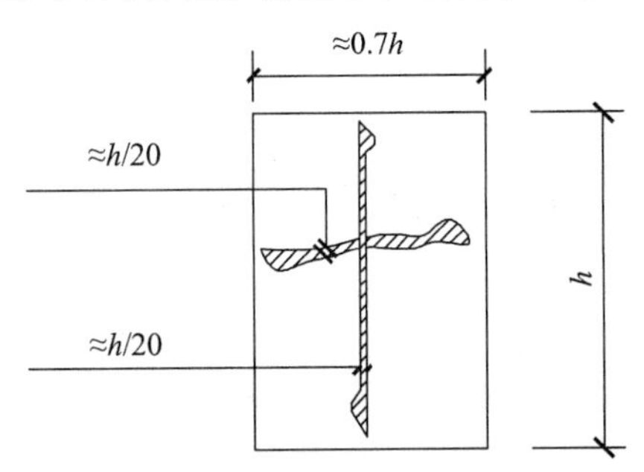

工程图样的文字要求：

字体端正　笔画清楚

排列整齐　间隔均匀

图 1.18　工程字体的具体写法

2. 数字和字母

图样及说明中的拉丁字母、阿拉伯数字与罗马数字，宜采用单线简体或 ROMAN 字体。拉丁字母、阿拉伯数字与罗马数字的书写规则，应符合表 1.6 的规定。

表 1.6　拉丁字母、阿拉伯数字与罗马数字的书写规则

书写格式	字　体	窄字体
大写字母高度	h	h
小写字母高度（上下均无延伸）	$7h/10$	$5h/7$
小写字母伸出的头部或尾部	$3h/10$	$2h/7$
笔画宽度	$h/10$	$h/7$
字母间距	$h/5$	$h/7$
上下行基准线的最小间距	$3h/2$	$3h/2$
词间距	$3h/5$	$3h/7$

拉丁字母、阿拉伯数字与罗马数字，如需写成斜体字，其斜度应是从字的底线逆时针向上倾斜 75°，斜体字的高度和宽度应与相应的直体字相等，如图 1.19 所示。

拉丁字母、阿拉伯数字与罗马数字的字高，应不小于 2.5 mm。

当拉丁字母单独用作代号时，不使用 I、O 及 Z 三个字母，以免同阿拉伯数字的 1、0、2 相混淆。

分数、百分数和比例数的注写，应采用阿拉伯数字的数学符号，即写成 3/4、25%和 1∶20。

当注写的数字小于 1 时，必须写出个位的“0”，小数点采用圆点，齐基准线书写。

图 1.19

1.2.4 比例与图名

1. 比　例

工程建筑物的尺寸很大，不可能按它们的实际尺寸画图，需要按一定的比例缩小来画。有些机件的尺寸很小，又需要按一定的比例放大来画。

比例应为图形与实物相对应的线性尺寸之比，比例的大小指比值的大小，如 1∶50 比 1∶100 大。画图，多用缩小的比例绘制在图上。绘图所用比例见表 1.7。

表 1.7　绘图所用的比例

常用比例	1∶1、1∶2、1∶5、1∶10、1∶20、1∶30、1∶50、1∶100、1∶150、1∶200、1∶500、1∶1 000、1∶2 000
可用比例	1∶3、1∶4、1∶6、1∶15、1∶25、1∶40、1∶60、1∶80、1∶250、1∶300、1∶400、1∶600、1∶5 000、1∶10 000、1∶20 000、1∶50 000、1∶100 000、1∶200 000

2. 图　名

比例写在图名右侧，比图名字号小一号或两号，如图 1.20 所示。

图名下画一横粗线，粗度不粗于本图纸所画图形中的粗实线，横线的长度应以所写的文字所占长短为准，不能任意画长。

底层平面图 1∶100

图 1.20　比例与图名

当一张图纸中的各图只用一种比例时，也可把该比例单独书写在图纸标题栏内。

1.2.5 尺寸标注

在工程图中，图样可表示物体的形状，而物体的真实大小由图样上所标注的尺寸来确定。有了尺寸的图纸才能作为施工的依据。

图样上标注的尺寸由尺寸线、尺寸界线、尺寸起止符号、尺寸数字等组成，称为尺寸的四要素，如图 1.21 所示。

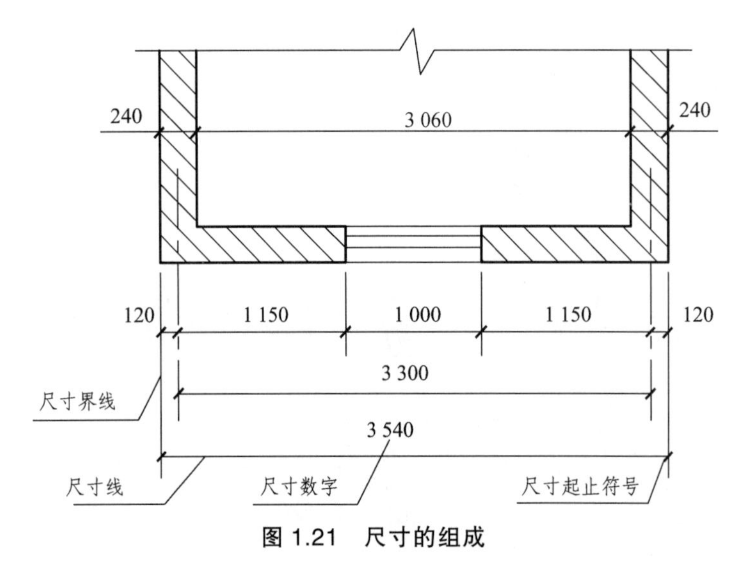

图 1.21　尺寸的组成

1. 尺寸线（表示所注尺寸的方向）

（1）尺寸线采用细实线。

（2）尺寸线不宜超出尺寸界线。

（3）中心线、尺寸界线以及其他任何图线都不得用作尺寸线。

（4）线性尺寸的尺寸线必须与被标注的长度方向平行。

（5）轮廓线距靠近它的尺寸线的距离不小于 10 mm，平行的两尺寸线的间隔一般为 7 ~ 10 mm。

2. 尺寸界线（限定所注尺寸的范围）

（1）尺寸界线用细实线从图形的轮廓线、中心线或轴线引出。

（2）一般情况下，线性的尺寸界线垂直于尺寸线，并超出尺寸线约 2 mm。

（3）尺寸界线不宜与需要标注尺寸的轮廓线相接，并留出约 2 mm 的间距，当连续标注尺寸时，中间的尺寸界线可以画得较短。

（4）图形的轮廓线以及中心线都允许用作尺寸界线。

3. 尺寸起止符号（表示尺寸的起止）

（1）一般为 45°倾斜的细短线或中粗短线，其倾斜方向为尺寸界线顺时针旋转 45°角，其长度一般为 2 ~ 3 mm。

（2）当斜着引出的尺寸界线上画上 45°倾斜短线不清时，可以画上箭头作为尺寸起止符号。

（3）在同一张图纸或同一图形中，尺寸箭头的大小应一致。

（4）当相邻的尺寸界线的间隔都很小时，尺寸起止符号可以采用小圆点。

4. 尺寸数字（表示尺寸的大小）

（1）工程图上标注的尺寸数字，是物体的实际尺寸，它与绘图所用的比例无关。

（2）图样上的尺寸单位，除标高及总平面图以米为单位外，均必须以毫米为单位。因此，图样上的尺寸数字无须注写单位。

（3）一般应注在尺寸线的上方，也可注在尺寸线的中断处。同一图样标注时必须一致。

（4）线性尺寸数字的方向，一般应按如图 1.22 所示方向注写，并尽可能避免在图示 30°范围内标注尺寸，无法避免时应引出标注，如图 1.22 所示。

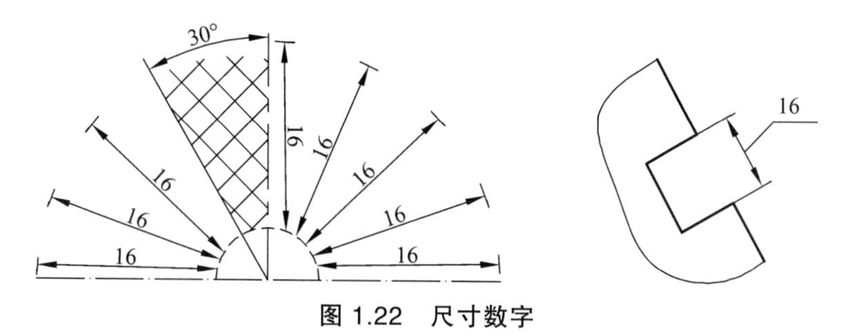

图 1.22　尺寸数字

（5）注写尺寸数字时，如位置不够，最外边的尺寸数字可注写在尺寸界线的外侧，中间相邻的尺寸数字可错开注写，也可以引出注写，如图 1.23 所示。

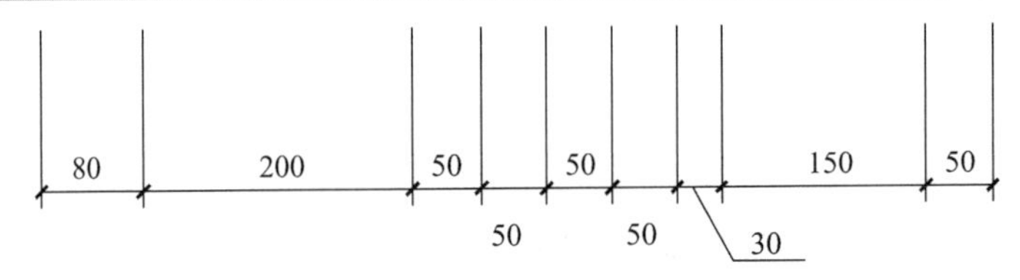

图 1.23　尺寸数字

（6）任何图线不得穿过尺寸数字，当不能避免时，必须将这种图线断开，如图 1.24 所示。

（7）同一张图纸内的所有尺寸数字要大小一致。

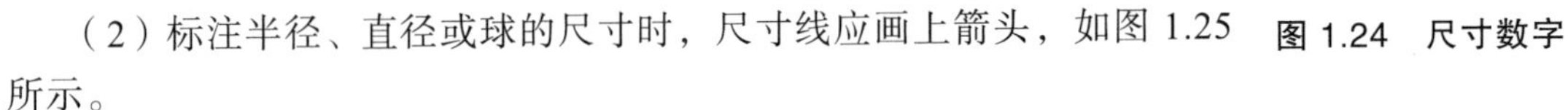

图 1.24　尺寸数字

5. 半径、直径、球的尺寸标注

（1）半径尺寸线应一端指向圆弧，另一端通向圆心或对准圆心。直径尺寸线则通过圆心或对准圆心。

（2）标注半径、直径或球的尺寸时，尺寸线应画上箭头，如图 1.25 所示。

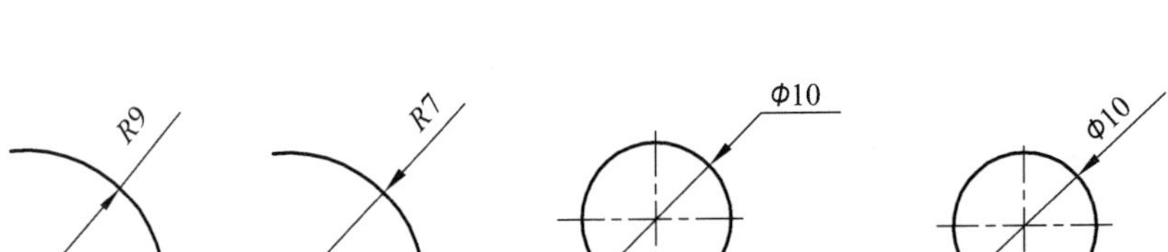

图 1.25　半径、直径的尺寸注法

（3）半径数字、直径数字仍要沿着半径尺寸线或直径尺寸线来注写。当图形较小，注写尺寸数字及符号的位置不够时，也可以引出注写。

（4）半径数字前应加写拉丁字母 R，直径数字前应加注直径符号 ϕ。注写球的半径时，在半径代号 R 前再加写拉丁字母 S；注写球直径时，在直径符号 ϕ 前也加写拉丁字母 S，如图 1.26 所示。

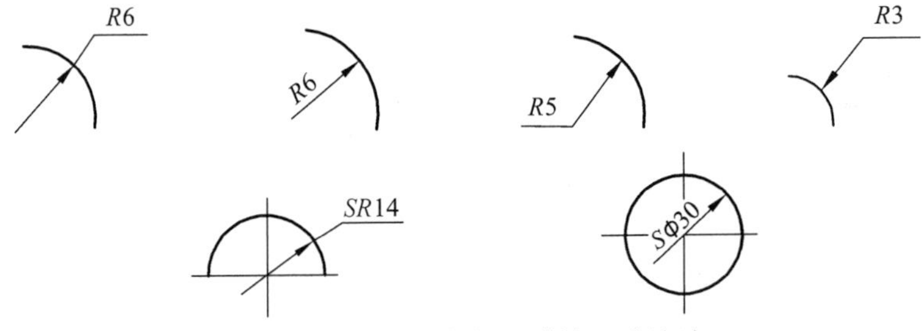

图 1.26　半径、直径、球的尺寸注法

（5）当更大圆弧的圆心在图纸范围外时，则应对准圆心画一折线状的或者断开的半径尺寸线，如图 1.27 所示。

图 1.27　圆弧半径注法

6. 角度、弧长、弦长的尺寸标注

（1）标注角度时，角度的两边作为尺寸界线，尺寸线画成圆弧，其圆心就是该角度的顶点，见图 1.28。

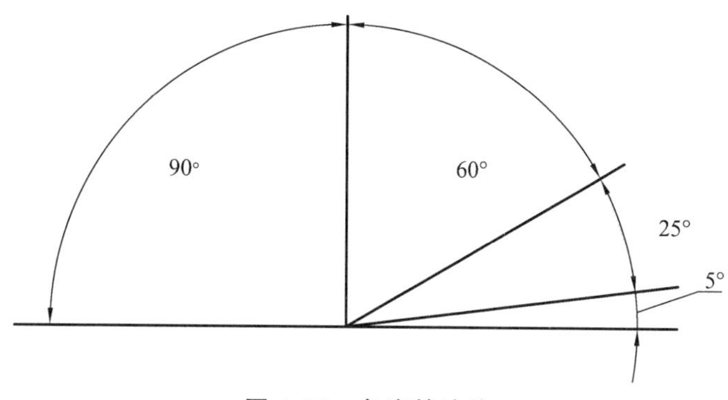

图 1.28　角度的注法

（2）角度数字一律水平注写，并在数字的右上角相应地画上角度单位度、分、秒的符号。

（3）尺寸线的起止点处应画上尺寸箭头

（4）标注圆弧的弧长时，其尺寸线应是该弧的同心圆弧，尺寸界线则垂直于该圆弧的弦，见图 1.29。

（5）标注圆弧的弦长时，其尺寸线应是平行于该弦的直线，尺寸界线则垂直于该弦。

（6）标注弧长的圆弧尺寸线，起止符号为尺寸箭头；标注弦长时，起止符号为建筑标记，见图 1.30。

图 1.29　弧长的注法　　图 1.30　弦长的注法

7. 其他标注方法

标注坡度时，应加注坡度符号"◄—"，该符号为单面箭头，箭头应指向下坡方向。

坡度也可用直角三角形形式标注，如图 1.31 所示。

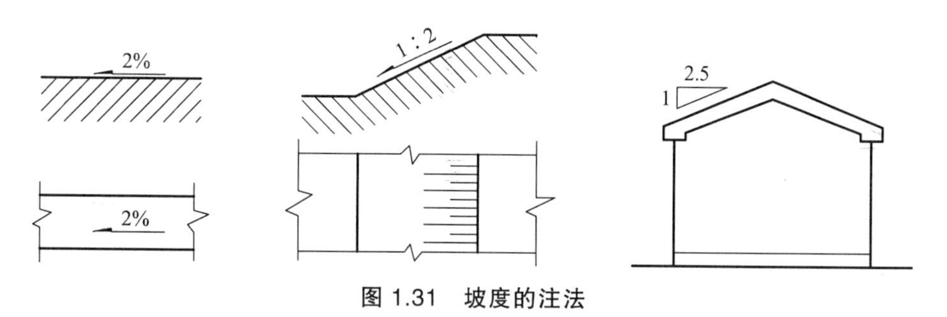

图 1.31　坡度的注法

1.3　几何作图

图样中的图形，都是由直线、圆弧、圆等构成的各种几何图形的组合。为了确保绘图的质量，提高绘图速度，除了要正确使用绘图工具外，还要熟练地掌握各种几何图形的作图方法。

1.3.1　等分线段

1. 直线等分

（1）平行线法。

利用相似三角形的平行截割定理作图。

【例 1.1】　将已知线段 *AB* 五等分，见图 1.32。

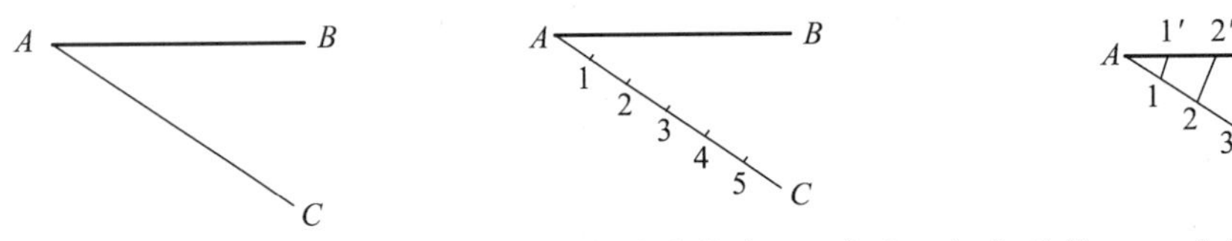

（a）过端点 *A* 任作一直线 *AC*　（b）用分规或直尺在 *AC* 上取五等分点 1、2、3、4、5　（c）连接 5*B*，分别过 1、2、3、4 作直线平行于 5*B* 交 *AB* 于 1′、2′、3′、4′点，即得五等分

图 1.32　平行线法等分线段

（2）试分法。

【例 1.2】　若将已知线段 *AB* 三等分，其作图方法和步骤如下：

如图 1.33 所示，欲将线段 *AB* 三等分，先将分规取约 *AB* 的 1/3 长，在线段上试分 3 下，得点 *C*。点 *C* 在 *B* 点之内，说明第一次试分的长度偏小。然后再将分规调大，其增大量为 *BC* 段的 1/3，再进行试分。这样，反复几次使其逐步逼近，即得三等分。

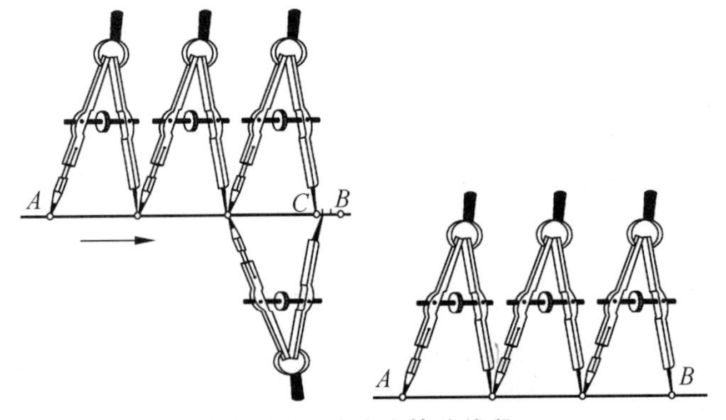

图 1.33　试分法等分线段

2. 圆周的等分

（1）圆周的四、八等分。

圆周的四等分，先将丁字尺紧贴图板左边并通过圆心，在圆周上得 2、4 点，再将丁字

尺下移至圆周之下，用三角板紧靠丁字尺，使直角边通过圆心，在圆周上得 1、3 点，则 1、2、3、4 点将圆周四等分，见图 1.34。

在四等分的基础上，用丁字尺与 45°的三用板配合使用，三角板斜边通过圆心，与圆周交于 2、6，再将三角板转 180°，斜边通过圆心，与圆周交于 4、8 点，则 1、2、…、7、8 点即为圆的八等分点，见图 1.35。

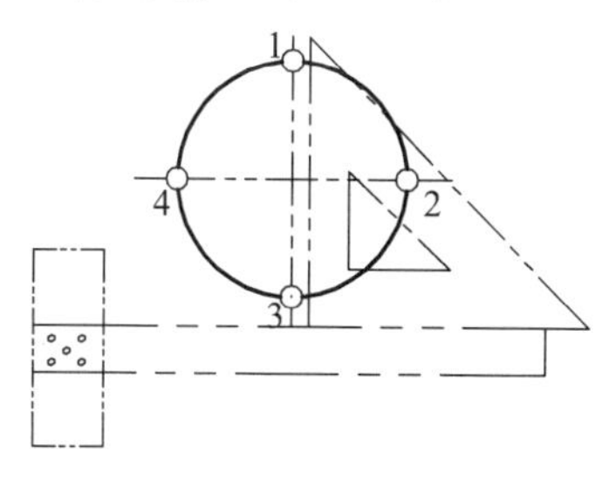

图 1.34　四等分圆周

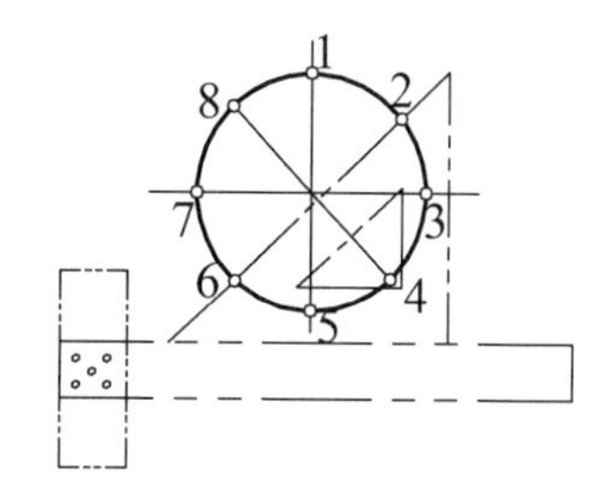

图 1.35　八等分圆周

（2）圆周的三、六等分。

已知半径为 R、圆心为 O 点的圆周和直径 14，以 R 为半径、4 点为圆心画弧交圆周于 2、3 点，则 1、2、3 点将圆周三等分，连各点得圆的内接正三角形，见图 1.36。

以 R 为半径，分别以 1、4 点为圆心画弧交圆周于 2、6、3、5 点，则 1、2、3、4、5、6 点将圆周六等分，连各点得圆的内接正六边形，见图 1.37。

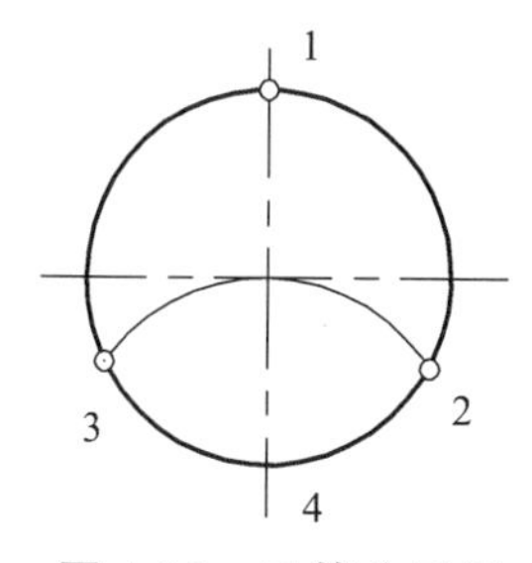

图 1.36　三等分圆周

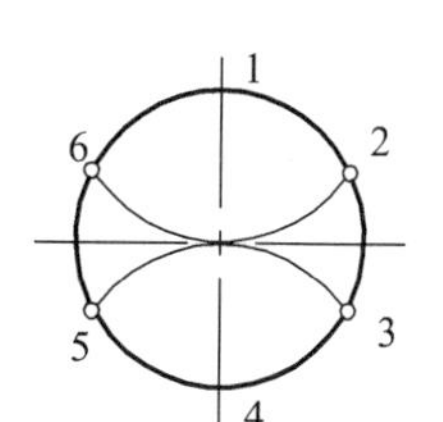

图 1.37　六等分圆周

以上为圆规法进行圆的三、六等分，此外，还可以用三角板、丁字尺配合将圆三、六等分，见图 1.38。

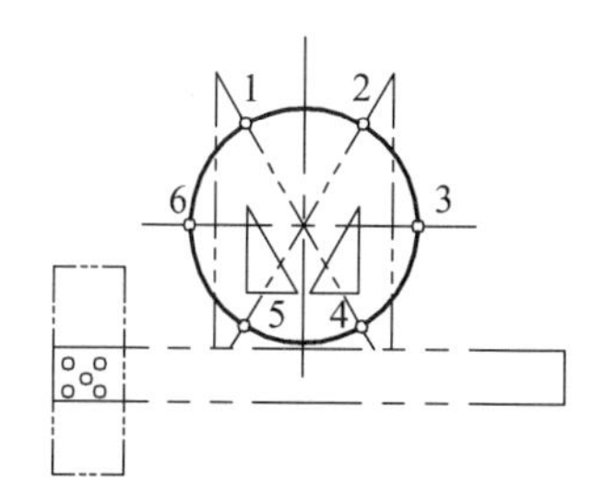

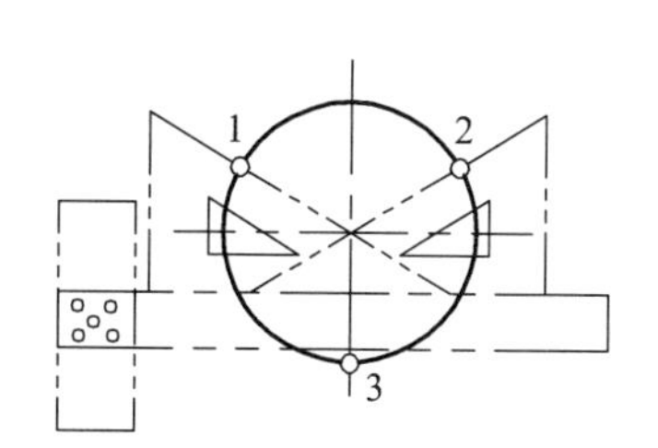

图 1.38　三角板、丁字尺三、六等分圆周

1.3.2　圆弧连接

圆弧连接是指用已知半径的圆弧，光滑地连接直线或圆弧。这种起连接作用的圆弧，称

为接弧。作图时，要准确地求出连接弧的圆心和连接点（即切点），才能确保圆弧的光滑连接。

1. 圆弧连接的作图方法

圆弧连接的实质是圆弧与圆弧，或圆弧与直线间的相切关系。

作图步骤是：

（1）求连接弧的圆心（分清连接类别）。

（2）求切点。

（3）画连接圆弧（不超过切点）。

关键：找圆心、找切点。

2. 圆弧连接作图

（1）圆弧与直线连接。用圆弧连接两已知直线，见表1.8。

表 1.8

类别	用圆弧连接锐角或钝角	用圆弧连接直角
作图步骤	1. 作与已知两边分别相距为 R 的平行线，交点即为连接弧圆心； 2. 过 O 点分别向已知角两边作垂线，垂足 T_1、T_2 即为切点； 3. 以 O 为圆心、R 为半径在两切点 T_1、T_2 之间画连接圆弧	1. 以直角顶点为圆心、R 为半径作圆弧交直角两边于 T_1 和 T_2； 2. 以 T_1 和 T_2 为圆心、R 为半径作圆弧相交得连接弧圆心 O； 3. 以 O 为圆心、R 为半径在切点 T_1 和 T_2 之间作连接弧
图例	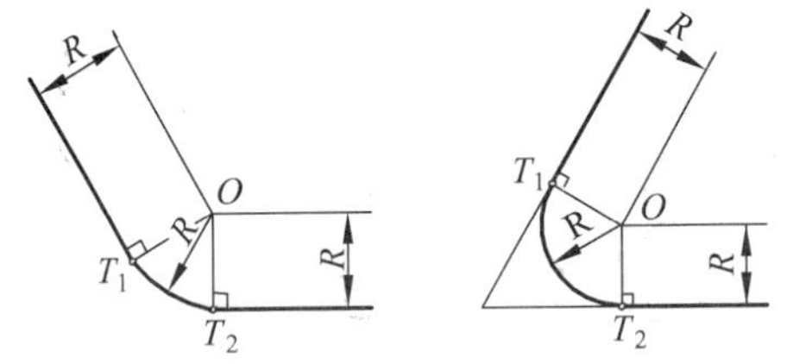	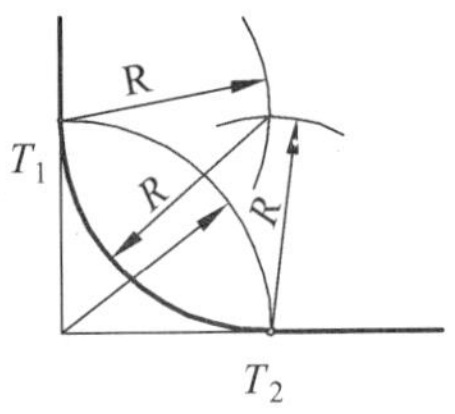

（2）圆弧与圆弧连接。用圆弧连接两已知圆弧，见表1.9。

表 1.9

类别	外连接	内连接
作图步骤	1. 分别以 O_1、O_2 为圆心，$R+R_1$、$R+R_2$ 为半径画弧，交得连接弧圆心 O； 2. 分别连 OO_1、OO_2，交得切点 T_1、T_2； 3. 以 O 为圆心、R 为半径画弧，即得所求	1. 分别以 O_1、O_2 为圆心，$R-R_1$、$R-R_2$ 为半径画弧，交得连接弧圆心 O； 2. 分别连 OO_1、OO_2 并延长交得切点 T_1、T_2； 3. 以 O 为圆心、R 为半径画弧，即得所求
图例	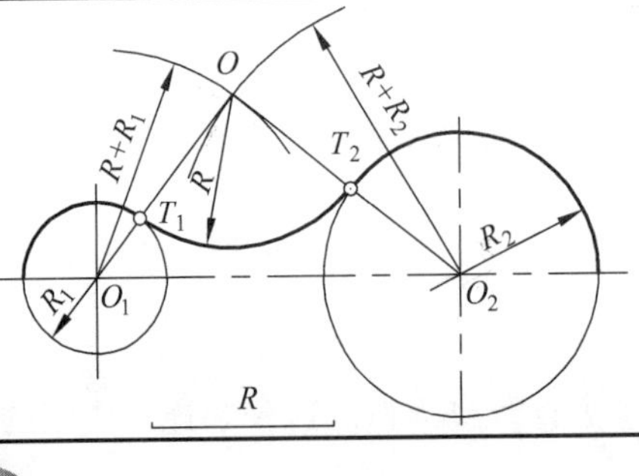	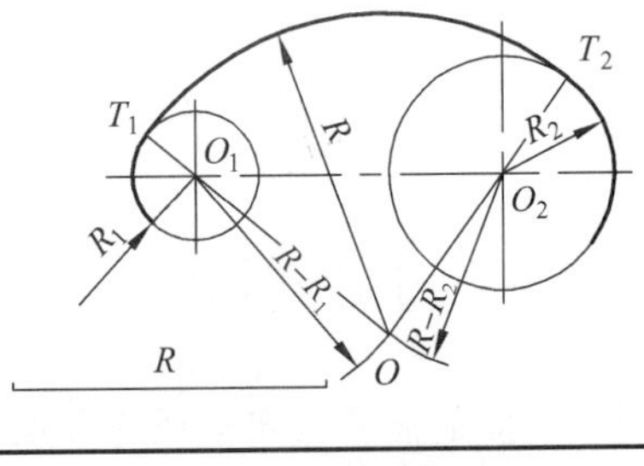

1.3.3　斜度与锥度

1. 斜　度

斜度是指一直线（或平面）对另一直线（或平面）的倾斜程度。斜度的比值要化作 1∶n 的形式，并在前面加注斜度符号“∠”，其方向与斜度的方向一致。它的特点是单向分布，如图 1.39 所示。

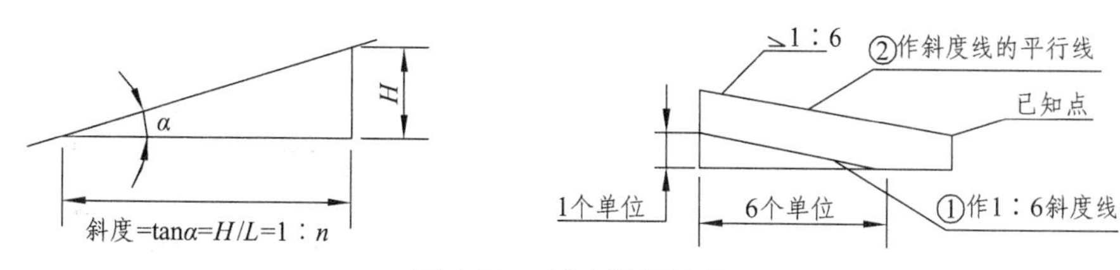

图 1.39　斜度及其符号

2. 锥　度

锥度是指正圆锥底圆直径与其高度之比，或正圆台的两底圆直径差与其高度之比，是直径差与长度之比，锥度 = $D/L = (D-d)/l = 1:n$，见图 1.40。

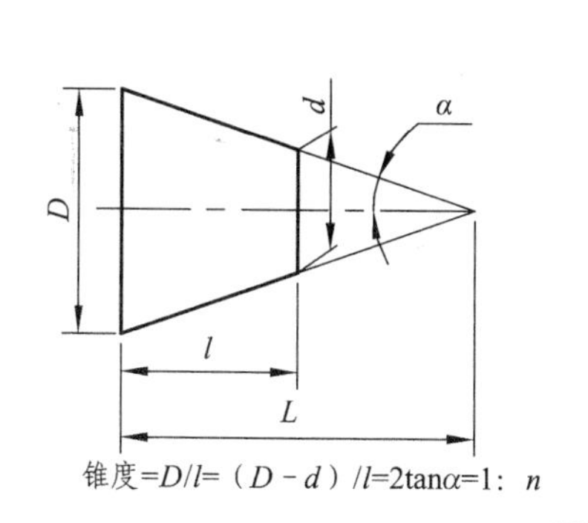

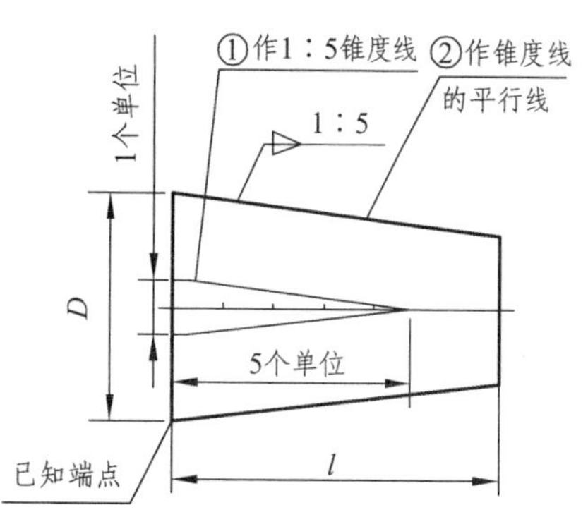

图 1.40　锥度及其符号

1.4　制图的一般方法和步骤

前一节介绍了各种常见几何图形的画法，在此基础上，本节介绍如何应用几何作图的知识画出一些常见的平面图形。

平面图形是由一些几何图形和线段组成的。画平面图形前，首先要对平面图形进行尺寸分析和线段性质分析，然后才能正确画出平面图形和进行平面图形的尺寸标注。

1.4.1　尺寸分析

（1）定形尺寸：确定平面图形中线段长度、圆弧半径、圆直径以及角度大小等的尺寸，称为定形尺寸。如图 1.41 中的ϕ3、ϕ10、*R*6、*R*40 等尺寸。

（2）定位尺寸：用于确定圆心、线段等在平面图形中所处位置的尺寸，称为定位尺寸，如图 1.41 中的 5、45、ϕ15 等尺寸。

（3）尺寸基准：标注尺寸的起点称为尺寸基准。对于平面图形，有水平、垂直两个方向的尺寸基准。

（4）常用基准：对称中心线、主要的水平或垂直轮廓线、较大的圆的中心线、较长的直线等。

1.4.2 线段性质分析

已知线段：根据作图基准线位置和已知尺寸就能直接作出的线段，如图 1.41 中的ϕ3 圆及 *R*7.5、*R*5 等弧线。

中间线段（圆弧）：已知定形尺寸，少一个定位尺寸的线段（圆弧），如图 1.41 中的 *R*40 圆弧。

连接线段（圆弧）：只知定形尺寸的线段（圆弧），如图中的 *R*6 圆弧。

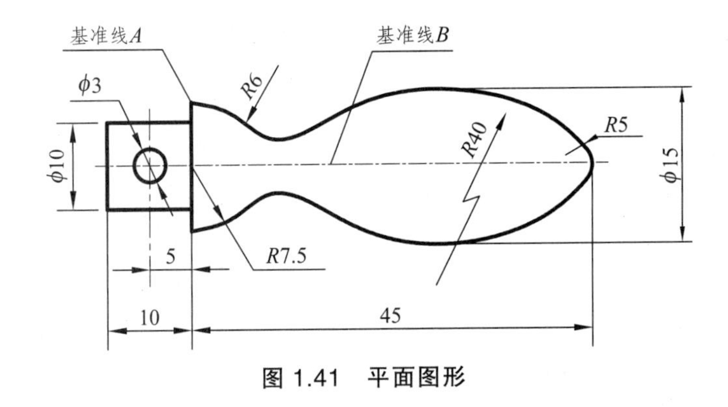

图 1.41　平面图形

1.4.3 作图步骤

（1）准备工作。

① 分析图形。

② 选定比例、图幅，并固定图纸。

③ 备齐绘图工具和仪器，修好铅笔。

（2）画底稿。

画底稿，一般用削尖的 2H 或 3H 铅笔准确、轻轻地绘制。画底稿的步骤是：先画图框、标题栏，后画图形。画图形时，首先要根据其尺寸布置好图形位置，画出基准线、轴线、对称中心线，然后再画图形，并遵循先主体后细部的原则。

（3）按线型要求描深底稿。

① 先粗后细。一般先描深全部粗实线，再描虚线、细点画线，以保证同一线型的规格比较一致。

② 先曲后直、先水平后垂直。在描深图线时，先描圆或圆弧，后描直线，并顺次连接以保证连接光滑。

（4）一次画出尺寸界线、尺寸线。

（5）画箭头，填写尺寸数字、标题栏等。

1.4.4　注意事项

（1）描深前必须先全面检查底稿，把错线、多余线和作图辅助线擦去。

（2）用 HB 铅笔描深图线时，用力要均匀，以保证图线浓淡一致。

（3）为确保图面整洁，要擦净绘图工具并尽量减少三角板在已加深的图线上反复移动。

此外，上墨描图的步骤与铅笔描深底稿的步骤基本相同。注意点在于，上墨时要防止掉墨汁，以保证图面整洁。

本章小结

本章主要讲述了常用制图仪器与工具的组成、功能和使用方法，制图中图纸幅面、规格、图标、图线、字体、比例、尺寸标注的有关规定，以及绘图的步骤和方法、绘图一定要遵守的国家标准规定。通过本章的学习，要学会正确使用和保管制图仪器及工具，并能按照制图的基本标准对等分线段、等分圆周等进行绘制，为绘制各种工程图样打下坚实的基础。

练习题

1. 常用的制图仪器和工具有哪些？试述它们的组成、用途和使用、保管方法。
2. 图纸幅面的规格有哪几种？它们的边长之间有何关系？
3. 图样的尺寸由哪几部分组成？标注尺寸时应注意哪些内容？
4. 试述任意等分圆周的方法和步骤。
5. 试述作图的一般步骤。

第 2 章　投影的基本知识

学习目标及能力要求：

掌握投影的基本概念，了解投影的种类；掌握正投影的基本性质；理解三面投影体系的建立，掌握物体的三面投影规律；能够利用正投影的基本性质绘图、看图；能够利用三面投影规律看图、绘图。

2.1　投影法概述

光线照射物体，在地面或墙面上都会产生影子，当光线的照射角度或距离发生改变时，物体影子的位置、形状等也会随之改变，这就是日常生活中的投影现象。人们从光线、物体和影子之间的内在联系中，经过科学的总结归纳，形成了在平面上作出物体投影的原理和投影作图的基本规则和方法。

2.1.1　投影法

在制图中，把光源称为投影中心，表示光线的线称为投影线，光线的射向称为投射方向，落影的平面称为投影面，所产生的影子称为投影。使空间物体在预设的平面上产生影子的方法，就叫投影法，如图 2.1 所示。

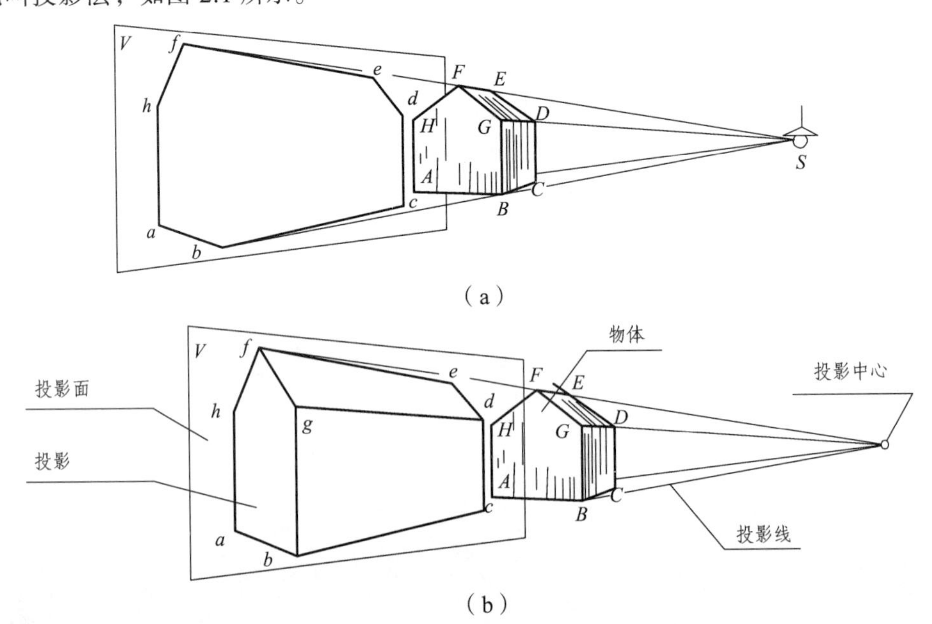

（a）

（b）

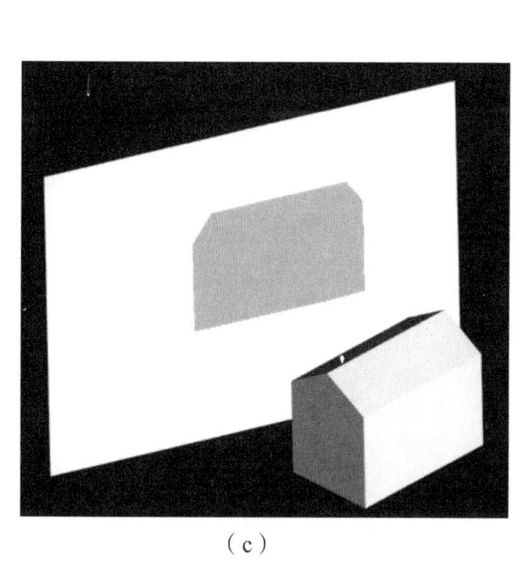

（c）

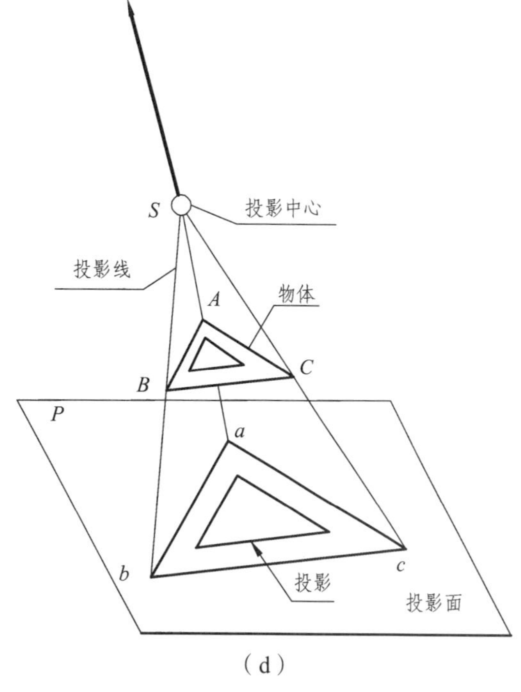

（d）

图 2.1　投影法

2.1.2　投影法的分类

投影法一般可分为中心投影法和平行投影法。投射线由一点放射出来对物体进行投影的方法称为中心投影法，如图 2.2 所示，用这种投影法作出的投影图，其大小和原物体不相等，不能准确地度量出物体的尺寸大小。当投影中心离开物体无穷远时，投射线可以看作是相互平行的，如太阳光线。

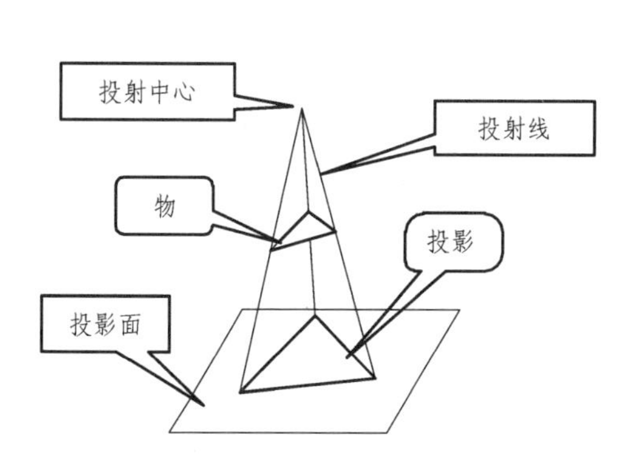

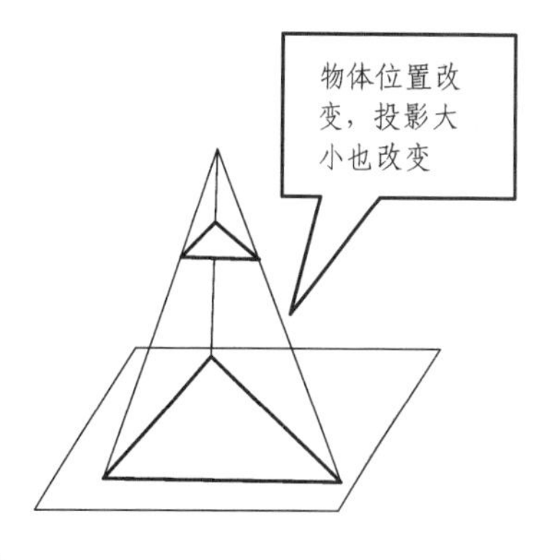

图 2.2　中心投影法

投射线相互平行的投影方法称为平行投影法。根据投射线和投影面的角度关系，平行投影法又分为两种：平行投射线垂直于投影面的称为正投影，如图 2.3（a）所示；平行投射线倾斜于投影面的称为斜投影，如图 2.3（b）所示。正投影能反映出物体的真实形状和大小。

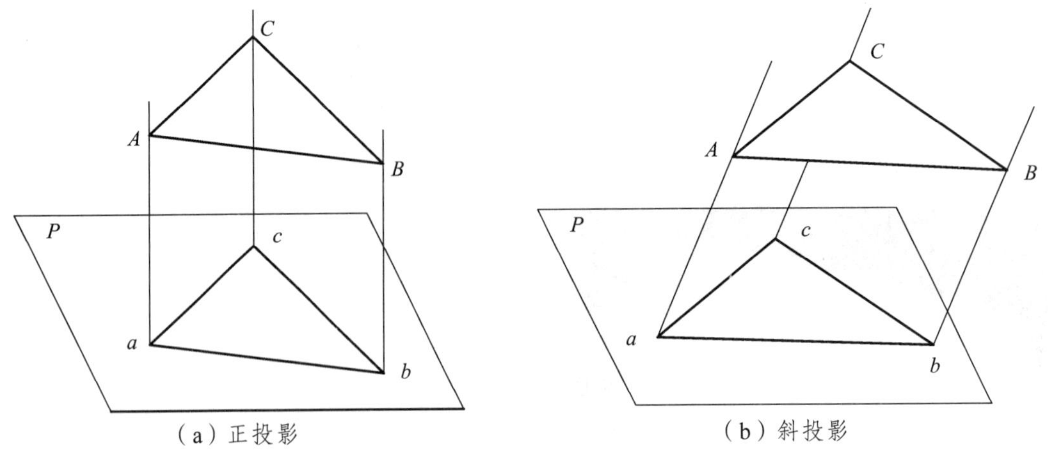

（a）正投影　　（b）斜投影

图 2.3　平行投影法

2.1.3　投影法的应用（见表 2.1）

表 2.1

投影法	投影图名	投影面数	图　例	特　点
中心投影	透视图	单面		直观逼真，但作图复杂、度量性差（近大远小）
平行投影法	轴测图	单面		直观性强，没有透视图逼真，度量性差
	工程图	多面		度量性好且作图容易，但直观性较差
	标高投影图	多面	H_{30} H_{25} H_{20} H_{15} 30 25 20 15	在一个投影面上能表达不同高度的形状，但立体感差

2.2　平行投影的基本性质

画在图纸上的物体的投影，都是由许多面组成的。面与面相交有交线，线与线相交有交点，绝大部分的工程图纸是由平面、直线和点组成的。下面简单介绍点、直线、平面正投影的基本规律，掌握了这些规律，对识图和绘图有很大帮助。

2.2.1　平行性

两平行直线的投影仍互相平行。

假设：*AB*//*CD*；

结论：*ab*//*cd*，如图 2.4 所示。

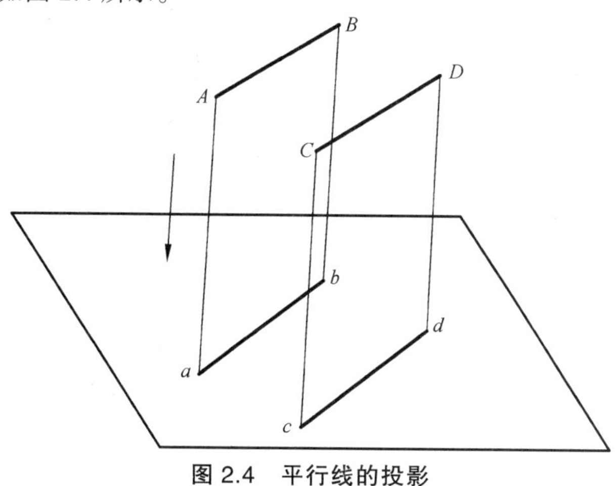

图 2.4　平行线的投影

2.2.2　积聚性

垂直于投影面的直线在该投影面上的投影积聚成一点，垂直于投影面的平面在该投影面的投影积聚成一条一线，这种特性叫作积聚性，如图 2.5 和图 2.6 所示。

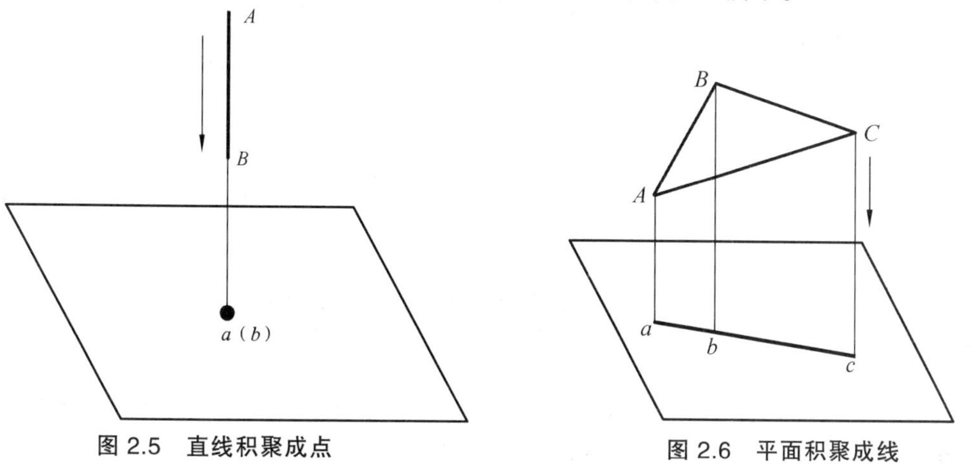

图 2.5　直线积聚成点

图 2.6　平面积聚成线

2.2.3 真实性

若线段或平面图形平行于投影面，则其投影反映实长或实形。

假设：平面 *ABCD*//*H* 面；

结论：投影 *abcd* 反映平面 *ABCD* 实形，即大小和形状不变，如图 2.7 所示。

2.2.4 类似性

当直线或平面既不平行又不垂直于投影面，而是倾斜于投影面时，其投影既不反映实形也无积聚性，如图 2.8 所示。

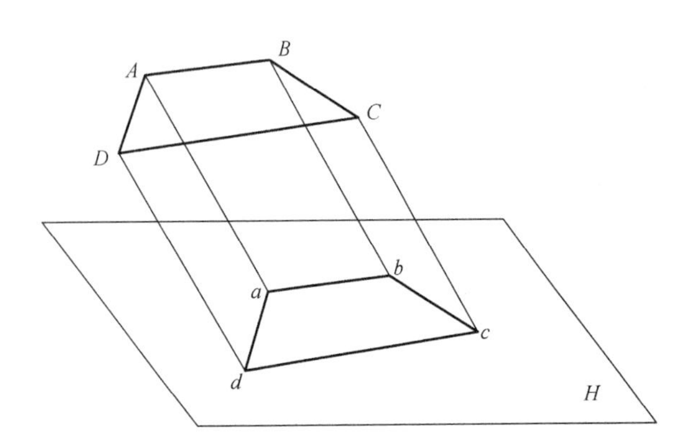

图 2.7 平面投影的真实性

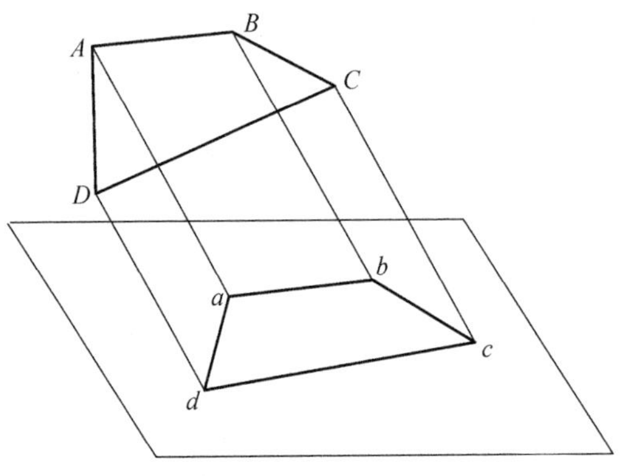

图 2.8 平面投影的类似性

2.2.5 定比性

点分段所成两线段长度之比等于该两段的投影长度之比。

即 $AB : BC = ab : bc$，如图 2.9 所示。

2.2.6 从属性

直线上点的投影仍在直线上的投影上。

即点 *B* 在直线 *AC* 上，必有 *b* 在 *ac* 上，如图 2.9 所示。

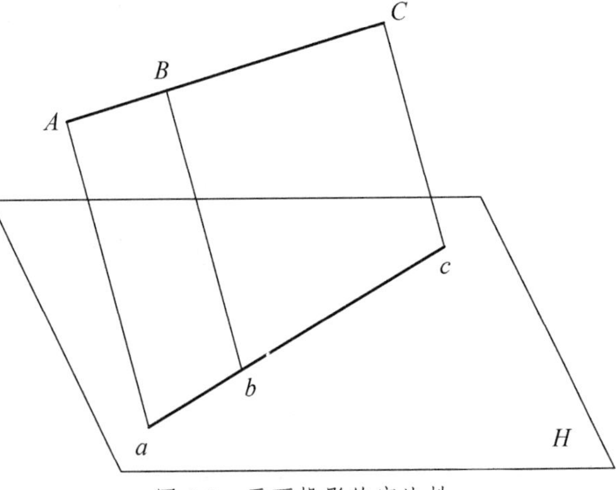

图 2.9 平面投影的定比性

2.3 正投影法的基本原理

图样是施工操作的依据，应尽可能地反映物体各部分的形状和大小。如果一个物体只向一个投影面投影，就只能反映它一个面的形状和大小，不能完整地表示出它的形状和大小。

如将物体放在三个相互垂直的投影面之间，用三组分别垂直于三个投影面的平行投射线投影，由此就可以得到物体三个不同方向的正投影图。这样就可比较完整地反映出物体顶面、正面及侧面的形状和大小。

2.3.1　视图的基本概念

物体的正投影称为视图，如图 2.10 所示。

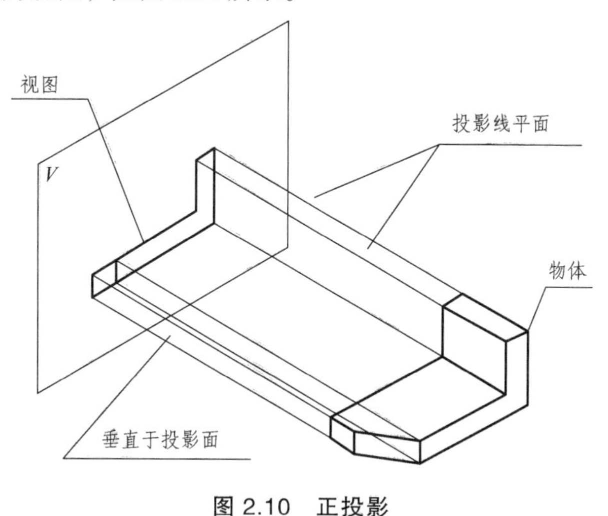

图 2.10　正投影

2.3.2　三视图的形成

三个相互垂直的投影面，构成了三投影体系。在三投影面体系中，呈水平位置的投影面称为水平投影面，用 *H* 表示，水平面也可称为 *H* 面；与水平投影面垂直相交呈正立位置的投影面称为正立投影面，用字母 *V* 表示，正面也可称为 *V* 面；与水平投影面及正立投影面同时垂直相交的投影面称为侧立投影面，用字母 *W* 表示，侧面也可称为 *W* 面，见图 2.11。

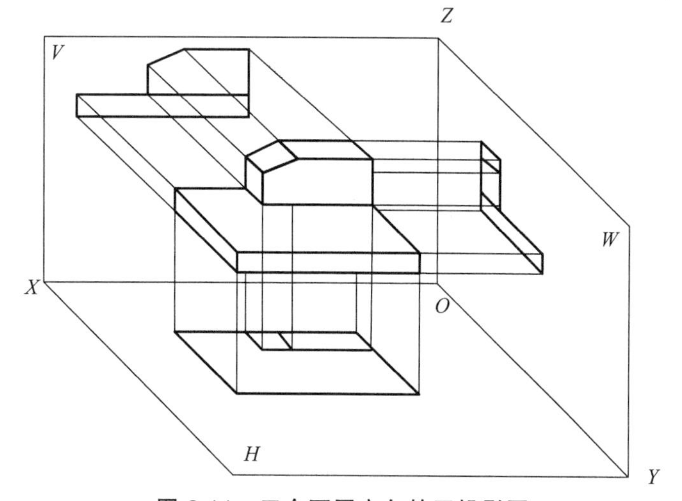

图 2.11　三个不同方向的正投影图

2.3.3 三视图的投影特性

一个物体可用三面正投影图来表达它的整体情况。如果我们将三个投影图综合起来分析，并根据标注尺寸和符号及一定的说明，就可以准确地了解物体的真实形状和大小。

同一个物体的三个投影图之间具有“三等”关系：正面投影图与侧面投影图等高，即“正侧高平齐”；正面投影图与水平投影图等长，即“正平长对正”；水平投影图与侧面投影图等宽，即“平侧宽相等”。

“高平齐、长对正、宽相等”这“三等”关系是绘制和识读物体正投影图必须遵循的投影规律，见图 2.12。

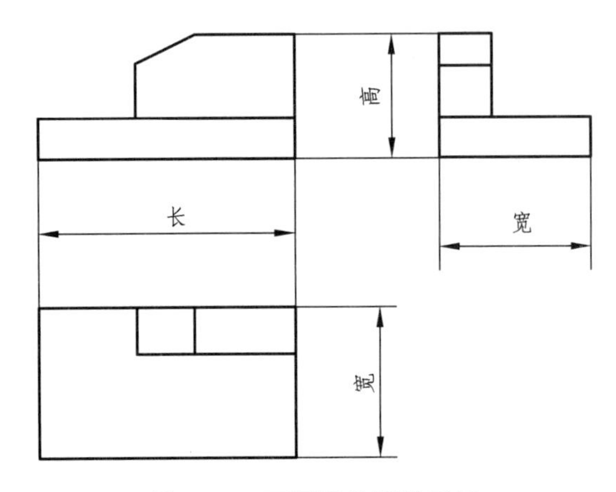

图 2.12　三面正投影的展开

2.3.4 三视图的方位对应关系

任何一个物体都有上、下、左、右、前、后 6 个方向的形状和大小。在三个投影图中，每个投影图各反映其中 4 个方向的情况，即：正面投影图反映物体的上、下和左、右的情况，不反映前、后情况；水平投影图反映物体的左、右和前、后的情况，不反映上、下情况；侧面投影图反映物体的上、下和前、后情况，不反映左、右情况，如图 2.13 所示。

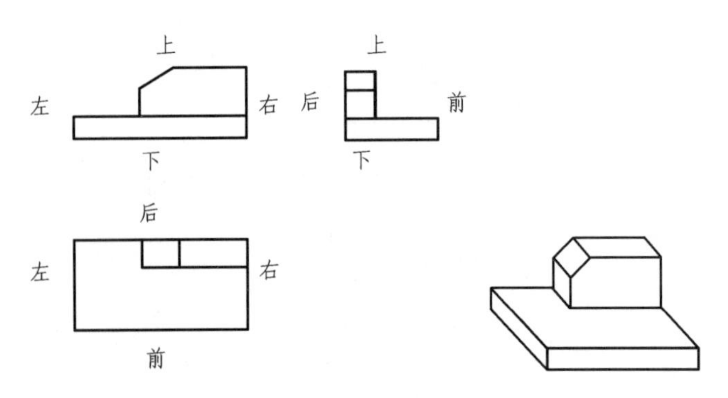

图 2.13　三面正投影图上的方向

2.3.5　三面正投影图的作图方法和符号

1. 三面正投影图的作图方法和步骤

绘制三面正投影图时，一般先绘制正面投影图或水平投影图（因为这两个图等长，且一般反映了物体形状的主要特征），然后再绘制侧面投影图。熟练地掌握物体三面正投影图的画法是绘制和识读工程图样的重要基础。下面是画三面正投影图的具体方法和步骤：

（1）在图纸上先画出水平和垂直十字相交线，以作为正投影图中的投影轴。

（2）根据物体在三投影面体系中的放置位置，先画出能反映物体特征的正面投影图或水平投影图。

（3）根据“三等”关系，由“长对正”的投影规律，画出水平投影图或正面投影图；由“高平齐”的投影规律，把正面投影图中涉及高度的各相应部分用水平线拉向侧立投影面；由“宽相等”的投影规律，用过原点 O 作 45°斜线或以原点 O 为圆心作圆弧的方法，得到引线在侧立投影面上与“等高”水平线的交点，连接关联点而得到侧面投影图。

由于在制图时只要求各投影图之间的“长、宽、高”关系正确，因此图形与轴线之间的距离可以灵活安排。在实际工程图中，一般不画出投影轴，各投影图的位置也可以灵活安排，有时各投影图还可以不画在同一张图纸上。

2. 三面正投影图中的点、线、面符号

为了作图准确和便于校核，作图时可把所画物体上的点、线、面用符号标注。

一般规定空间物体上的点用大写拉丁字母 A、B、C…或大写罗马数字Ⅰ、Ⅱ、Ⅲ…表示；其水平投影用相应的 a、b、c…或数字 1、2、3 表示；正面投影用相应的 a'、b'、c'…或 1′、2′、3′…表示；侧面投影用 a''、b''、c''…或 1″、2″、3″…表示。

投影图中直线段的标注用直线段两端的符号表示，如空间直线段 AB 的水平投影图标注为 ab，正面投影图为 $a'b'$，侧面投影图为 $a''b''$。

空间的面通常用 P、Q、R…表示，其水平投影图、正面投影图和侧面投影图分别用 p、q、r…，p'、q'、r'…，p''、q''、r''…表示。

本章小结

本章学习了投影的基本知识。投影方法分中心投影法和平行投影法，平行投影法又可分斜投影法和正投影法。通过学习，学生应掌握平行投影的基本性质——平行性、积聚性、真实性、类似性和定比性，并理解正投影法的基本原理，即三视图的关系。三个投影图共同表示一个物体，它们之间具有“三等”关系：长对正、高平齐、宽相等。

练习题

1. 投影法有哪几类？其应用特点是什么？
2. 正投影法有哪些特性？
3. 三投影面体系是怎样展开的？三个正投影图之间有怎样的投影关系？
4. 根据投影关系，如果已知两个投影图，如何作出第三个投影图？
5. 三个投影面各反映物体的哪几个方向的情况？

第 3 章　点、线、面的投影

学习目标及能力要求：

本章是识图的基础知识，通过本章的学习，学生应掌握以下内容：点在三面投影体系中的投影，判断两点的相对位置；各种位置直线的投影规律、作图方法以及识读各种位置直线的投影图；各种位置平面的投影规律、作图方法和投影图的识读方法；平面上的直线和点的作图方法和判断方法。

3.1　点的投影

3.1.1　点的三面投影

过空间点 A，分别向水平投影平面（H）、正立投影平面（V）、侧立投影平面（W）作投影线，投影线与 H、V、W 的交点即为点 A 的三个投影点，分别用 a、a'、a''表示。过点 A 的三面投影点分别向 X、Y、Z 投影轴作垂线，与投影轴交于 a_x、a_y、a_z。将三面投影图展开，得点 A 的三面投影图，如图 3.1 所示。

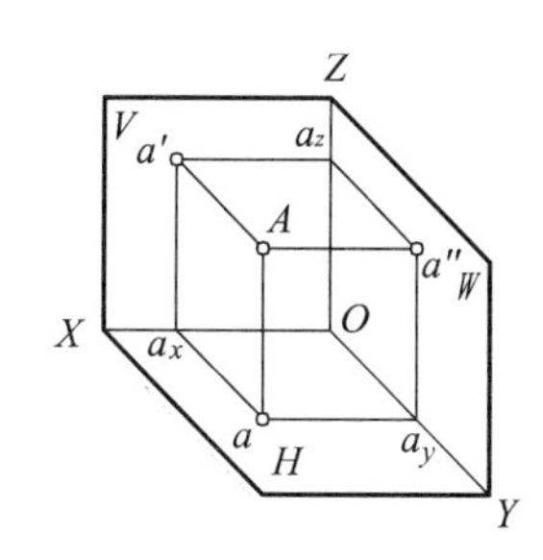

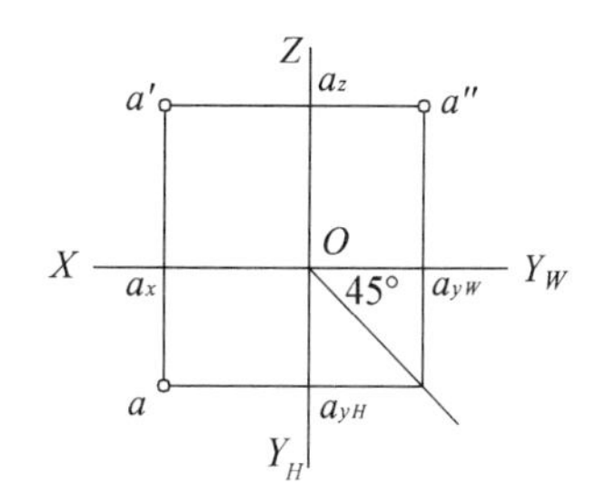

图 3.1　点的三面投影

从图 3.1 中可得出点的三面投影规律：

（1）点的水平投影与正立投影的连线垂直于 X 轴。

（2）点的正立投影和侧立投影的连线垂直于 Z 轴。

（3）点的水平投影到 X 轴的距离等于侧立投影到 Z 轴的距离。

（4）点到某投影平面的距离，等于该点在另两个投影平面上的投影到相应投影轴的距离。

【例 3.1】　已知点 A 的 H 投影 a 和 V 投影 a'，求作点 A 的 W 投影 a''，如图 3.2 所示。

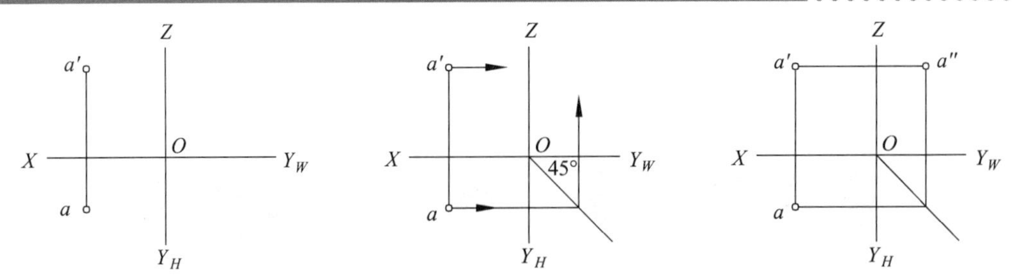

图 3.2　已知点的两面投影求作第三面投影

作图过程：

（1）过点 a 往右作水平线，与 45°斜线相交后，往上作竖直的直线。

（2）过点 a'往右作水平的直线。

（3）取两直线的交点，即为点 a''。

3.1.2　点的坐标

在三面投影体系中，坐标（x，y，z）也可以用来确定点的投影位置。将三面投影体系视为空间直角坐标系，投影轴视为坐标系的 X、Y、Z 轴，投影平面视为三个坐标面，投影轴原点视为坐标系原点，如图 3.3 所示。

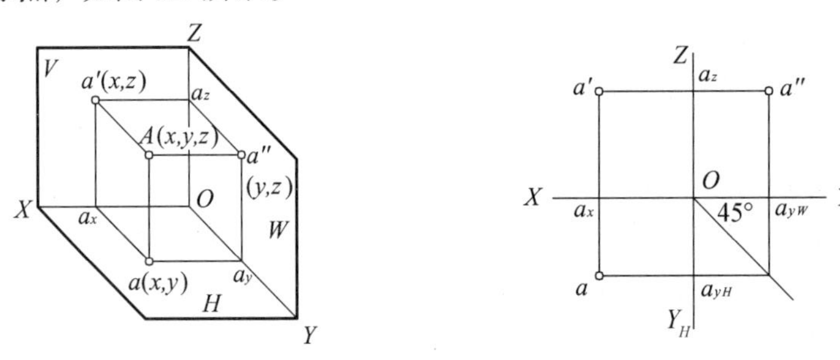

图 3.3　点的坐标

由图 3.3 可知：

空间点 A 到 W 的距离，即为 x 坐标值，$Aa'' = aa_{yH} = a'a_z = x$。

空间点 A 到 V 的距离，即为 y 坐标值，$Aa' = aa_x = a''a_z = y$。

空间点 A 到 H 的距离，即为 z 坐标值，$Aa = a'a_x = a''a_{yW} = z$。

【例 3.2】　已知点 A 的坐标（20，10，15），求作点 A 的三面投影，如图 3.4 所示。

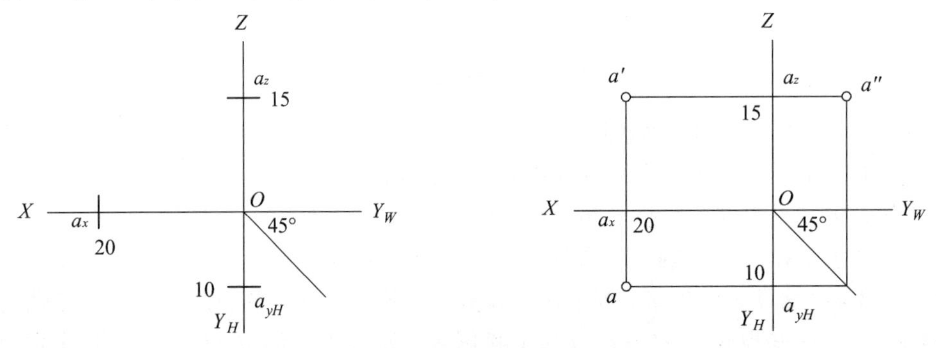

图 3.4　点的投影

作图过程：

（1）绘制投影轴。

（2）在 OX 轴上取 $a_x = 20$，在 OY 轴上取 $a_{yH} = 10$，在 OZ 轴上取 $a_z = 15$。

（3）分别过 a_x、a_{yH}、a_z 作相应轴的垂线，各交点即为点 A 的三面投影。

【例 3.3】　已知点 A，距水平投影面距离为 20，距正立投影面距离为 15，距侧立投影面距离为 10，求作点 A 的三面投影，如图 3.5 所示。

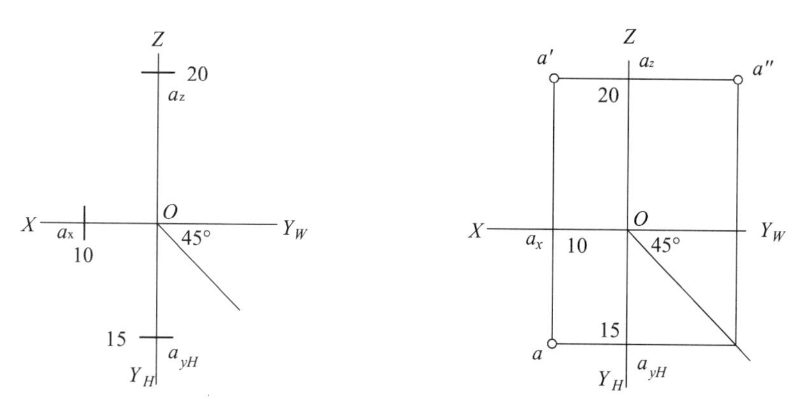

图 3.5　点的投影

作图过程：

（1）由题意可知，点 A 的坐标为（10，15，20）。

（2）绘制投影轴。

（3）在 OX 轴上取 $a_x = 10$，在 OY 轴上取 $a_{yH} = 15$，在 OZ 轴上取 $a_z = 20$。

（4）分别过 a_x、a_{yH}、a_z 作相应轴的垂线，各交点即为点 A 的三面投影。

3.1.3　点的类型及投影

根据点与投影平面之间的相对位置关系，可将点分为空间点和特殊位置点（投影平面上的点、投影轴上的点）。

（1）空间点：三个坐标值都不等于零的点。

（2）投影平面上的点：只有一个坐标值为零的点。

（3）投影轴上的点：有两个坐标值为零的点。

特殊位置点的三面投影如图 3.6 所示，点 A、B、C 分别位于 H、V、W 面上，点 D、F、E 分别位于 X、Y、Z 轴上。

综上所述，点的投影特点如下：

（1）空间点的三面投影分别在三个投影平面上。

（2）投影平面上的点，一个投影即为该投影平面上的点，另两个投影在相应的投影轴上。

（3）投影轴上的点，一个投影在原点，另两个投影即为该投影轴上的点。

（4）原点的三面投影都在原点。

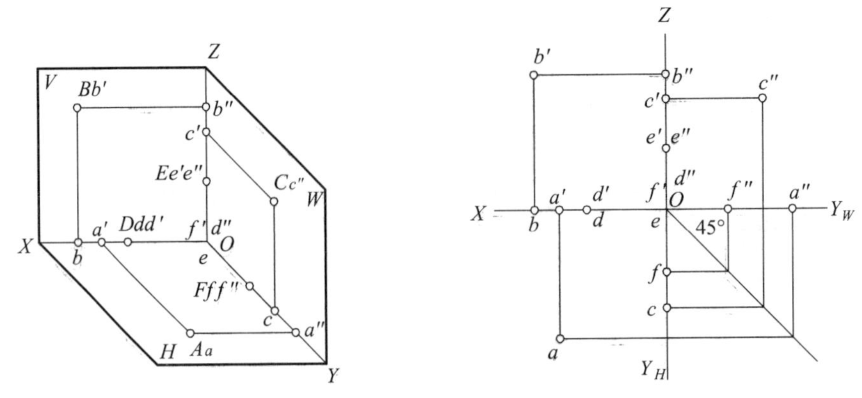

图 3.6　特殊位置点的投影

【例 3.4】　已知点 A 在水平投影面上，距正立投影面距离为 15，距侧立投影面距离为 10；点 B 在 Z 轴上，距水平投影面的距离为 10。求作点 A、B 的三面投影，如图 3.7 所示。

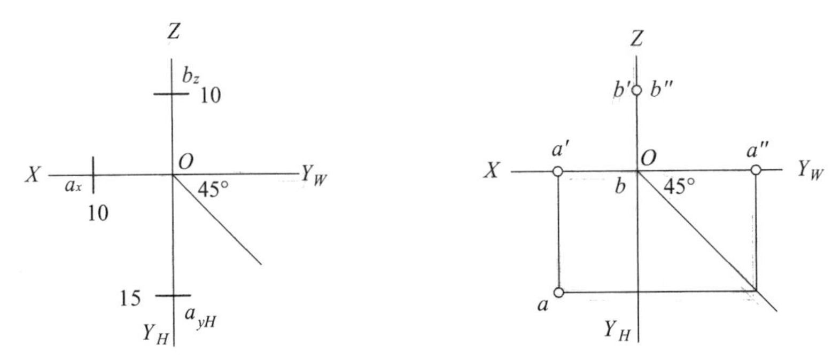

图 3.7　点的投影

作图过程：

（1）由题意可知，点 A 的坐标为（10，15，0），点 B 的坐标为（0，0，10）。

（2）绘制投影轴。

（3）在 OX 轴上取 $a_x = 10$，在 OY 轴上取 $a_{yH} = 15$，求得点 a，点 a' 和 a'' 分别位于 OX 轴和 OY_W 轴上。

（4）在 OZ 轴上取 $b_z = 10$，求得 b' 和 b''，b 位于原点。

3.1.4　两点的相对位置

1. 两点的位置

空间两点存在左右、前后、上下的位置关系，空间位置关系也可以反映到三面投影图中，如图 3.8 所示。

由水平投影可知，点 A 位于点 B 的右方和前方；由正立投影可知，点 A 位于点 B 的上方。所以，点 A 位于点 B 的右、前、上方。

两点的相对位置还可以通过点坐标值的大小进行判断。由于 x 坐标值的大小反映左右关系，y 坐标值的大小反映前后关系，z 坐标值的大小反映上下关系，如点 A（10，10，10）和点 B（5，20，15），可知点 A 对点 B 的相对位置关系为左、后、下方。

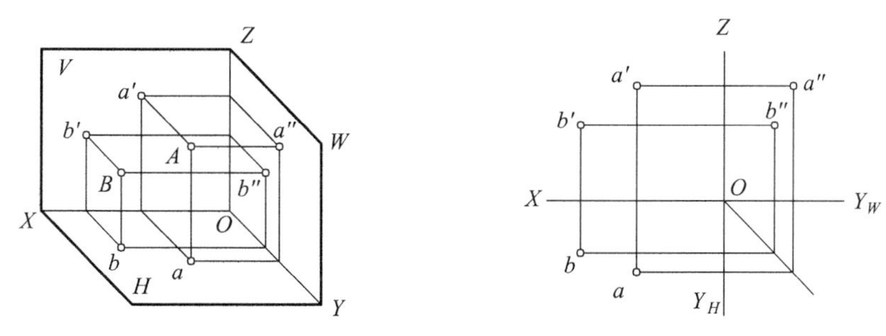

图 3.8　点的相对位置

2. 重影点

如果空间两点位于某一投影面的同一投影线上，它们在该投影面上的投影必然重合，这两个点称为重影点。其中位于左、前、上方的点为可见点，位于右、后、下方的点被遮挡，为不可见点，如图 3.9 所示。当两点的投影重合时，可见点写在前面，被挡住的点加注小括号并写在后面。

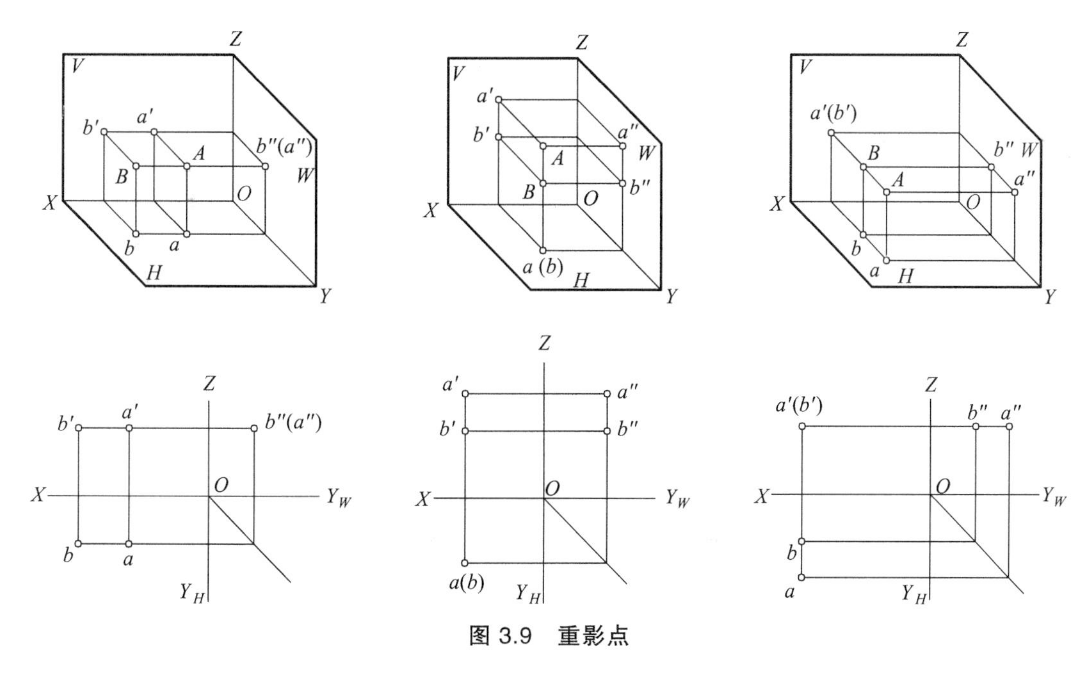

图 3.9　重影点

3.2　直线的投影

3.2.1　直线投影图的作法

由几何学知识可知，两点确定一条直线。求作直线的投影，可以先作出该直线上两个端点的投影，再连接这两个投影点，即得到该直线的投影。

【例 3.5】 已知直线 AB，两个端点的坐标分别为 A（10，5，15）、B（15，10，5），求作直线 AB 的三面投影，如图 3.10 所示。

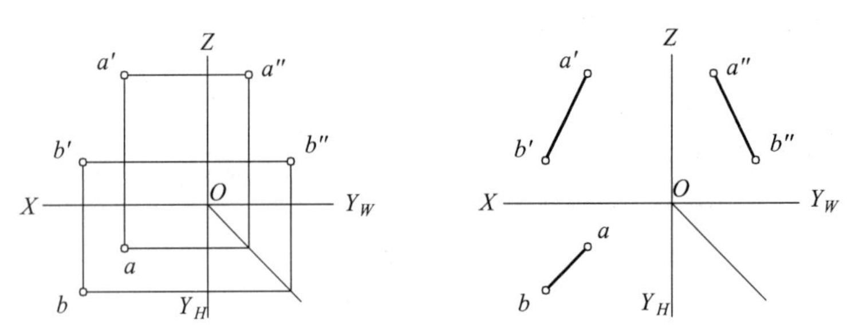

图 3.10 通过点求作直线投影

作图过程：

（1）根据点 A、B 的坐标，分别作出 A、B 两端点的三面投影。

（2）依次连接 ab、$a'b'$、$a''b''$，即为直线 AB 的三面投影。

3.2.2 各种位置直线的投影

根据直线与投影平面相对位置的不同，可将直线分为一般位置直线和特殊位置直线，特殊位置直线又可分为投影面平行线和投影面垂直线。

1. 一般位置直线

与三个投影平面均倾斜的直线，称为一般位置直线。直线与投影平面 H、V、W 之间的夹角分别用α、β、γ表示，如图 3.11 所示。

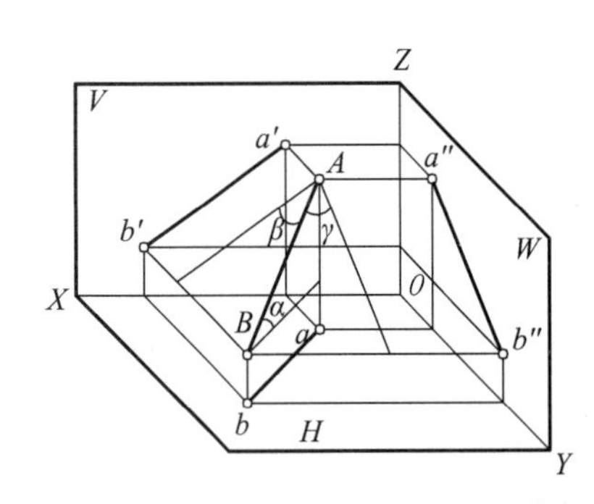

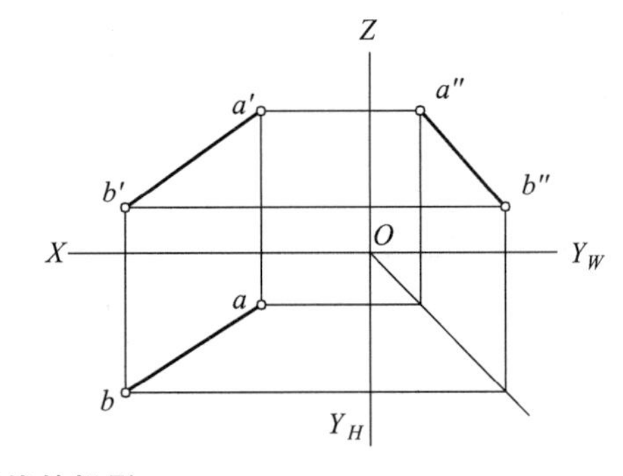

图 3.11 直线的投影

一般位置直线的投影特点如下：

（1）一般位置直线的三个投影均倾斜于投影轴，与投影轴的夹角不反映直线与投影面的倾斜角。

（2）一般位置直线的三个投影均不反映直线的实际长度。

2. 投影面平行线

仅平行于一个投影平面，而倾斜于另外两个投影平面的直线，称为投影面平行线。投影面平行线又可以分为三种：

（1）水平线——平行于 H 面，倾斜于 V、W 面的直线。

（2）正平线——平行于 V 面，倾斜于 H、W 面的直线。

（3）侧平线——平行于 W 面，倾斜于 H、V 面的直线。

投影面平行线的投影图和投影特点如表 3.1 所示。

表 3.1　投影面平行线的投影图和投影特点

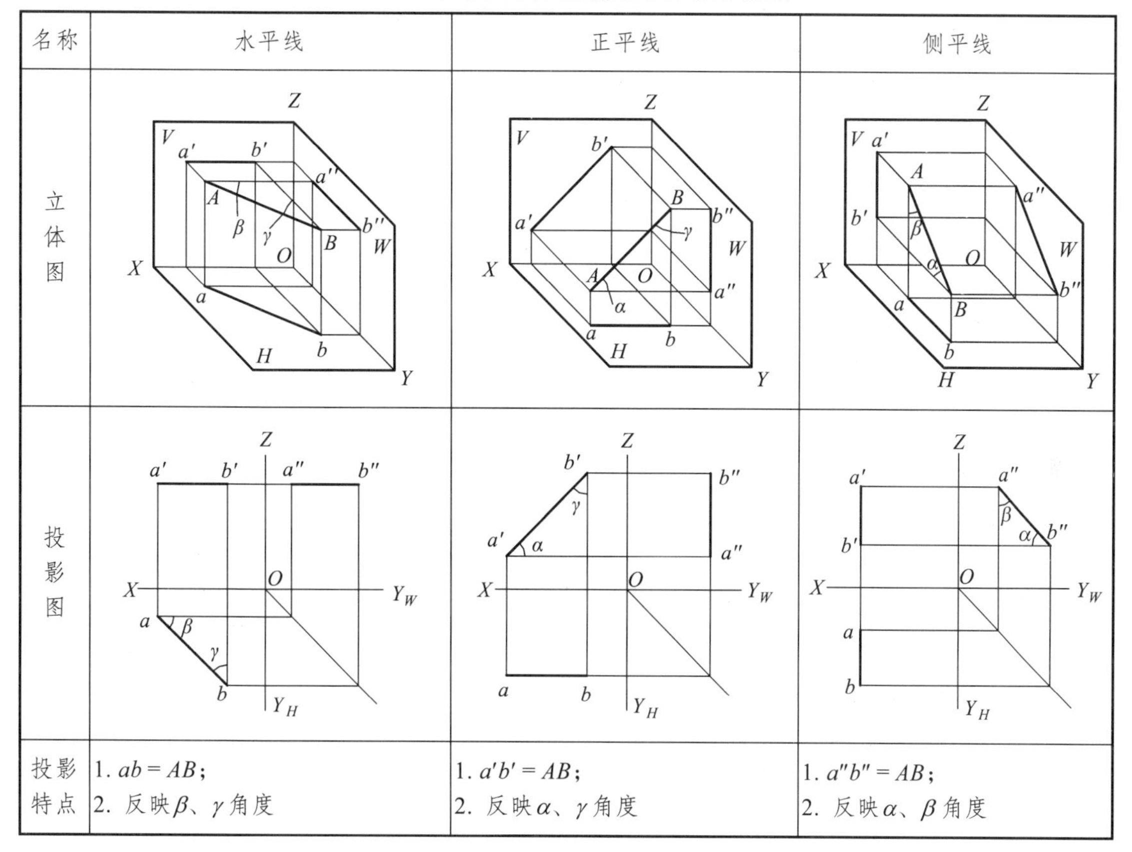

名称	水平线	正平线	侧平线
立体图			
投影图			
投影特点	1. $ab = AB$； 2. 反映 β、γ 角度	1. $a'b' = AB$； 2. 反映 α、γ 角度	1. $a''b'' = AB$； 2. 反映 α、β 角度

由表 3.1 可知，投影面平行线的投影规律如下：

（1）投影面平行线在与其平行的投影平面上的投影，反映直线的实际长度，且可以反映该直线与另外两个投影平面之间的夹角。

（2）在另外两个投影平面上的投影，不反映实际长度。

3. 投影面垂直线

垂直于一个投影平面，与另外两个投影平面平行的直线，称为投影面垂直线。投影面垂直线又可以分为三种：

（1）铅垂线——垂直于 H 面，平行于 V、W 面的直线。

（2）正垂线——垂直于 V 面，平行于 H、W 面的直线。

（3）侧垂线——垂直于 W 面，平行于 H、V 面的直线。

投影面垂直线的投影图和投影特点如表 3.2 所示。

表 3.2　投影面垂直线的投影图和投影特点

名称	铅垂线	正垂线	侧垂线
立体图	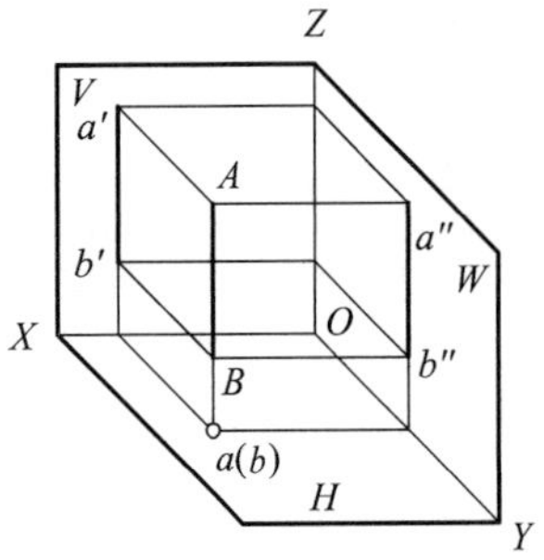	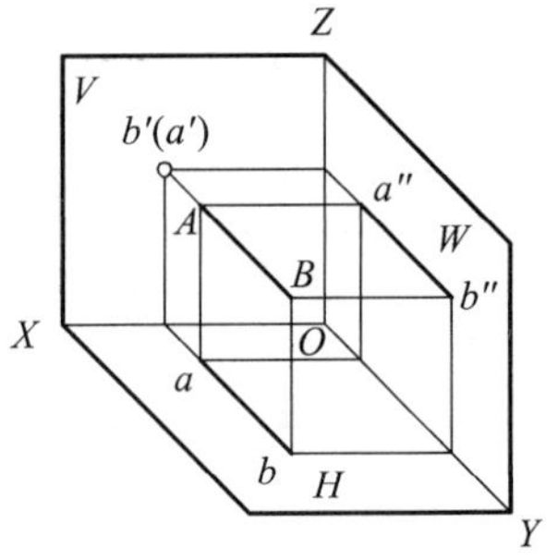	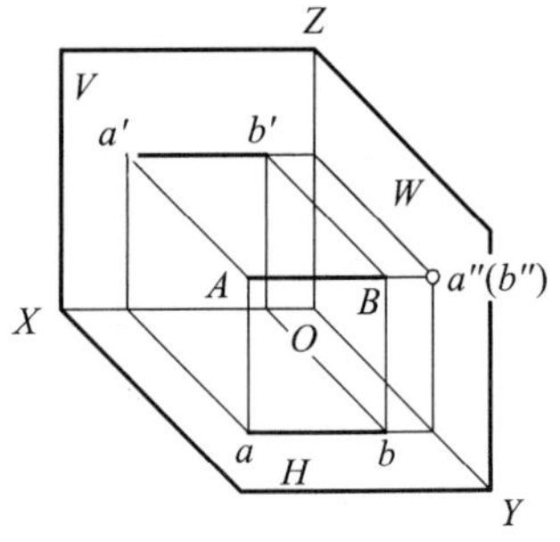
投影图	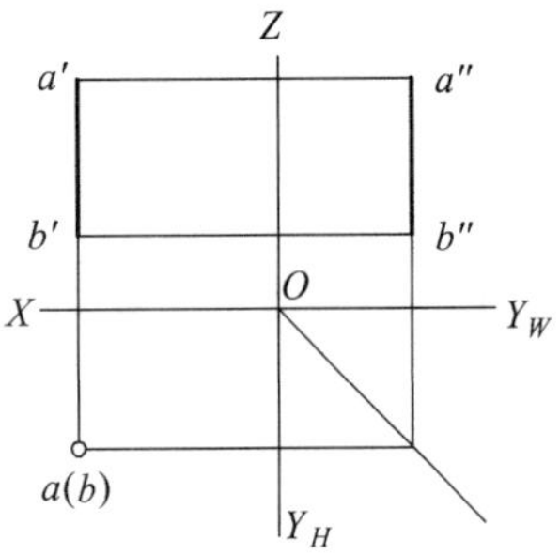	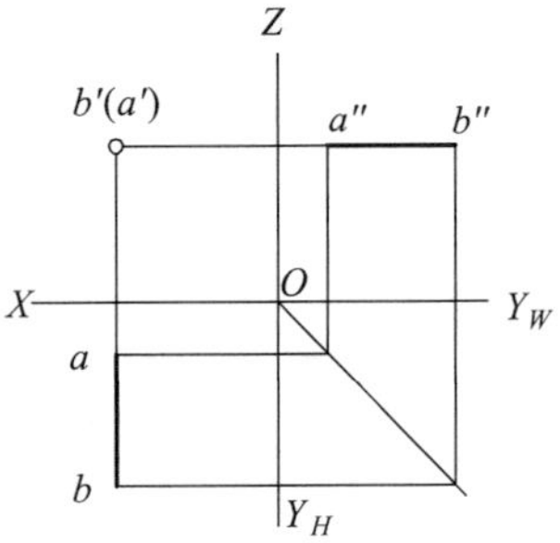	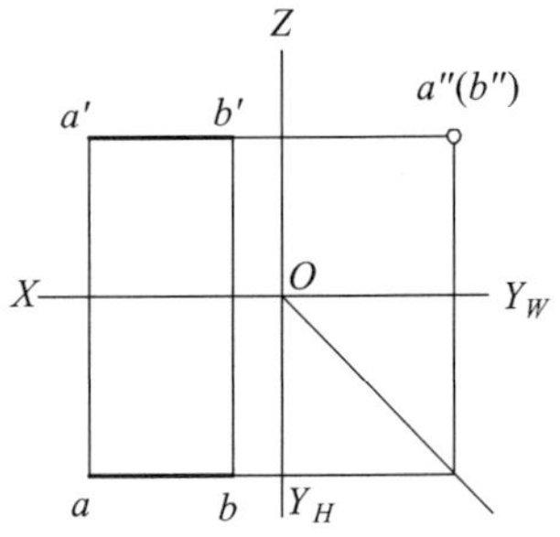
投影特点	1. ab 积聚为一点； 2. $a'b' = a''b'' = AB$	1. $a'b'$积聚为一点； 2. $ab = a''b'' = AB$	1. $a''b''$积聚为一点； 2. $ab = a'b' = AB$

由表 3.2 可知，投影面垂直线的投影规律如下：

（1）投影面垂直线在与其垂直的投影平面上的投影积聚成一个点。

（2）在另外两个投影平面上的投影，反映实际长度。

3.2.3　直线上点的投影

点在直线上，那么它的投影一定在该直线的同名投影上。如图 3.12 所示，点 C 的投影 c、c'、c''都在直线 AB 的同名投影上，说明点 C 在直线 AB 上。直线上一点把直线分成两段，这两段的长度之比等于它们相应的投影之比，这种比例关系称为定比性。

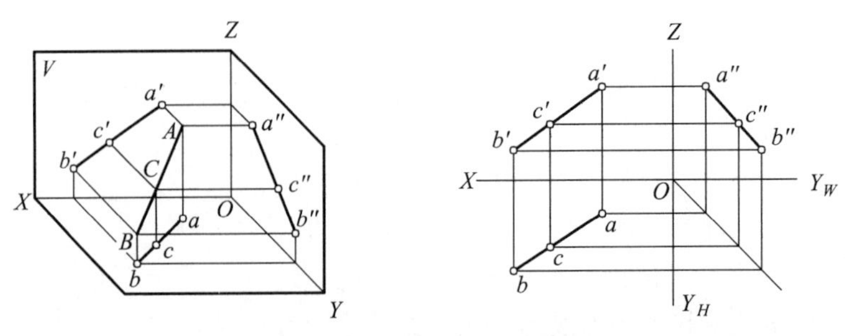

图 3.12　直线上点的投影

由图 3.10 可知，$AC : CB = ac : cb = a'c' : c'b' = a''c'' : c''b''$。

【例 3.6】　已知直线 AB 的投影 ab 和 $a'b'$，求作直线上一点 K 的投影，使 $AK : KB = 2 : 3$，如图 3.13 所示。

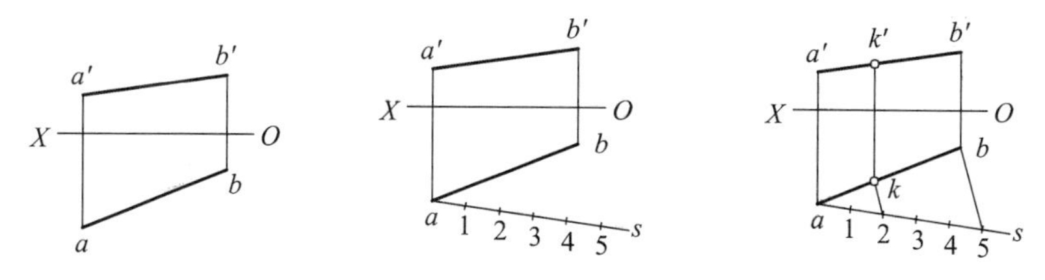

图 3.13　求作直线上的等分点

作图过程：

（1）过 a 作辅助线 as，并量取 5 段（长度自己确定），得到 5 个点。

（2）连接 $5b$，过点 2 作 $5b$ 的平行线，与 ab 的交点即为所求点 k。

（3）过点 k 作垂线，与 $a'b'$的交点即为所求点 k'。

3.3　平面的投影

3.3.1　平面的表示方法及平面投影图的作法

如图 3.14 所示，平面可以由几何元素进行表示：

（1）不在同一直线上的三个点。

（2）直线和直线外一点。

（3）两条相交直线。

（4）两条平行直线。

（5）平面图形。

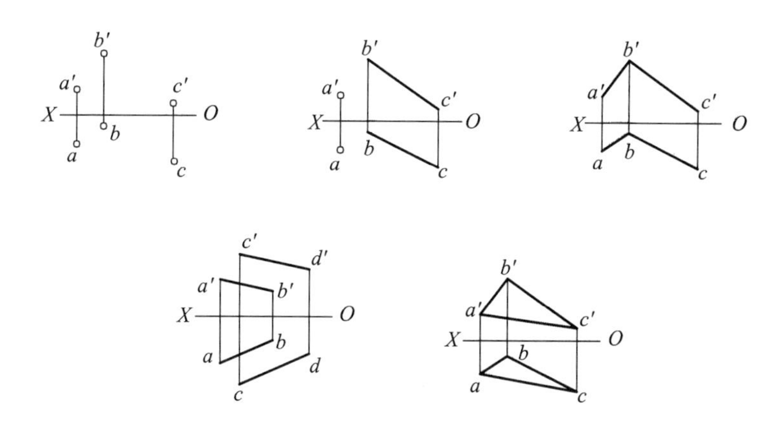

图 3.14　平面的表示方法

平面一般是由若干轮廓线围成的，而轮廓线可以由两个端点来确定。求作平面的投影，实际上就是求作围成平面的轮廓线端点的投影，点连接成线，线围成平面。如图 3.15 所示，只要求得平面 *ABC* 的三个顶点 *A*、*B*、*C* 的投影，再将各点的投影用线段连接起来，即得到平面 *ABC* 的投影。

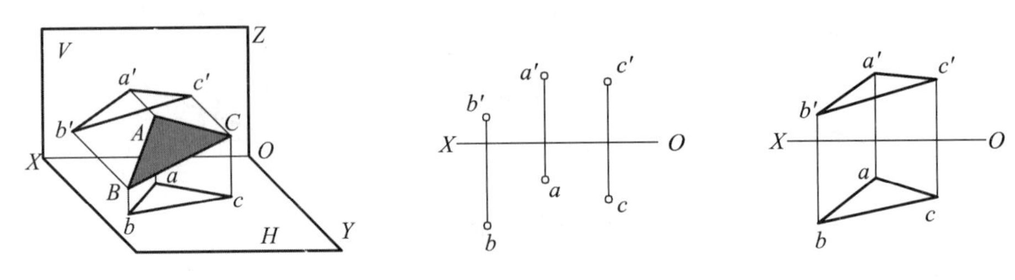

图 3.15　通过点的投影求作面的投影

3.3.2　各种位置平面的投影

根据平面与投影平面的相对位置不同，平面可以分为一般位置平面和特殊位置平面，特殊位置平面又可分为投影面平行面和投影面垂直面。

1. 一般位置平面

与三个投影平面均倾斜的平面称为一般位置平面，如图 3.16 所示，平面与 *H*、*V*、*W* 面之间的夹角分别用α、β、γ表示。一般位置平面的三面投影都不反映实形，也不积聚成直线，均是平面的类似形。

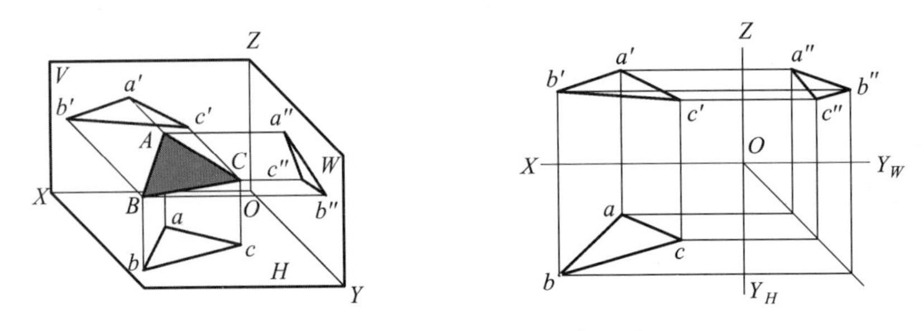

图 3.16　一般位置平面的投影

2. 投影面平行面

平行于一个投影平面，与另外两个投影面垂直的平面，称为投影面平行面。投影面平行面又可以分为三种：

（1）水平面——平行于 *H* 面，与 *V*、*W* 面垂直的平面。

（2）正平面——平行于 *V* 面，与 *H*、*W* 面垂直的平面。

（3）侧平面——平行于 *W* 面，与 *H*、*V* 面垂直的平面。

投影面平行面的投影图和投影特点如表 3.3 所示。

表 3.3　投影面平行面的投影图和投影特点

名称	水平面	正平面	侧平面
立体图	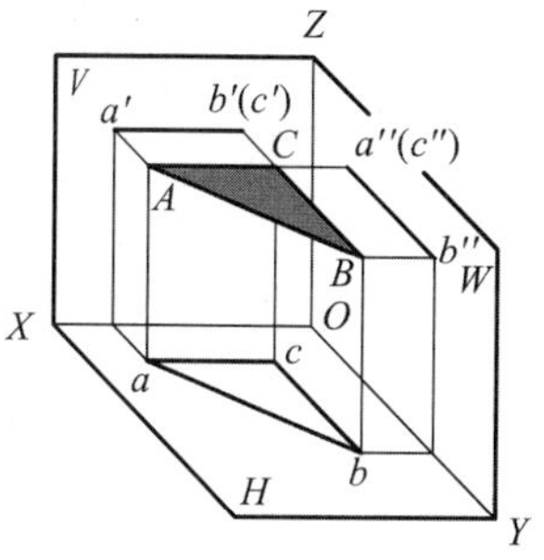	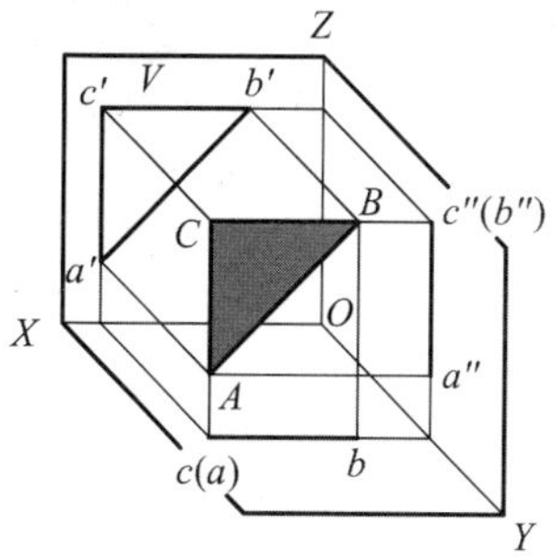	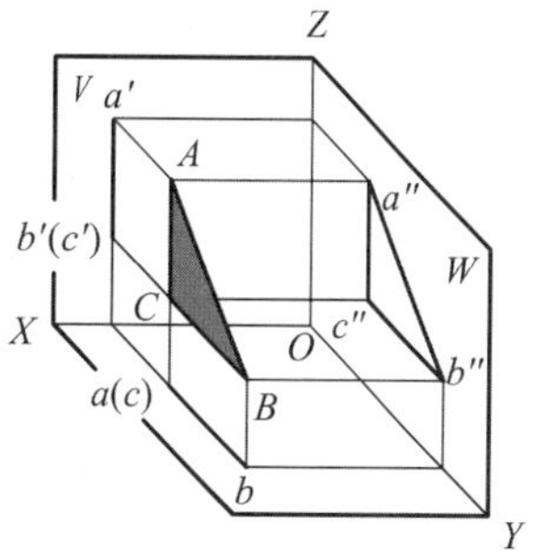
投影图	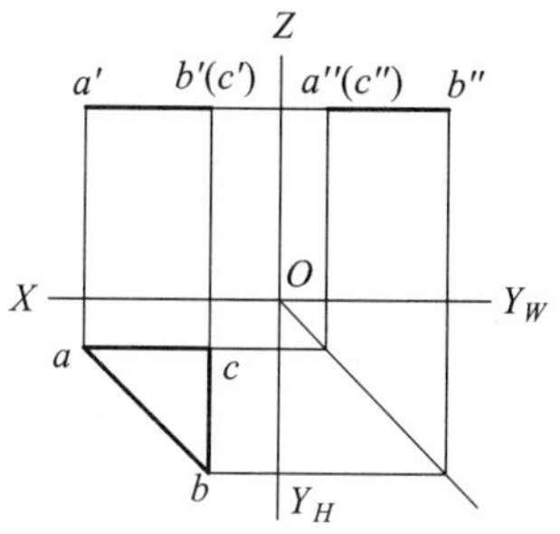	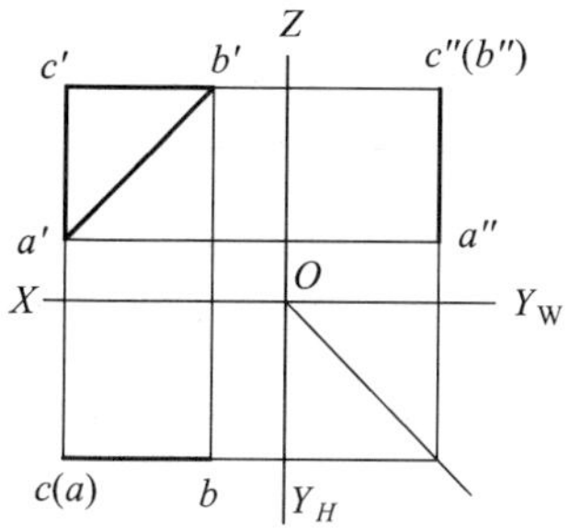	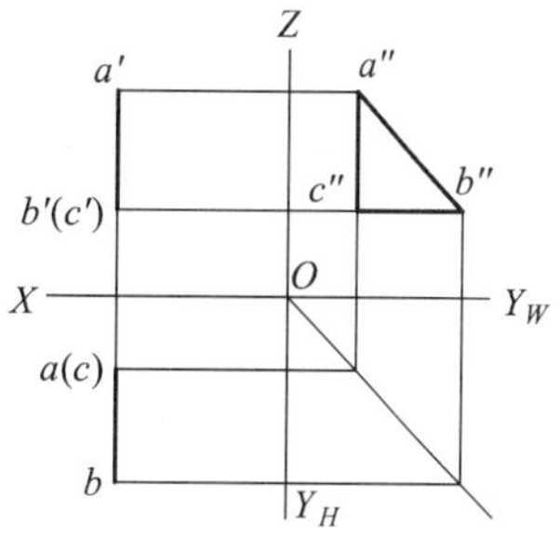
投影特点	1. $abc \cong ABC$； 2. $a'b'c'$ 与 $a''b''c''$ 积聚成直线	1. $a'b'c' \cong ABC$； 2 abc 与 $a''b''c''$ 积聚成直线	1. $a''b''c'' \cong ABC$； 2. abc 与 $a'b'c'$ 积聚成直线

由表 3.3 可知，投影面平行面的投影规律如下：

（1）投影面平行面在与其平行的投影平面上的投影，反映平面的实际形状。

（2）在另外两个投影平面上的投影，积聚成直线。

3. 投影面垂直面

垂直于一个投影平面，与另外两个投影面倾斜的平面，称为投影面垂直面。投影面垂直面又可以分为三种：

（1）铅垂面——垂直于 H 面，与 V、W 面倾斜的平面。

（2）正垂面——垂直于 V 面，与 H、W 面倾斜的平面。

（3）侧垂面——垂直于 W 面，与 H、V 面倾斜的平面。

投影面垂直面的投影图和投影特点如表 3.4 所示。

表 3.4　投影面垂直面的投影图和投影特点

名称	铅垂面	正垂面	侧垂面
立体图			
投影图			
投影特点	1. $abcd$ 积聚成直线，并能反映 β、γ； 2. $a'b'c'd'$ 与 $a''b''c''d''$ 为 $ABCD$ 的类似形	1. $a'b'c'd'$ 积聚成直线，并能反映 α、γ； 2. $abcd$ 与 $a''b''c''d''$ 为 $ABCD$ 的类似形	1. $a''b''c''d''$ 积聚成直线，并能反映 α、β； 2. $abcd$ 与 $a'b'c'd'$ 为 $ABCD$ 的类似形

由表 3.4 可知，投影面垂直面的投影规律如下：

（1）投影面垂直面在与其垂直的投影平面上的投影，积聚成直线，并能反映与另外两个投影平面的夹角。

（2）在另外两个投影平面上的投影，反映平面的类似形。

【例 3.7】　试判断图 3.17 中，$BCFE$、FCG、$IJLK$、$DEFGH$ 表面的空间位置。

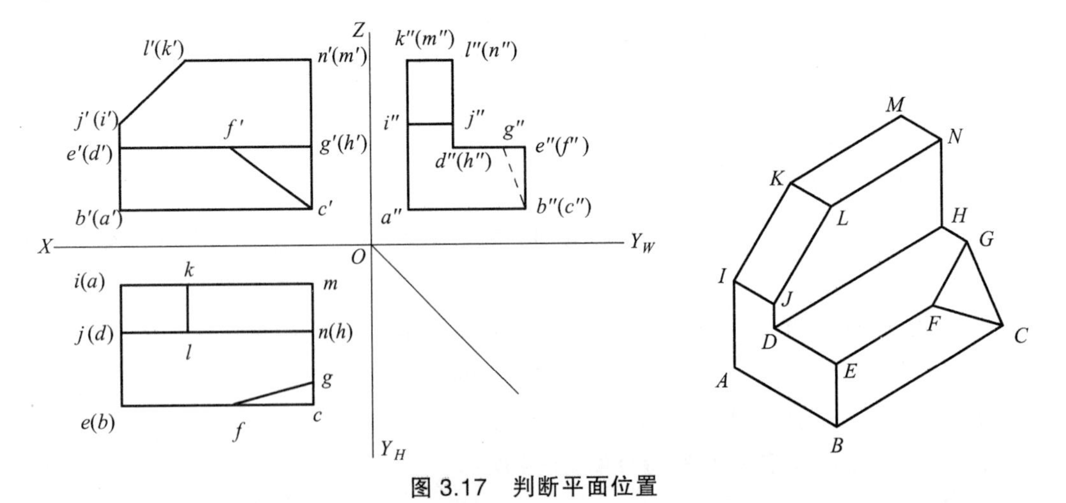

图 3.17　判断平面位置

由图 3.17 可知：*BCEF* 为正平面、*FCG* 为一般位置平面、*IJLK* 为正垂面、*DEFGH* 为水平面。

3.3.3　平面上的直线和点

1. 平面上的直线

如果一条直线经过平面上的两个点，或直线经过平面上的一个点，但与平面内某一直线平行，则可以判断直线位于该平面内。如图 3.18 所示，直线 *DE* 通过平面 *ABC* 上的点 *D*、*E*；直线 *CF* 经过平面 *ABC* 的点 *C*，并平行于 *AB* 边。可知，直线 *DE* 和 *CF* 都在平面 *ABC* 上。

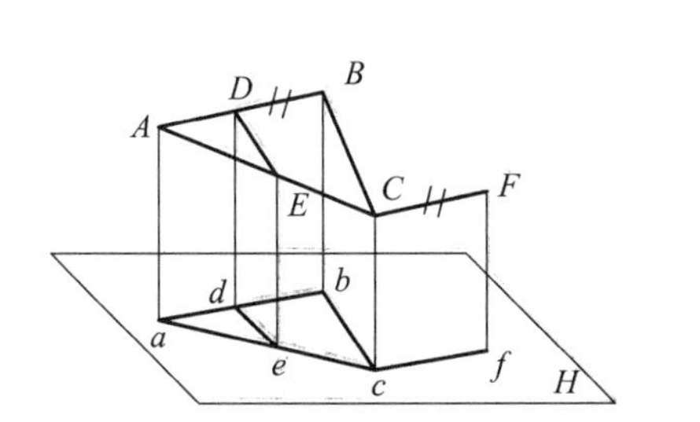

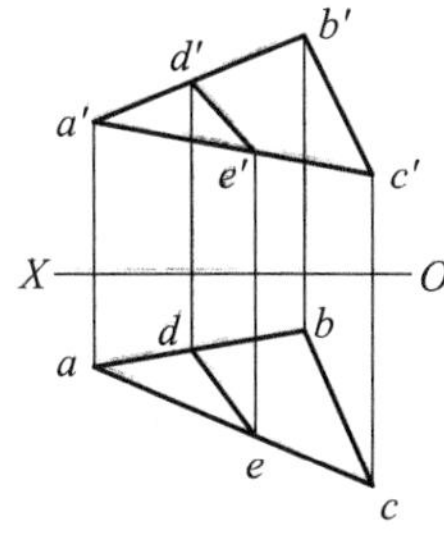

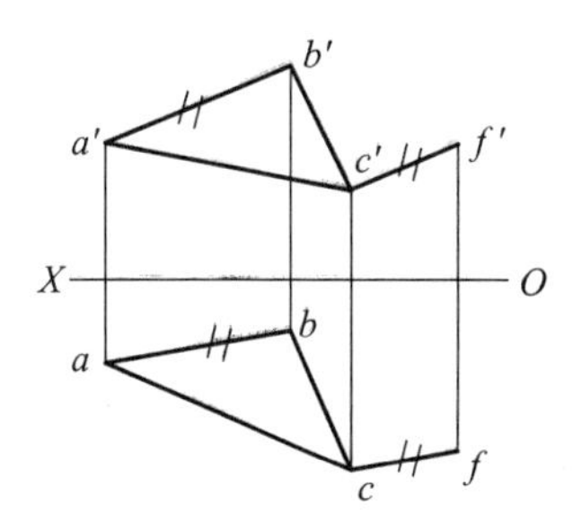

图 3.18　平面上的直线

【例 3.8】　已知平面 *ABC* 的两面投影，如图 3.19 所示。在平面 *ABC* 上求取一直线，使其距 *H* 面的距离为 10 mm。

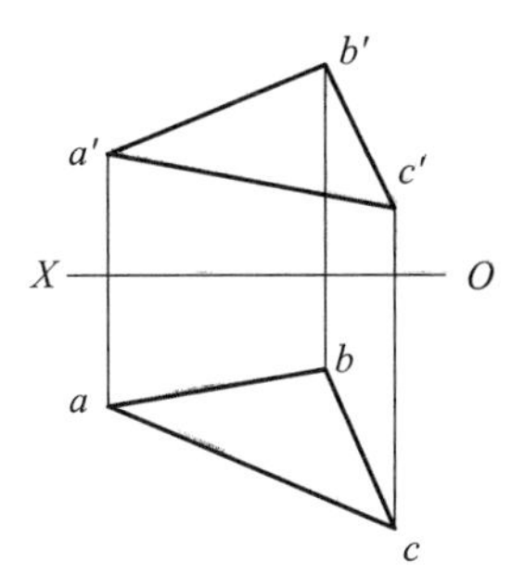

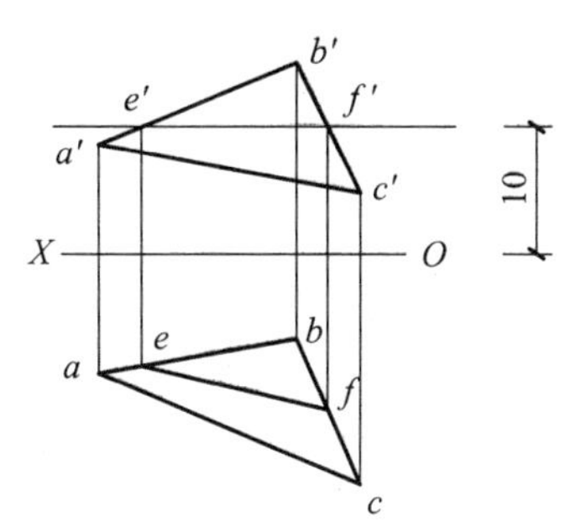

图 3.19　在平面上求取直线

作图过程：

（1）在 *V* 投影面上，作距 *X* 轴距离为 10 mm 的水平直线，与 *a′b′c′* 相交于两点 *e′f′*。

（2）*e′f′* 即为所求直线，再求作 *ef*。

2. 平面上的点

如果点在直线上，而该直线位于某平面上，则该点位于这个平面上。

【例 3.9】　已知平面 *ABC* 的两面投影，点 *D* 在平面 *ABC* 上，求 *d′*，如图 3.20 所示。

作图过程：

（1）过点 *d* 作任意直线（垂线除外，也可以利用已知点 *a*、*b*、*c*），与 *abc* 相交于两点 *e*、*f*。

（2）求作 *e′f′*。

（3）过 *d* 作垂线，与 *e′f′* 相交，交点即为所求点 *d′*。

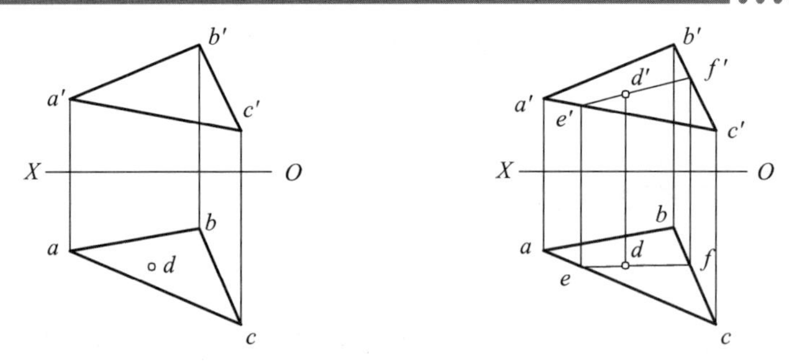

图 3.20　在平面上求取点

本章小结

（1）点的投影仍为点，其三面投影用其同名字母的小写字母表示，投影规律是：点的水平投影与正立投影的连线垂直于 *OX* 轴；点的正立投影和侧立投影的连线垂直于 *OZ* 轴；点的水平投影到 *OX* 轴的距离等于侧立投影到 *OZ* 轴的距离；点到某投影面的距离等于其在另外两个投影面上的投影到相应投影轴的距离。点的投影规律是“长对正、高平齐、宽相等”。两点的相对位置有左右、前后、上下，水平投影反映左右、前后关系，正立投影反映左右、上下关系，侧立投影反映前后、上下关系。

（2）直线按其与投影面的相对位置不同，分为特殊位置直线和一般位置直线，特殊位置直线又分为投影面平行线和投影面垂直线。投影面平行线在平行的投影面上的投影反映实际长度，另外两个投影分别平行于相应的投影轴；投影面垂直线在垂直的投影面上的投影积聚成点，另外两个投影分别垂直于相应的投影轴，且反映实际长度；一般位置的直线其三面投影都比实际长度短，也不反映倾角。直线上点的投影仍在直线的同面投影上。

（3）平面按其与投影平面的相对位置不同，分为特殊位置平面和一般位置平面，特殊位置平面又分为投影面平行面和投影面垂直面。投影面平行面在平行的投影面上的投影反映实形，另外两个投影积聚成直线，分别平行于相应的投影轴；投影面垂直面在垂直的投影面上的投影积聚成直线，倾斜于投影轴，另外两个投影是平面的类似形；一般位置平面其三面投影都不反映实形，也不反映倾角。

练习题

1. 点 *A* 的水平投影在 *OX* 轴上，点 *A* 一定是位于 *OX* 轴上的点吗？点 *A* 的空间位置有哪些情况？

2. 点 *A* 的坐标为（10，10，10），点 *B* 的坐标为（5，15，5），点 *A* 相对于点 *B* 的空间位置如何？点 *B* 相对于点 *A* 的空间位置如何？

3. 点 *A* 距水平面的距离为 5 mm，点 *B* 距水平面的距离也是 5 mm，直线 *AB* 一定是水平线吗？有哪几种情况？

4. △*ABC* 的三面投影均为三角形，△*ABC* 所在的平面是一般位置平面吗？

第 4 章　基本形体的投影

学习目标及能力要求：

本章主要介绍基本形体的投影。通过本章的学习，学生应掌握以下内容：各种基本体的投影规律；基本体尺寸的正确标注与识读；基本体表面上点和直线的投影。

4.1　基本体的投影

建筑物或构筑物都是由一些简单的几何体组成的，这些最简单的几何体称为基本体。基本体根据其表面形状可分为平面体和曲面体，如图 4.1 所示。

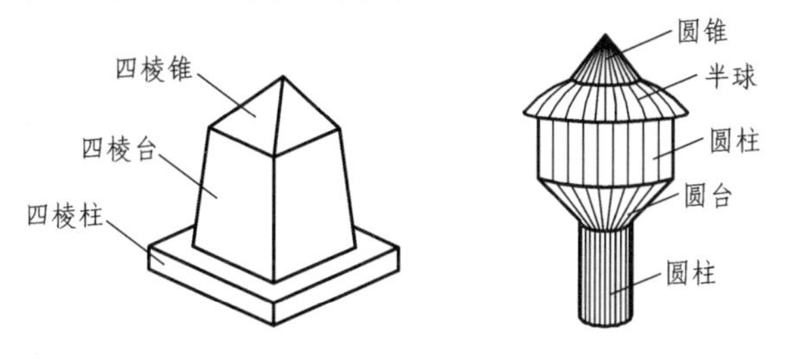

图 4.1　建筑形体的组成

4.1.1　平面体的投影

几何体表面由平面围成的基本体称为平面体，平面体主要有棱柱、棱锥和棱台。

1. 棱柱的投影

棱柱有正棱柱和斜棱柱之分，如图 4.2 所示。

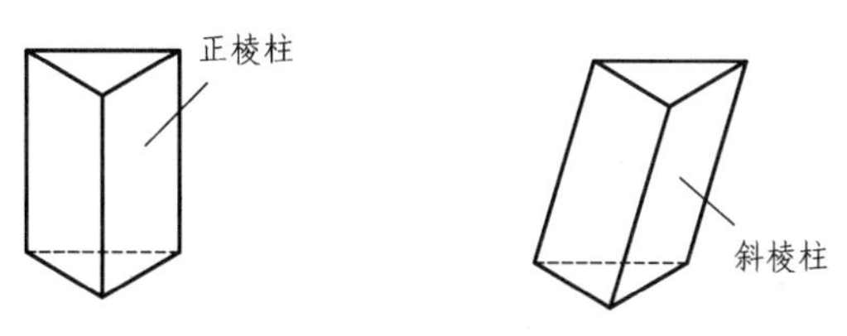

图 4.2　棱　柱

作棱柱的投影时，首先应确定棱柱的摆放位置，如图 4.3 所示。

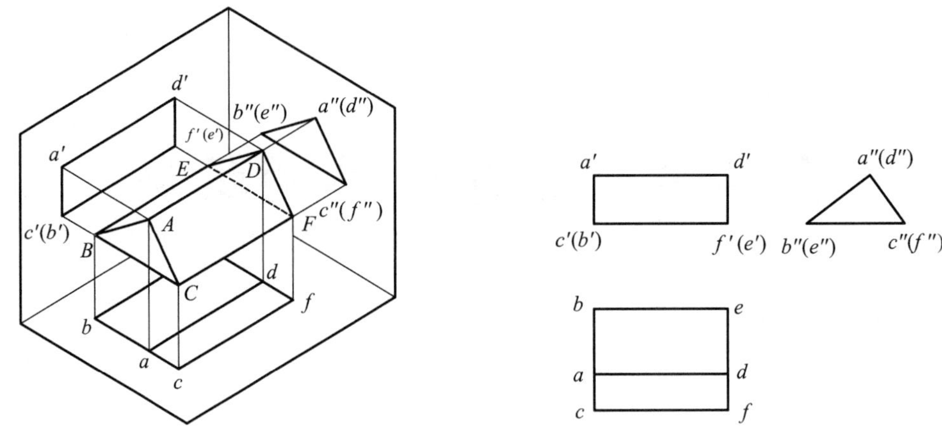

图 4.3　三棱柱的投影

三棱柱水平放置，其中 *BCFE* 侧面为水平面，在 *H* 上的投影反映实形，在 *V*、*W* 上的投影都积聚成直线。另外两个侧面 *ACFD*、*ABED* 都为侧垂面，在 *H*、*V* 上的投影反映类似形，在 *W* 上的投影积聚成直线。底面 *ABC*、*DEF* 为侧平面，在 *H*、*V* 上的投影积聚成直线，在 *W* 上的投影反映实形。

2. 棱锥的投影

棱锥有正棱锥和斜棱锥之分，如图 4.4 所示。

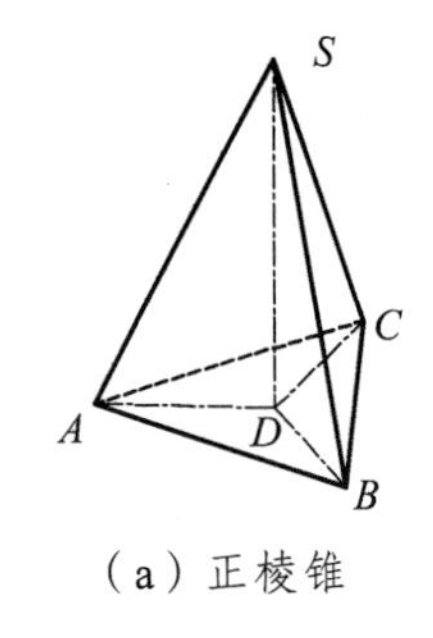

（a）正棱锥

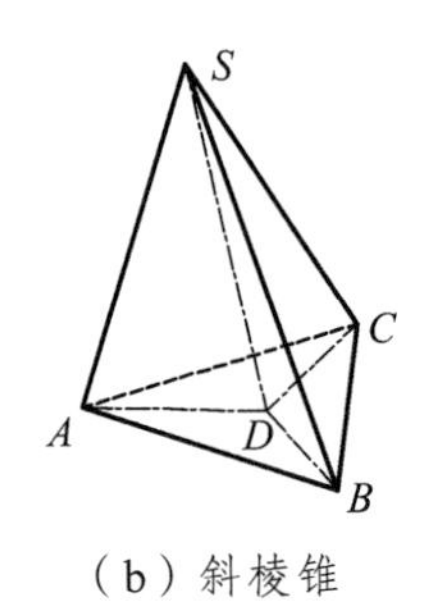

（b）斜棱锥

图 4.4　棱　锥

正五棱锥的投影如图 4.5 所示。

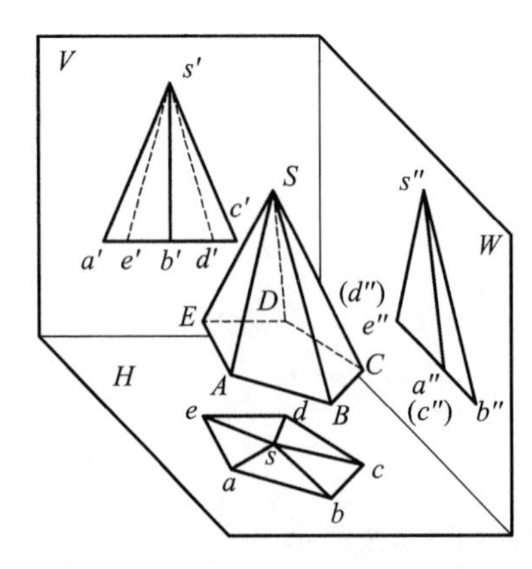

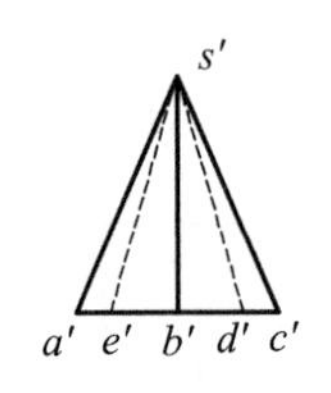

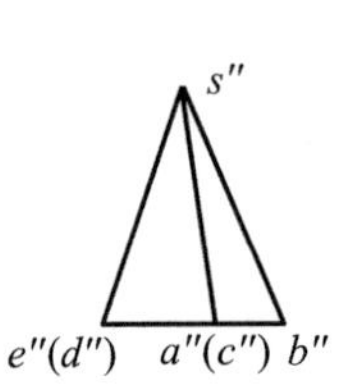

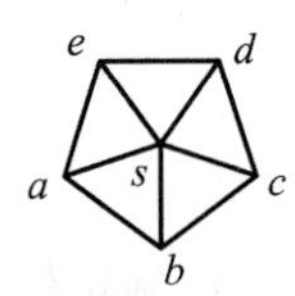

图 4.5　正五棱锥的投影

五棱锥底面 *ABCDE* 为水平面，在 *H* 上的投影反映实形，在 *V*、*W* 上的投影积聚成直线。侧面 *SED* 为侧垂面，在 *H*、*V* 上的投影反映类似形，在 *W* 上的投影积聚成直线。其余侧面都是一般位置平面，它们的投影都是类似形。

3. 棱台的投影

将棱锥用平行于底面的平面切割，去掉上部，余下的部分即为棱台，其投影如图 4.6 所示。

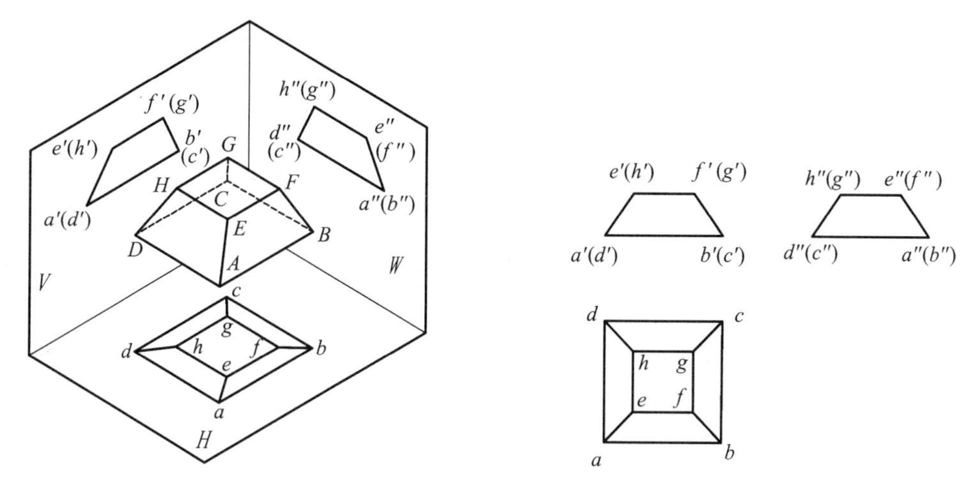

图 4.6　棱台的投影

4.1.2　曲面体的投影

几何体表面含有曲面的基本体称为曲面体，曲面体主要有圆柱、圆锥和球体。

1. 圆柱的投影

一直线绕与其平行的轴线旋转形成的曲面，称为圆柱面。旋转的直线称为母线，母线在任一位置留下的轨迹线称为素线，圆柱面的所有素线都与轴线平行而且距离相等。当圆柱面被两个相互平行的平面截断，则形成圆柱体。圆柱体可分为正圆柱体和斜圆柱体，如图 4.7 所示。

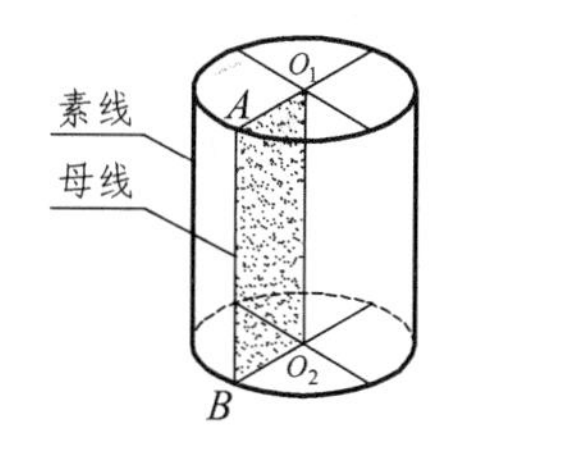

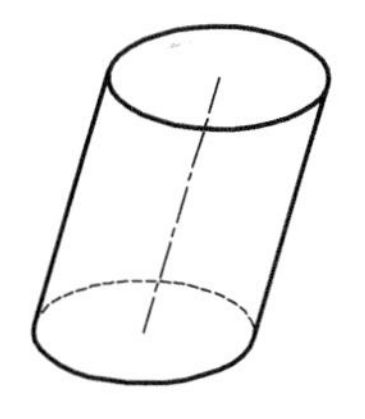

图 4.7　圆　柱

当正圆柱体轴线垂直于水平投影面放置时，其投影如图 4.8 所示。

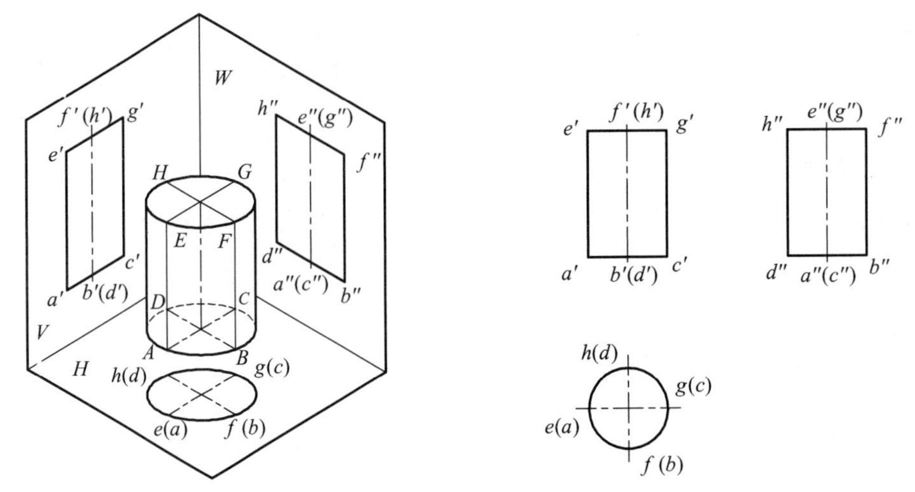

图 4.8　圆柱的投影

圆柱在 *H* 上的投影为一个圆面，该圆面即为圆柱的实际顶面，圆柱的侧面积聚成圆周线。圆柱在 *V*、*W* 上的投影都为形状一致的矩形面，该矩形面反映圆柱的直径和高度。圆柱的水平投影只可见圆柱的顶面（*EFGH*），正立投影只可见圆柱的前半部分（*ABCGFE*），侧立投影只可见圆柱的左半部分（*DABFEH*）。

2. 圆锥的投影

直母线绕与其相交的轴线旋转而成的曲面，称为圆锥面。圆锥面上所有的素线都交于一点，该点称为圆锥面的顶点。圆锥面被平面截断，则形成圆锥体。圆锥体可分为正圆锥体和斜圆锥体，如图 4.9 所示。

图 4.9　圆　锥

当正圆锥体轴线垂直于水平投影面放置时，其投影如图 4.10 所示。

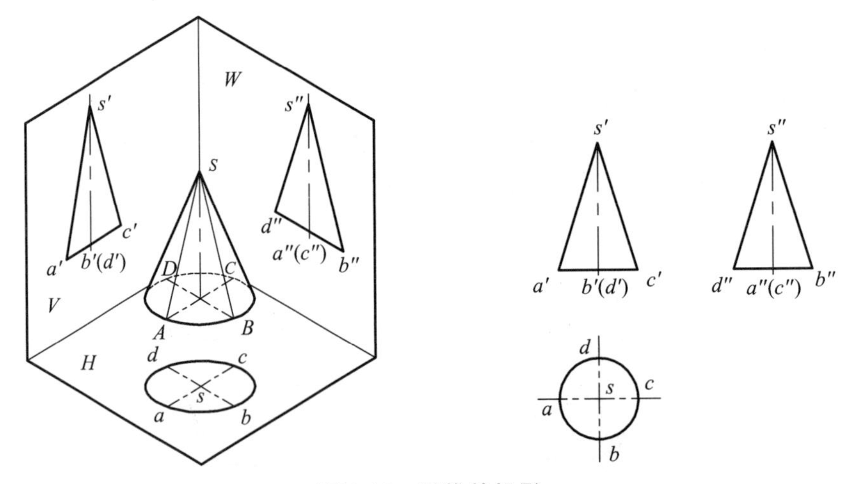

图 4.10　圆锥的投影

圆锥在 *H* 上的投影为一个圆面，该圆面大小即为圆锥的实际底面，顶点的水平投影 *s* 位于圆面中间。圆锥在 *V*、*W* 上的投影都为形状一致的等腰三角形面，该三角形面反映圆锥的底面圆的直径以及圆锥的高度。正立投影只可见圆锥的前半部分（*SABC*），侧立投影只可见圆锥的左半部分（*SDAB*）。

3. 球体的投影

球体的三面投影都是大小相同的圆，但各圆所代表的球面轮廓素线是不同的，如图 4.11 所示。

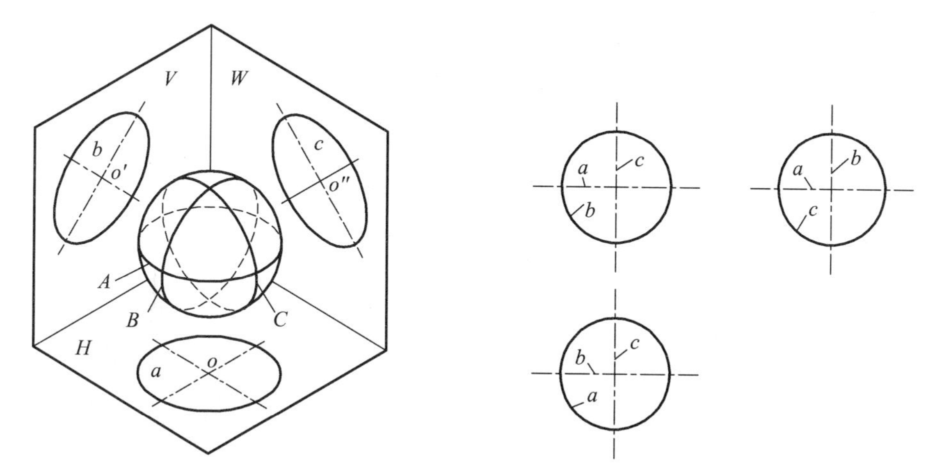

图 4.11　球体的投影

4.2　基本体投影图的尺寸标注与识读

平面体尺寸标注时，应标注平面体的长度、宽度及高度。常见平面体的尺寸标注如图 4.12 所示。

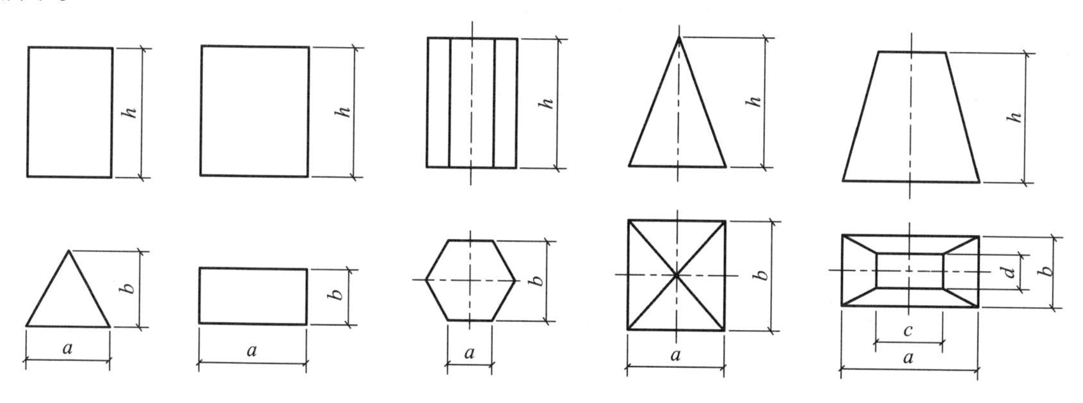

图 4.12　常见平面体尺寸标注

曲面体尺寸标注时，应标注曲面体上圆的半径、直径以及曲面体的高度。在标注球体的半径和直径时，应在半径或直径前面加注字母“*S*”。常见曲面体的尺寸标注如图 4.13 所示。

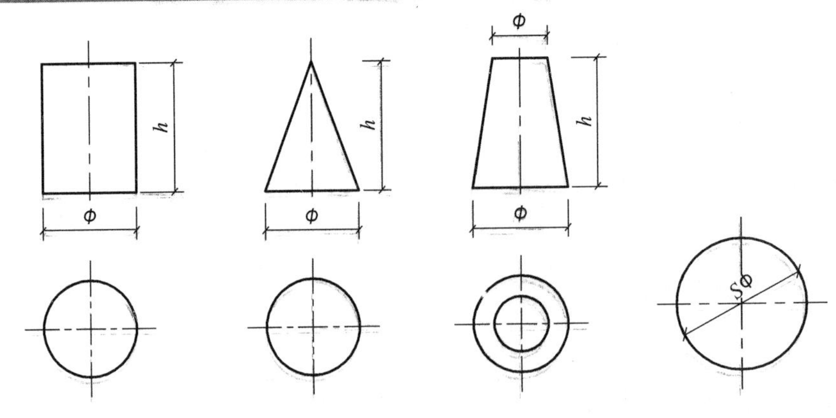

图 4.13　常见曲面体尺寸标注

【例 4.1】　已知六棱锥高度为 20 mm，底面与 *H* 面平行且距离为 3 mm，求作六棱锥的另外两面投影，如图 4.14 所示。

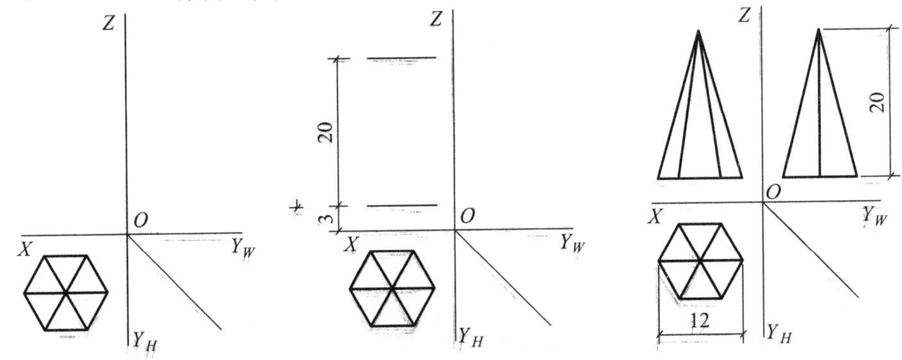

图 4.14　求作六棱锥的投影

作图过程：

（1）在 *V* 投影平面内作一水平直线距 *OX* 轴距离为 3 mm，在该直线上求得棱锥底面各点投影。

（2）在 *V* 投影平面内再作一水平直线，该直线距刚才求作的直线距离为 20 mm，在该直线上求得棱锥顶点投影。

（3）根据 *H*、*V* 两面投影，求作 *W* 面投影。

4.3　基本体表面上点和直线的投影

4.3.1　平面体表面上点和直线的投影

在平面体表面上取点和直线，实质上是在平面上取点和直线。平面体表面上的点和直线的投影特性，与平面上的点和直线的投影特性是一致的。

平面体表面上的点和直线的作图方法一般有三种：从属性法、积聚性法和辅助线法。

1. 从属性法和积聚性法

当点位于平面体棱线上，或点、直线位于具有积聚性的表面上时，该点或直线可用从属性法与积聚性法作图。

【例 4.2】 如图 4.15 所示的三棱柱，点 H 在棱线 EB 上，直线 MN 在侧面 $ABED$ 上。已知 h' 与 $m'n'$，求点 H 与直线 MN 的另外两面投影。

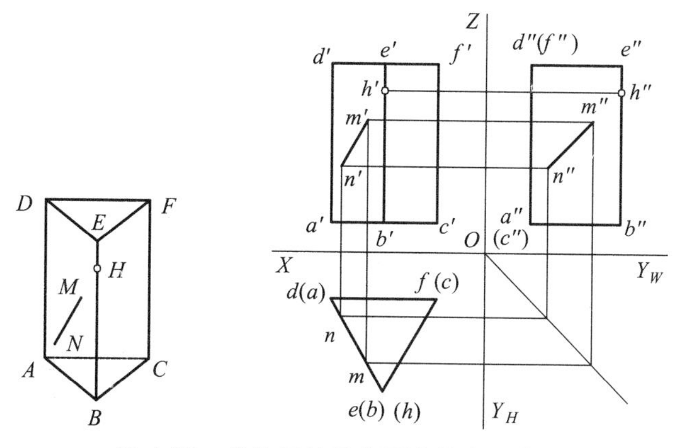

图 4.15　求作三棱柱表面上的点和直线

作图分析：

（1）点 H 在棱线 EB 上，棱线 EB 的水平投影积聚为一点，所以 e、b、h 三点重合。

（2）直线 MN 在侧面 $ABED$ 上，侧面 $ABED$ 的水平投影积聚为直线，所以 mn 也位于该直线上。

2. 辅助线法

当点或直线位于一般位置平面上时，可通过辅助线的方法作图。

【例 4.3】 如图 4.16 所示的三棱锥，点 K 在侧面 SAB 上。已知 k'，求点 K 的另外两面投影。

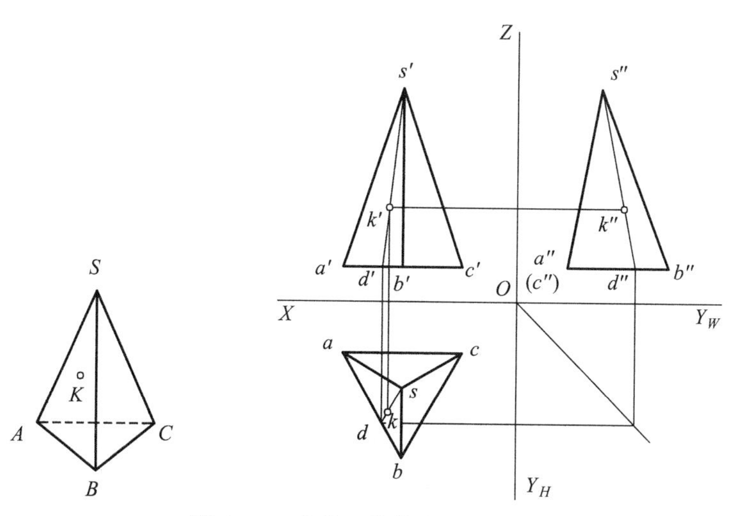

图 4.16　求作三棱锥表面上的点

作图分析：

（1）过点 K 在侧面 ABS 上作任意直线（通常可利用顶点 S 作辅助素线 SKD）。

（2）先求作素线 SD 的投影（点 D 在直线 AB 上）。

（3）利用点 K 与 SD 素线的从属关系，求作点 K 的投影。

4.3.2 曲面体表面上点和线的投影

1. 圆柱体表面上的点和线

求作圆柱体表面上点或直线的投影时，可利用圆柱体投影时的积聚性，但是需要注意点或直线的可见性。

【例 4.4】 如图 4.17 所示的圆柱，点 M、N 和直线 AB 在圆柱面上。已知点和直线的正立投影，求其另外两面投影。

作图分析：

（1）由于圆柱面的水平投影积聚成圆，所以点和直线的水平投影都在该圆上。

（2）点 M 在圆柱体的左面，点 N 在圆柱体的后面，直线 AB 在圆柱体的右前方。

【例 4.5】 如图 4.18 所示的圆柱，空间曲线 AB 在圆柱面上。已知曲线的正立投影，求其另外两面投影。

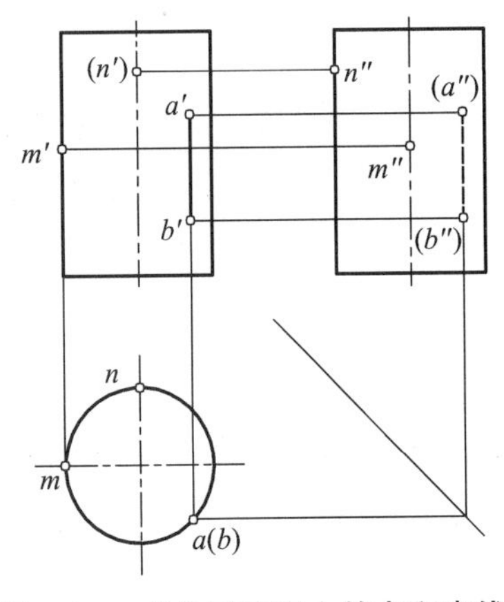

图 4.17 求作圆柱面上的点和直线

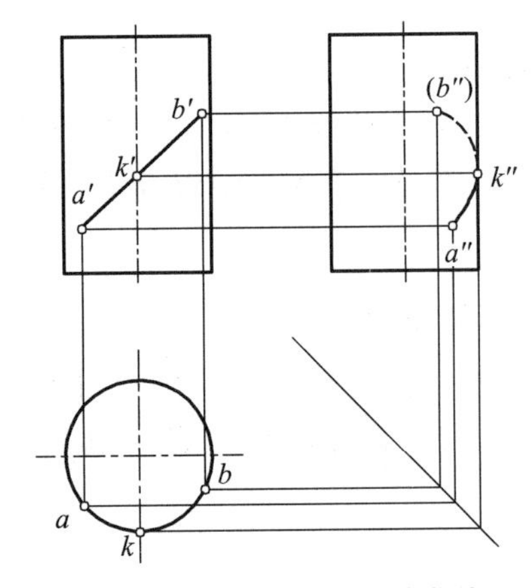

图 4.18 求作圆柱面上的曲线

作图分析：

（1）由于圆柱面的水平投影积聚成圆，所以曲线的水平投影都在该圆上。

（2）该曲线可分为两端，左前方 AK 段，右前方 KB 段。

（3）先求作点 A、K、B 的侧立投影，用光滑曲线连接各点，$a''k''$可见，$k''b''$不可见。

2. 圆锥体表面上的点和线

在圆锥表面上求点和直线的投影有素线法和辅助圆法。

素线法：过已知点和圆锥顶点作辅助素线，先求作该素线的投影，再求作点的投影。

【例 4.6】 如图 4.19 所示的圆锥，点 K 和曲线 AB 在圆柱面上。已知点和曲线的正立投影，求其另外两面投影。

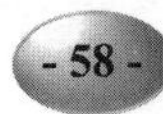

点 K 作图分析：

（1）过点 K 作辅助素线 SKE，与底面交于点 E。

（2）求作素线 SE 的投影，点 K 在素线 SE 上。

曲线 AB 作图分析：

（1）根据点 A 的位置，先求作 a''点，再求作 a 点。

（2）用求点 K 的方法求作点 B 的投影。

（3）用光滑曲线连接各点，$a''b''$不可见。

辅助圆法：过已知点作平行于圆锥底面的辅助圆，先求作该辅助圆的投影，再求作点的投影。

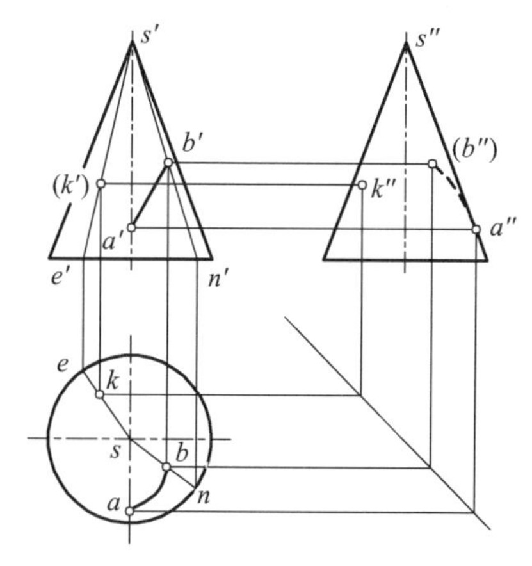

图 4.19　素线法求作圆锥面上的点和线

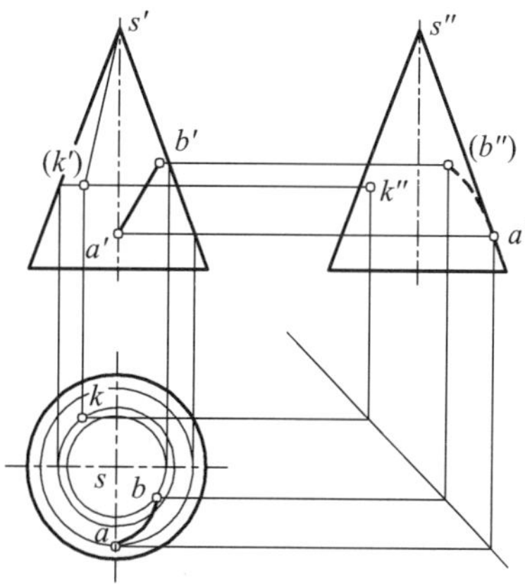

图 4.20　辅助圆法求作圆锥面上的点和线

【例 4.7】　用辅助圆法求作例 4.6，如图 4.20 所示。

点 K 作图步骤：

（1）在正立投影图中，过点 k'作水平直线，与圆锥最左侧素线相交。

（2）在水平投影图中，以顶点 s 为圆心作圆，求得点 k。

（3）求作 k''。

曲线 AB 作图步骤：

（1）在正立投影图中，过点 a'、b'分别作水平直线，与圆锥最右侧素线相交。

（2）在水平投影图中，以顶点 s 为圆心作两个圆，求得点 a 和 b。

（3）求作 a''和 b''。

（4）用曲线连接各点。

本章小结

（1）任何建筑物都由基本体组成，根据围成基本体表面的情况不同，基本体分为平面体和曲面体两种。平面体有棱柱、棱锥和棱台等，曲面体有圆柱、圆锥、圆台和球体等。

（2）建筑形体的形成方法有三种：叠加法、切割法、混合法。

（3）作建筑形体投影图时，首先应进行形体分析，分析其组合方式，根据组合方式的不同，采用不同的画图方法和步骤。在画图之前应确定建筑形体的摆放位置、投影图的数量、绘图比例和图纸图幅。

（4）建筑形体投影图的尺寸标注是投影图的一个重要组成部分，其尺寸包括定形尺寸、定位尺寸和总尺寸。在标注尺寸时应进行形体分析，根据形体的组合情况先标注定形尺寸，再标注定位尺寸，最后标注总尺寸。尺寸标注应齐全，不得遗漏，也不要重复。所有尺寸应合理配置，小尺寸在里面，大尺寸在外面。

（5）在平面体表面上取点和直线，实质上是在平面上取点和直线。平面体表面上的点和直线的作图方法有：从属性法、积聚性法和辅助线法。

（6）曲面体表面上的点和直线，可利用圆柱体投影的积聚性。在圆锥表面上求点和直线的投影有素线法和辅助圆法。

练习题

1. 绘制建筑形体投影图时，为什么要先确定建筑形体的摆放位置？应该如何摆放？
2. 求作平面体表面上点的投影时，有哪些方法？如何运用？
3. 曲面体表面上曲线的三面投影一定是曲线吗？
4. 两面投影就可以准确表达该建筑形体时，第三面投影图可以省略吗？

第 5 章　立体的截断与相贯

学习目标及能力要求：

本章主要介绍截交线与相贯线的绘制与识读。通过本章的学习，学生应掌握以下内容：平面体、曲面体截交线的绘制；平面体、曲面体相贯线的绘制与识读。

5.1　立体的截交线

建筑形体被某一平面截割后的形体，称为截断体。截割形体的平面，称为截平面。截平面与形体的交线，称为截交线。截交线所围成的平面图形，称为截面，如图 5.1 所示。

5.1.1　平面体的截交线

平面体表面由一些平面所围成，平面体被一平面截割后所形成的截交线，为截平面上的一条封闭折线，折线的每一线段为形体的表面与截平面的交线，转折点为平面体的棱线与截平面的交点。常见的平面立体有棱柱和棱锥，在求作其截交线时，可先求出各棱线与截平面的交点，然后将各交点连成截交线。

【例 5.1】 已知正五棱柱被与水平面成 45°的正垂面截断，求截交线的投影，如图 5.2 所示。

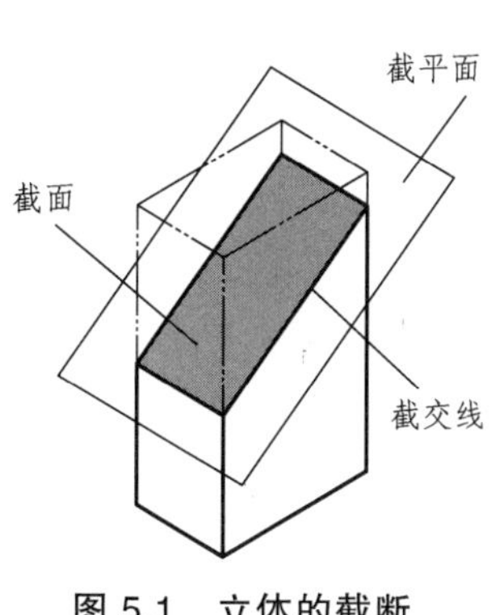

图 5.1　立体的截断

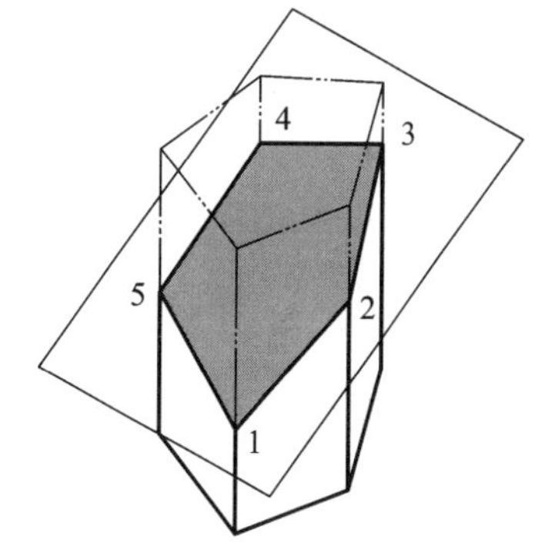

图 5.2　五棱柱的截交线

作图过程：

（1）先绘制截交线的水平投影。根据各棱面在水平投影上的积聚性可知，截交线的水平投影必然与五棱柱的水平投影重合，得到交点 1、2、3、4、5。

（2）绘制截交线的正立投影。由于截平面为与水平面成 45°的正垂面，所以截交线的正立投影积聚成 45°直线。

（3）根据 1′、2′、3′、4′、5′点作水平线，分别与五棱柱的侧立投影对应的棱线相交，求得 1″、2″、3″、4″、5″，连接各点即得截交线的投影，如图 5.3 所示。

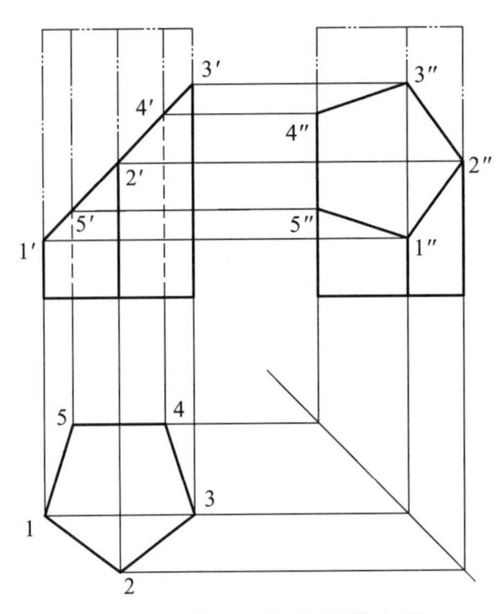

图 5.3　求作五棱柱的截交线

【例 5.2】　已知三棱锥被一正垂面截断，求截交线的投影，如图 5.4 所示。

作图过程：

（1）由于截面为正垂面，所以截交线的正立投影积聚成直线，在各棱线上求得 1′、2′、3′。

（2）由 1′、2′、3′向下作垂线，分别与三棱锥棱线的水平投影相交，求得 1、2、3。

（3）由 1′、2′、3′向右作水平线，分别与三棱锥棱线的侧立投影相交，求得 1″、2″、3″，连接各点即得截交线的投影，如图 5.5 所示。

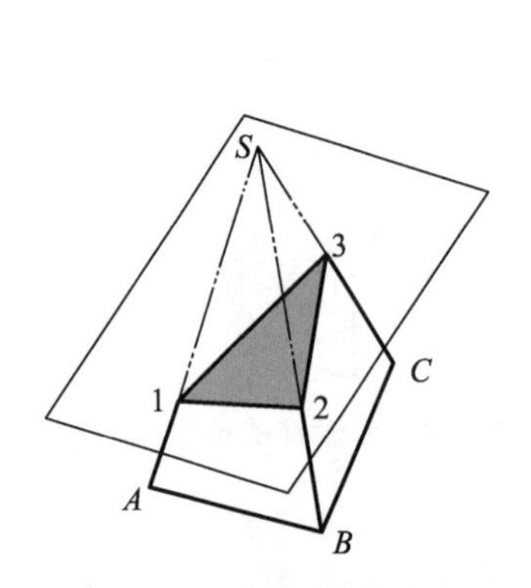

图 5.4　三棱锥的截交线

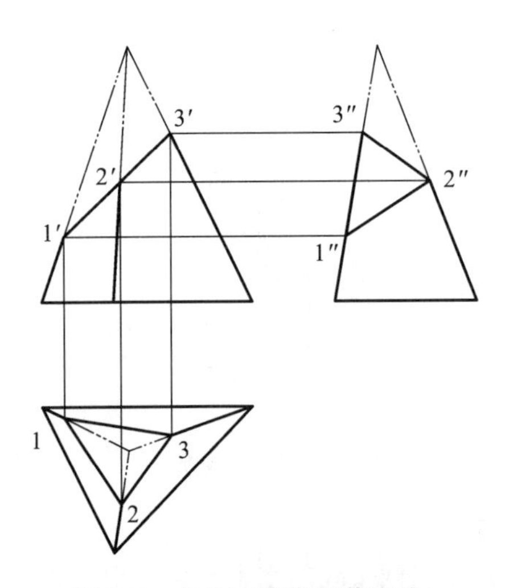

图 5.5　求作三棱锥的截交线

5.1.2　曲面体的截交线

平面截割曲面体的截交线，根据截平面与曲面体的相对位置，截交线可以是平面曲线，也可以是平面折线。曲面体截交线上的每一点，都是截平面与曲面体表面的共有点，故求出它们的一些共有点，并依次连接起来，即可得截交线的投影。

求共有点常用素线法或辅助圆法。

【例 5.3】　已知圆柱被一正垂面（倾斜于圆柱轴线）截断，求截交线的投影，如图 5.6 所示。

作图过程：

（1）在圆周上取 8 条素线，将圆周八等分。各素线在水平投影平面上的投影积聚成一点，所以圆周上的 8 个等分点即是截平面与各素线交点的水平投影。

（2）截平面为正垂面，所以截交线的正立投影积聚成一条直线，根据各素线的正立投影确定各交点位置。

（3）由各交点的正立投影作水平线条与各素线的侧立投影相交，即得各交点的侧立投影。

（4）连接各交点成一椭圆，即为截交线投影，如图 5.7 所示。

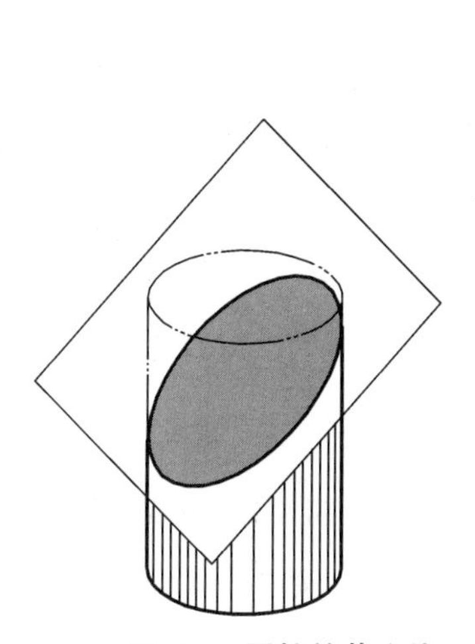

图 5.6　圆柱的截交线

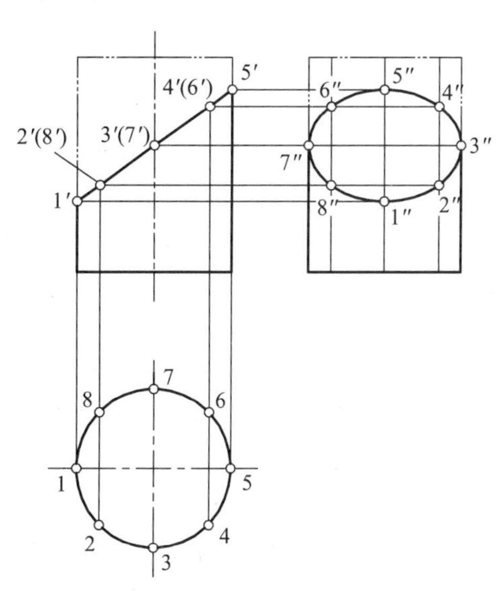

图 5.7　求作圆柱的截交线

【例 5.4】　已知圆锥被一正平面截断，求截交线的投影，如图 5.8 所示。

作图过程：

（1）求作水平投影。切割平面为正平面，所以截交线的水平投影积聚成一直线。将截交线的水平投影四等分，依次记为点 1、2、3、4、5。

（2）求作正立投影。点 1 和点 5 位于圆锥底面圆周上，直接往上作辅助线求得 1′和 5′；作辅助素线 *s2a* 和 *s4b*，求得点 2′和点 4′；用辅助圆法求得 3′（或求得侧立投影 3″后，再求作 3′）。

（3）在正立投影中，用光滑曲线连接各交点，即得截交线的正立投影，如图 5.9 所示。

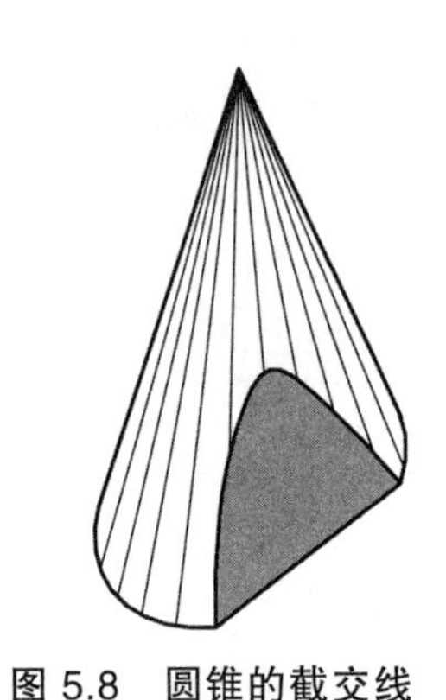

图 5.8 圆锥的截交线

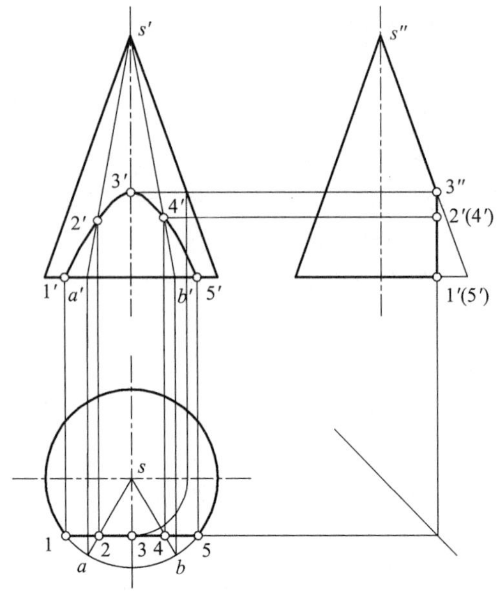

图 5.9 求作圆锥的截交线

5.2 平面体相贯

两相交的形体称为相贯体，其表面的交线称为相贯线。两平面体相贯，它们的相贯线可以是封闭的平面折线，也可以是空间折线。折线上的各转折点为两平面体棱线相互的贯穿点，依次连接这些贯穿点的投影，即得两平面体相贯线的投影。

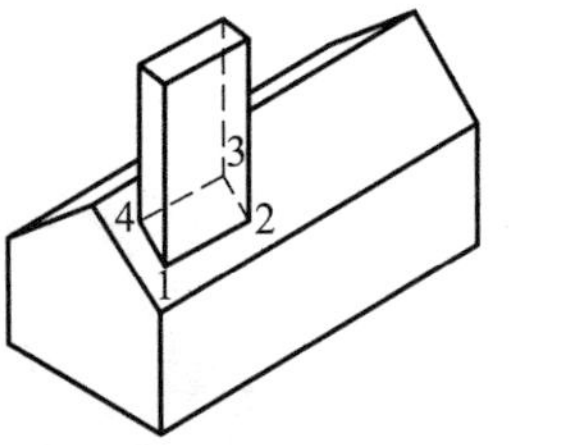

【例 5.5】 求作烟囱与屋面的相贯线投影，如图 5.10 所示。

作图过程：

（1）求作水平投影。利用烟囱水平投影的积聚性，求得 1、2、3、4 贯穿点，其连线即为相贯线水平投影。

（2）求作侧立投影。利用烟囱侧立投影积聚性，求得 1″、2″、3″、4″贯穿点，其连线即为相贯线侧立投影。

图 5.10 烟囱与屋面相贯

（3）求作 1′、2′、3′、4′贯穿点，其连线即为相贯线正立投影，如图 5.11 所示。

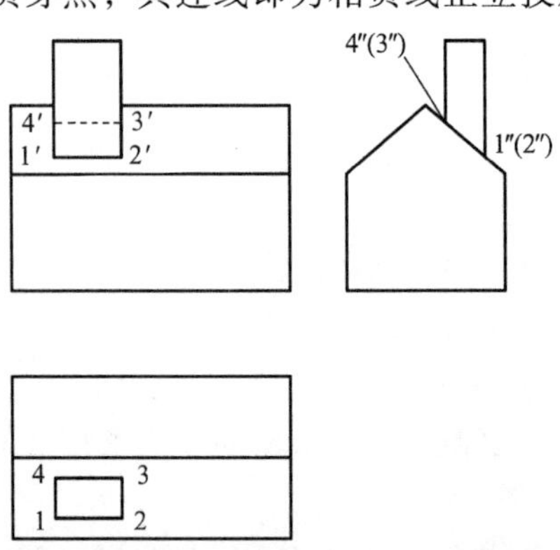

图 5.11 求作烟囱与屋面的相贯线

【例 5.6】　四棱柱与三棱锥相贯，已知侧立投影，如图 5.12 所示，求其相贯线投影。

作图过程：

（1）由形体分析可知，四棱柱的左侧面为侧平面，所以四棱柱的侧立投影有积聚性，该四边形即为相贯线的侧立投影。

（2）利用素线法求解各交点，作辅助素线 $s''2''a''$，求得 $2'$和 2，同理求得其他各贯穿点。

（3）形体分析可知，相贯线 34、$1'4'$为虚线，相贯线如图 5.13 所示。

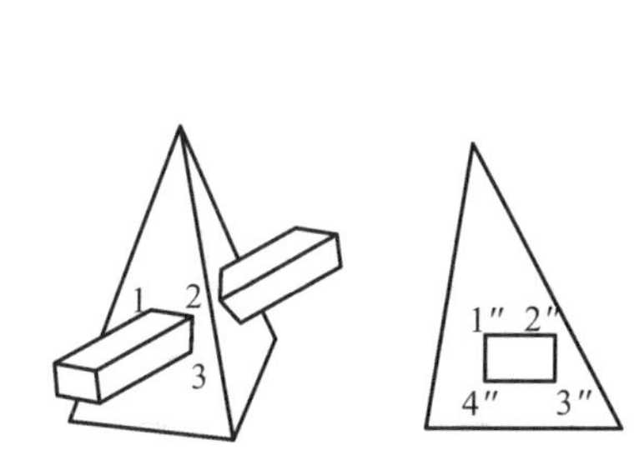

图 5.12　四棱柱与三棱锥相贯

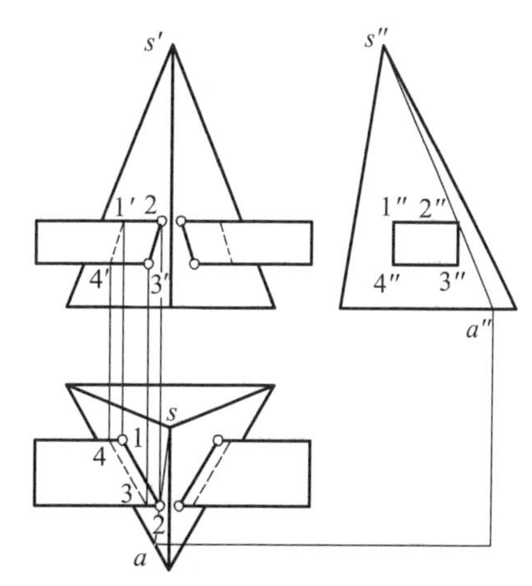

图 5.13　求作四棱柱与三棱锥的相贯线

在房屋建筑中，坡屋面是一种常见的建筑形式。一般情况下，屋顶檐口的高度处在同一水平面上，各个坡面的倾角又相同，故称为同坡屋面，如图 5.14 所示。

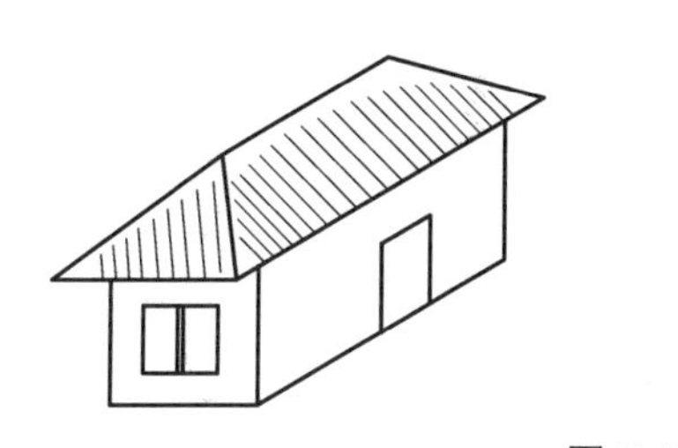

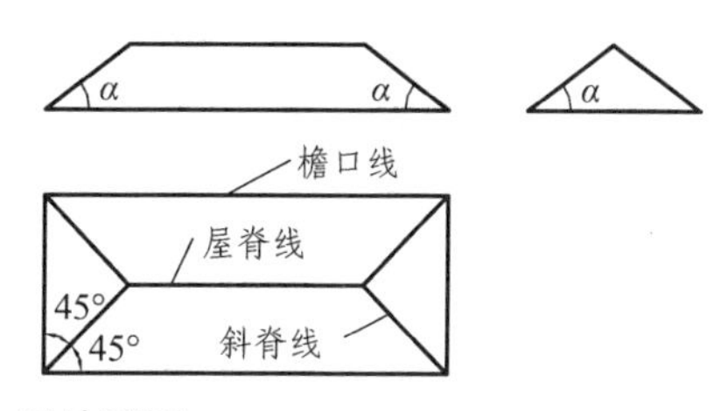

图 5.14　同坡屋面

同坡屋面的基本形式有两坡和四坡。一个基本的四坡屋面，就是一个水平放置的截断三棱柱体。若为两个方向相交的坡屋面，则可看作是三棱柱体的相贯。由于同坡屋面有其本身的特性，在求作屋面交线时，可利用形成同坡屋面的几个特性进行作图。

同坡屋面的特性：

（1）檐口线平行的两个坡面相交，其交线（屋脊线）是一条平行于檐口线的平行线，它的水平投影必定平行于檐口线的水平投影，且与两个檐口线距离相等。

（2）檐口线相交的相邻两个坡面，其交线表示一条斜脊或斜沟，它的水平投影必定为两檐口线夹角的分角线。由于建筑物的墙角大多为 90°角，所以斜脊或斜沟的水平投影为 45°斜线。

（3）如果两斜脊、两斜沟或斜脊与斜沟相交，在交点处必还有另一条屋脊线相交。

【例 5.7】　已知四坡顶房屋的平面图和各坡面的水平倾角α，求作屋顶的投影。此房屋平面形状是一个 L 形，由两个四坡屋面垂直相交，如图 5.15 所示。

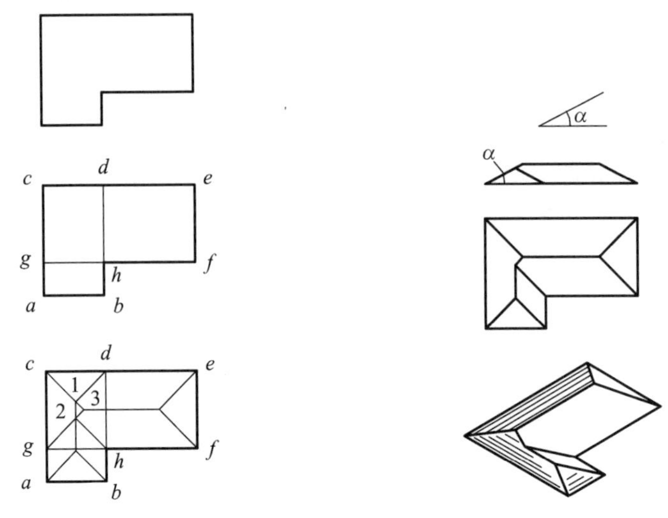

图 5.15　求作同坡屋面

作图过程：

（1）将屋顶平面划分为两个矩形 *abdc* 和 *cgfe*。

（2）根据同坡屋面的特性，作各矩形顶角的角分线和屋脊线的投影，得部分重叠的两个四坡屋面。

（3）L 形平面的凹角 *bhf* 由两檐口线垂直相交而成，坡屋面在此从方向上发生转折，因此，此处必然有一交线（分角线）。自 *h* 作 45°斜线交于 2，*h*2 即为一条斜沟的投影线。

（4）*d*1、*g*2、12 各线段都位于两个重叠的坡面上，实际上是不存在的，又 *gh* 和 *dh* 这两条线是假设的，擦去这些图线即得屋面的水平投影。

（5）根据给定的坡屋面倾角 α 和水平投影，作出屋面的其他投影。

5.3　平面体与曲面体相贯

平面体与曲面体相贯，其相贯线由若干平面曲线和直线组成。每一段平面曲线或直线的转折点，就是平面体的棱线对曲面体表面的贯穿点，求出这些贯穿点，再求出曲线部分的一些点，根据相贯实际情况，依次连成曲线或直线，即得平面体与曲面体的相贯线。

图 5.16　三棱柱与圆柱相贯

【例 5.8】　三棱柱与圆柱相贯，如图 5.16 所示，已知侧立投影，求其相贯线投影。

作图过程：

（1）形体分析可知，三棱柱的侧立投影有积聚性，该三角形即为相贯线的侧立投影，求得贯穿点 1″、2″、3″。

（2）根据圆柱水平投影的积聚性，可求得贯穿点 1、2、3。

（3）在正立投影中，求得贯穿点 1′、2′、3′，相贯线 1′2′和 1′3′为曲线，所以还要求取该曲线上的点。

（4）在侧立投影中取辅助点 a''，求得 a 和 a'，连接各贯穿点即得相贯线的投影，如图 5.17 所示。

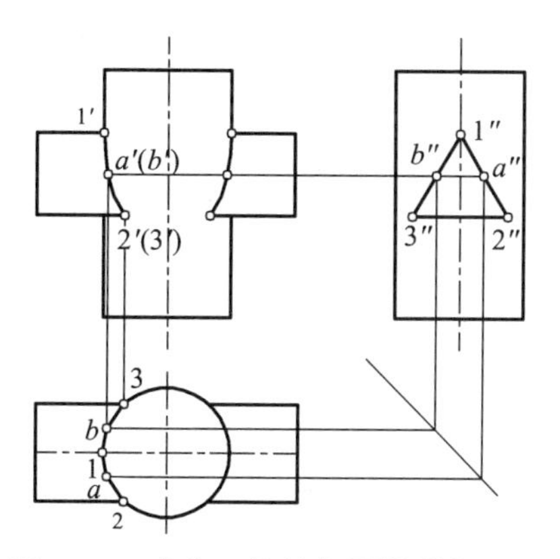

图 5.17　求作三棱柱与圆柱的相贯线

5.4　曲面体与曲面体相贯

曲面体与曲面体相贯，其相贯线由若干曲线组成。每一段曲线的转折点，就是曲面体表面的贯穿点，求出这些贯穿点，再求出曲线部分的一些点，根据相贯实际情况，依次连成曲线，即得曲面体与曲面体的相贯线。

【例 5.9】　圆柱与圆柱相贯，求其相贯线投影，如图 5.18 所示。

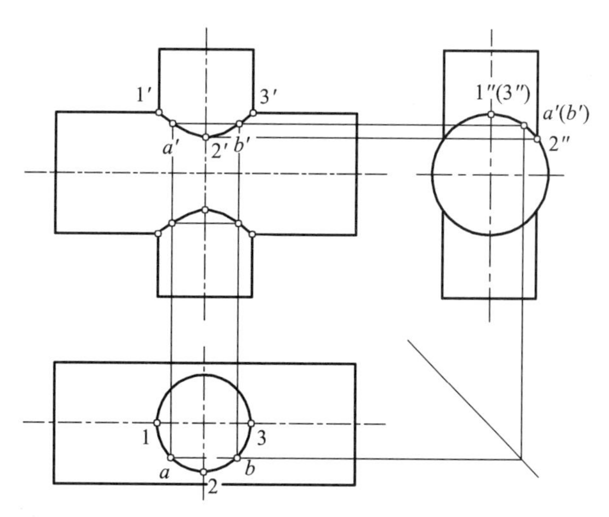

图 5.18　圆柱与圆柱相贯

作图过程：

（1）形体分析可知，较小的圆柱水平投影有积聚性，取特殊贯穿点 1、2、3。

（2）根据投影原理，求得贯穿点 1″、2″和 1′、2′。

（3）由于相贯线 1′2′为曲线，所以还要求取该曲线上的点。

（4）在水平投影中取辅助点 a 和 b，根据投影原理，求得贯穿点 a''、b''和 a'、b'，连接各贯穿点即得相贯线的投影。

【例 5.10】 圆拱屋顶相贯，如图 5.19 所示，求其相贯线投影。

作图过程：

（1）由形体分析可以确定贯穿点 A、B、C 的正立投影 a'、b'、c' 和侧立投影 a''、b''、c''，以及贯穿点 A、B 的水平投影 a、b。

（2）根据投影原理求得 c。

（3）由于相贯线 bc 为曲线，所以还要求取该曲线上的点。

（4）在正立投影中取辅助点 m'，根据投影原理，求得贯穿点 m 和 m''，连接各贯穿点即得相贯线的投影，如图 5.20 所示。

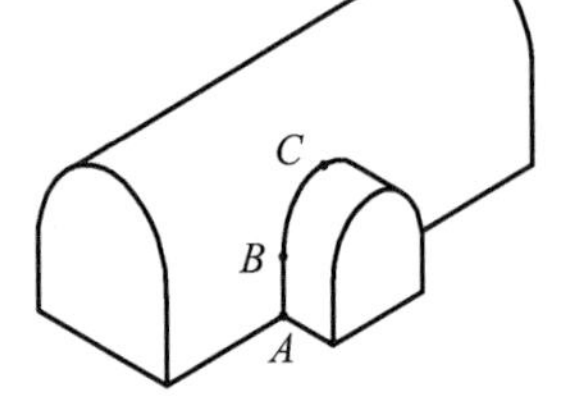

图 5.19 圆拱屋顶相贯

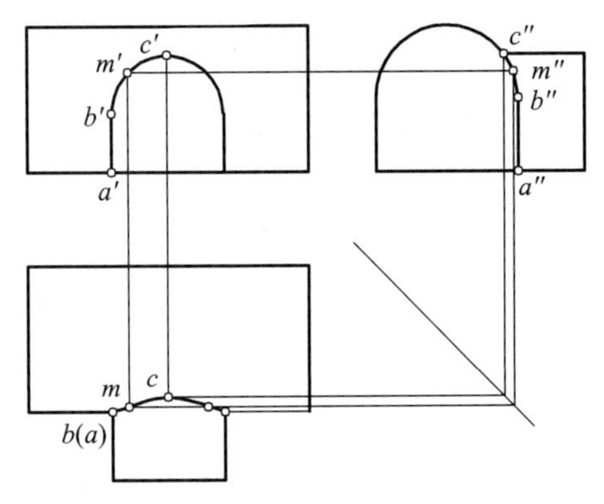

图 5.20 求作圆拱屋顶的相贯线

（1）常见的平面立体有棱柱和棱锥，在求作其截交线时，可先求出各棱线与截平面的交点，然后将各交点连成截交线。

（2）曲面体截交线上的每一点，都是截平面与曲面体表面的共有点，故求出它们的一些共有点，并依次连接起来，即可得截交线的投影。

（3）两平面体相贯，它们的相贯线可以是封闭的平面折线，也可以是空间折线。折线上的各转折点为两平面体棱线相互的贯穿点，依次连接这些贯穿点的投影，即得两平面体相贯线的投影。

（4）平面体与曲面体相贯，其相贯线由若干平面曲线和直线组成。每一段平面曲线或直线的转折点，就是平面体的棱线对曲面体表面的贯穿点，求出这些贯穿点，再求出曲线部分的一些点，根据相贯实际情况，依次连成曲线或直线，即得平面体与曲面体的相贯线。

（5）曲面体与曲面体相贯，其相贯线由若干曲线组成。每一段曲线的转折点，就是曲面体表面的贯穿点，求出这些贯穿点，再求出曲线部分的一些点，根据相贯实际情况，依次连成曲线，即得曲面体与曲面体的相贯线。

练习题

1. 某截交线的水平投影积聚成直线，该截平面一定是铅垂面吗?
2. 曲面体的截交线一定是曲线吗?
3. 平面体与平面体的相贯线会出现曲线的情况吗?
4. 曲面体与曲面体的相贯线一定是曲线吗?

第 6 章　轴测投影图

学习目标及能力要求：

本章主要介绍轴测投影图的形成原理与绘制。通过本章的学习，学生应掌握以下内容：轴测投影的形成原理、分类及轴测投影术语；平面体正等轴测投影、斜二测投影的绘制；曲面体正等轴测投影、斜二测投影的绘制。

6.1　轴测投影的基本知识

前面介绍的正投影图可以准确表达建筑形体的形状和大小，常作为工程中的主要图样。由于图纸只能反映建筑形体两个方向的尺寸，缺乏立体感，对于复杂的建筑形体，需要辅助立体感较强的轴测投影才便于识读，如图 6.1 所示。

1. 轴测投影的形成

根据平行投影的原理，将形体连同确定形体长、宽、高的三个坐标轴（*OX*、*OY*、*OZ*）一起投射到某一投影面上所得到的投影，称为轴测投影，如图 6.2 所示。此时得到的投影能够同时反映形体的长、宽、高，所以有较强的立体感。

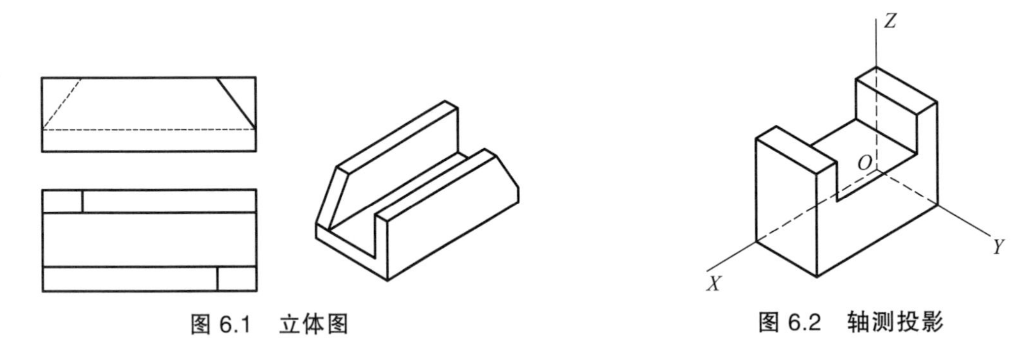

图 6.1　立体图　　　　图 6.2　轴测投影

轴测轴：表示形体长、宽、高三个方向的直角坐标轴 *OX*、*OY*、*OZ* 在轴测投影面上的投影。

轴间角：相邻两轴测轴之间的夹角∠*XOZ*、∠*ZOY*、∠*YOX* 称为轴间角，三个轴间角之和为 360°。

轴向伸缩系数：轴测轴投影长度与它的实际长度之比，称为该轴的轴向伸缩系数。*X*、*Y*、*Z* 轴的轴向伸缩系数分别用 p、q、r 表示，且 p、q、$r \leq 1$。

2. 轴测投影的特点

（1）空间相互平行直线的轴测投影仍然相互平行。所以，形体上平行于三个坐标轴的线段，在轴测投影中都分别平行于相应的轴测轴。

（2）空间相互平行直线的轴测投影的长度之比，等于它们实际长度之比。与坐标轴平行的线段与轴测轴发生相同的变形。

3. 轴测投影的分类

根据建筑形体对投影面相对位置的变化，以及投射线与投影面是否垂直，轴测投影可分为正轴测投影和斜轴测投影。

（1）正轴测投影：当形体长、宽、高三个方向的坐标轴与投影面倾斜，投射线与投影面垂直，所形成的轴测投影称为正轴测投影。以正方体为例，其正轴测投影如图 6.3 所示。

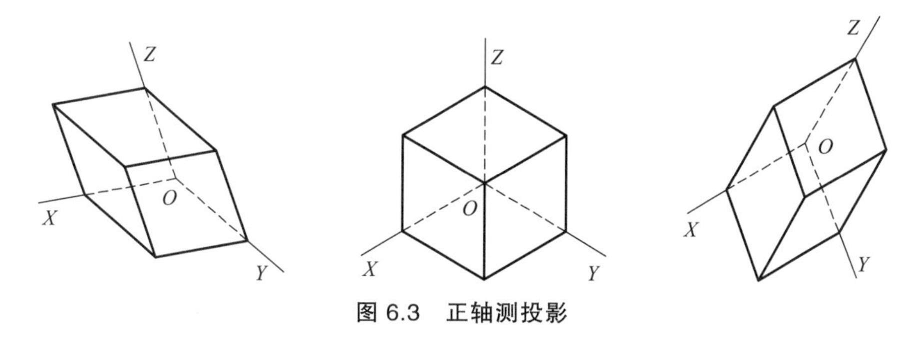

图 6.3　正轴测投影

由图 6.3 可知，正轴测投影为无数个，不同绘图人员将绘制出不同的正轴测投影图。所以，在绘制正轴测投影图时，通常取特殊位置作图，即正等轴测投影，如图 6.4 所示。

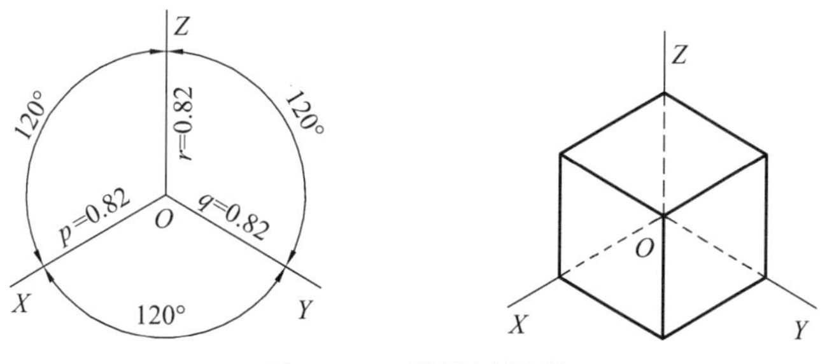

图 6.4　正等轴测投影

（2）斜轴测投影：当形体两个方向的坐标轴与轴测投影面平行，投射线与投影面倾斜，所形成的轴测投影称为斜轴测投影。以正方体为例，其斜轴测投影如图 6.5 所示。

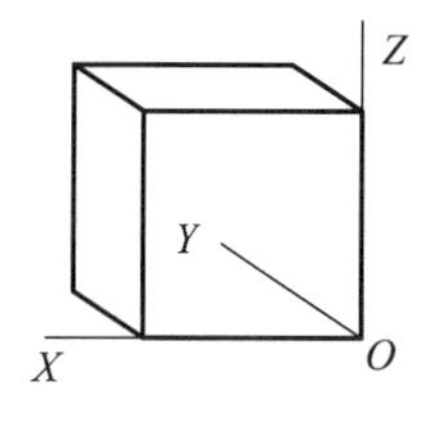

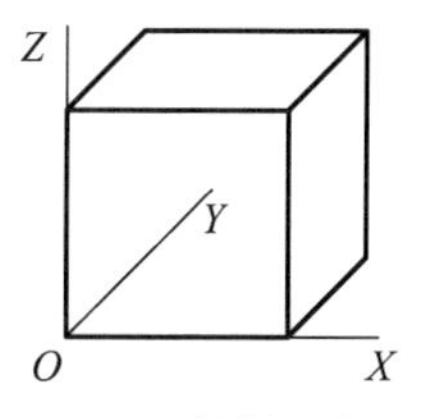

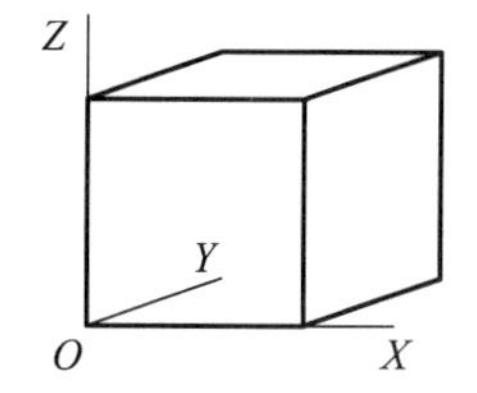

图 6.5　斜轴测投影

如图 6.5 可知，斜轴测投影为无数个，不同绘图人员将绘制出不同的斜轴测投影图。所以，在绘制斜轴测投影图时，通常取特殊位置作图，即正面斜轴测投影（斜二测），如图 6.6 所示。

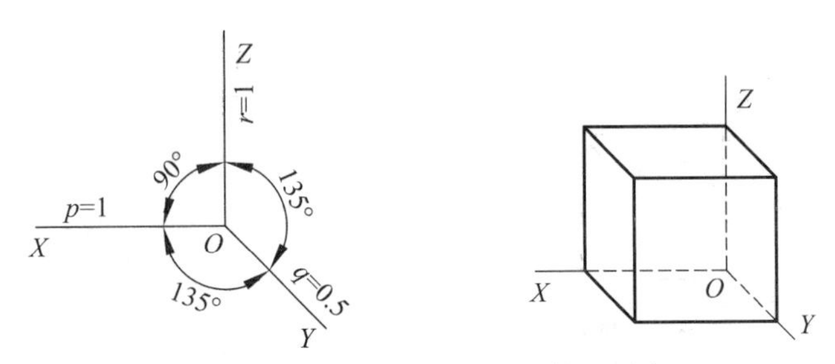

图 6.6　正面斜轴测投影（斜二测）

6.2　正等轴测投影的画法

正等轴测投影的三个轴间角均为 120°，三个轴向伸缩系数约等于 0.82，为作图方便，通常取简化系数 $p = q = r = 1$。

6.2.1　平面体的正等轴测投影

平面体正等轴测投影图的绘制主要有坐标法、切割法、叠加法等，有时也结合几种方法使用。

1. 坐标法

沿坐标轴量取形体关键点的坐标值，用以确定形体上各特征值的轴测投影位置，然后将各特征点连线，即可得到相应的轴测图。

【例 6.1】　根据如图 6.7 所示的正投影图，求作长方体的正等轴测投影。

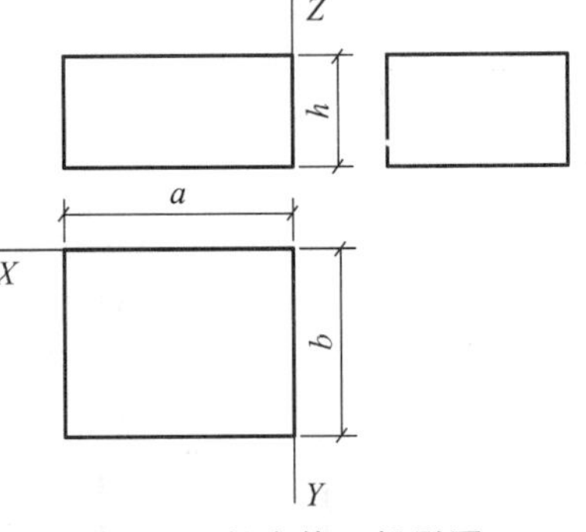

图 6.7　长方体正投影图

作图过程：

（1）分析正投影图可知，长方体的长、宽、高分别为 a、b、h。

（2）绘制轴测轴，并在 X、Y 轴上分别量取长度 a、b，以 a、b 作平行四边形，得到长方体底面的轴测投影。

（3）过底面各顶点作高度 h。

（4）连接各高度确定的顶点。

（5）擦掉多余的线条即得到长方体的正等轴测投影，如图 6.8 所示。

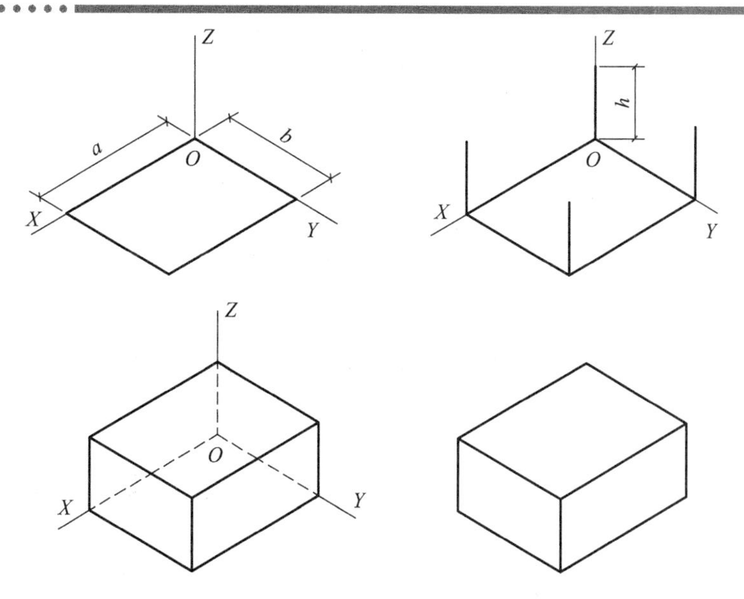

图 6.8　坐标法求作长方体的正等轴测投影

2. 切割法

由切割法形成的建筑形体，可先绘制基本体的轴测投影，再根据建筑形体的形成过程，依次切割多余的部分。

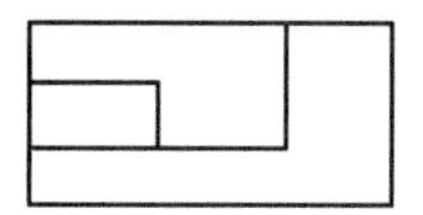
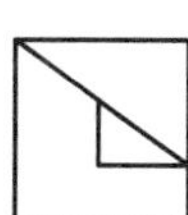

图 6.9　形体正投影图

【例 6.2】　根据如图 6.9 所示的正投影图，求作其正等轴测投影。

作图过程：

（1）分析正投影图可知，建筑形体由长方体切割两次而成。

（2）绘制长方体正等轴测投影。

（3）切割一个大三棱柱，绘制正等轴测投影图。

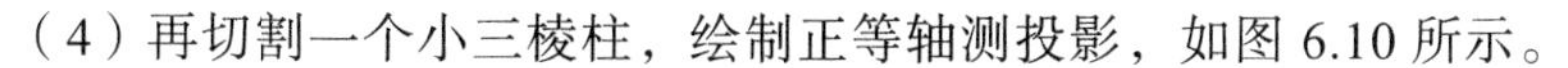

（4）再切割一个小三棱柱，绘制正等轴测投影，如图 6.10 所示。

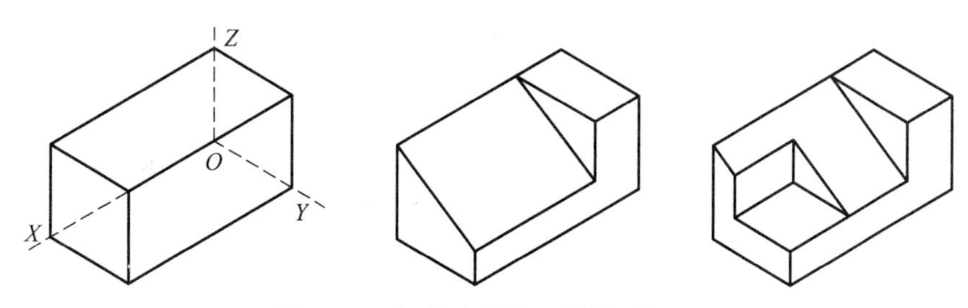

图 6.10　切割法求作正等轴测投影

3. 叠加法

建筑形体由几个基本体叠加而成时，可逐一绘制各基本体的正等轴测投影，然后将各投影叠加。

【例 6.3】　根据如图 6.11 所示的正投影图，求作其正等轴测投影。

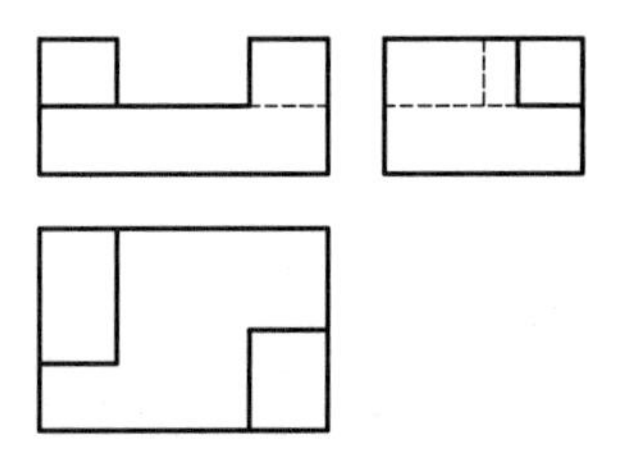

图 6.11　形体正投影图

作图过程：

（1）分析正投影图可知，建筑形体由三个长方体叠加而成。

（2）绘制底部长方体正等轴测投影。

（3）绘制上部左侧长方体正等轴测投影图。

（4）绘制上部右侧长方体正等轴测投影图，并擦除多余线条，如图 6.12 所示。

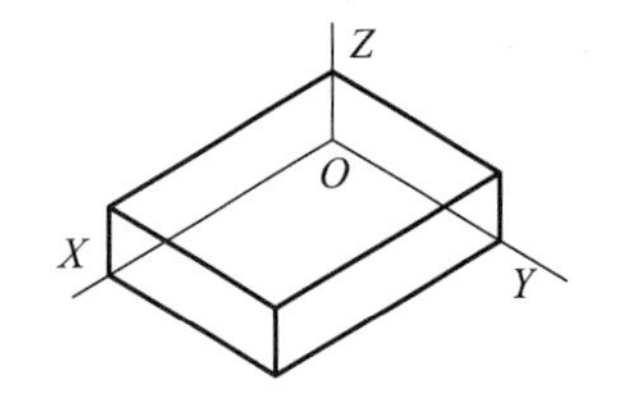

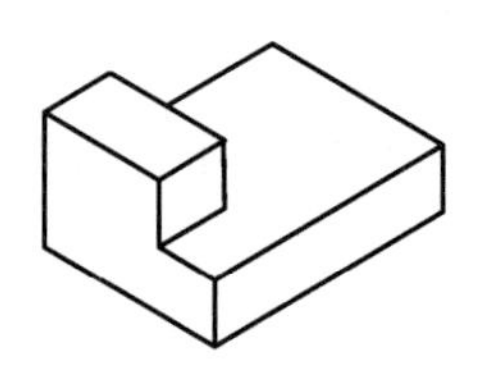

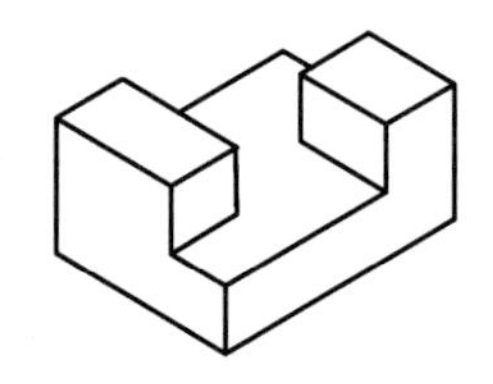

图 6.12　叠加法求作正等轴测投影

6.2.2　曲面体的正等轴测投影

在正等轴测投影中，圆的投影变成椭圆，如图 6.13 所示。圆的正等轴测投影图，通常先作圆的外切正方形作为辅助投影，再用四心圆弧近似法绘制椭圆。

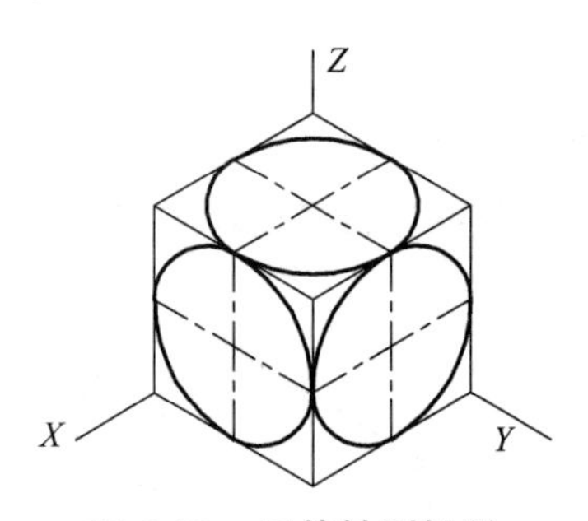

图 6.13　正等轴测投影

四心圆弧近似法作图过程：

（1）在正投影图上定出原点和坐标轴位置，并作外切正方形 *ABCD*。

（2）绘制外切正方形的轴测投影图。

（3）连接 *AG*、*AF*、*CE*、*CH* 分别交于 *M*、*N*；以 *A* 为圆心，*AG* 为半径作圆弧；以 *C* 为圆心，*CE* 为半径作圆弧。

（4）以 *M* 为圆心，*ME* 为半径作圆弧；以 *N* 为圆心，*NF* 为半径作圆弧，如图 6.14 所示。

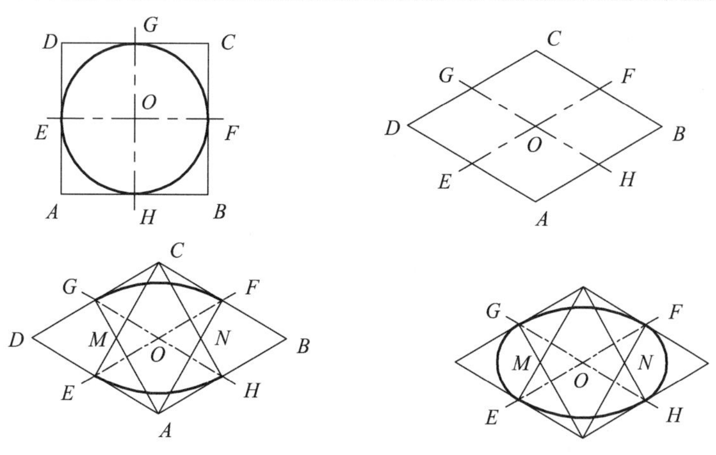

图 6.14　四心圆弧法求作圆的正等轴测投影

【例 6.4】　根据如图 6.15 所示正投影图，求作其正等轴测投影。

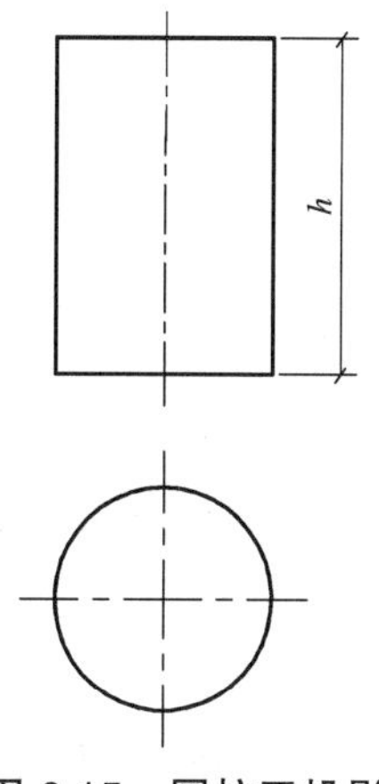

图 6.15　圆柱正投影

作图过程：

（1）作上下两端面外切正方形的正等轴测投影图。

（2）用四心圆弧近似法作上下两底圆的正等轴测投影图。

（3）在椭圆左右两侧作切线。

（4）擦除多余线条，如图 6.16 所示。

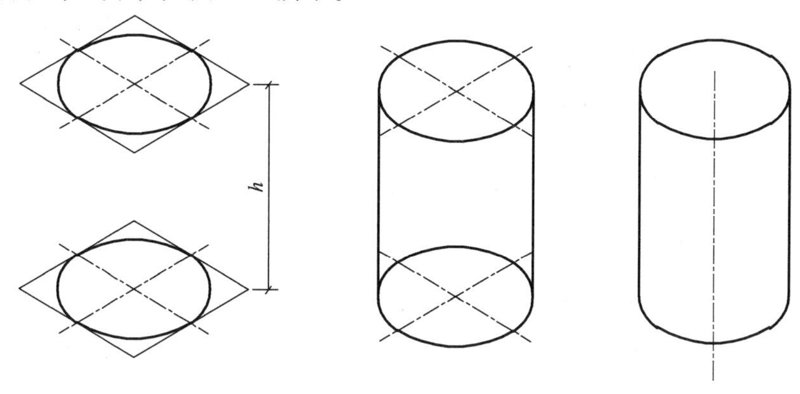

图 6.16　求作圆柱正等轴测投影

【例 6.5】 根据如图 6.17 所示的正投影图，求作其正等轴测投影。

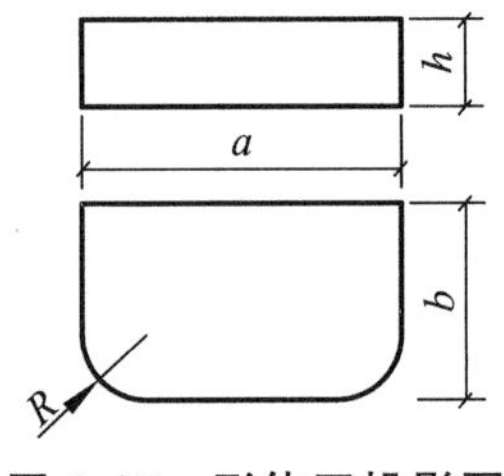

图 6.17 形体正投影图

作图过程：

（1）由建筑形体分析可知，平板前端有两个倒圆角。

（2）作平板的正等轴测投影图。

（3）假设倒圆处有外切正方形，并绘制倒圆的正等轴测投影图。

（4）擦除多余线条，如图 6.18 所示。

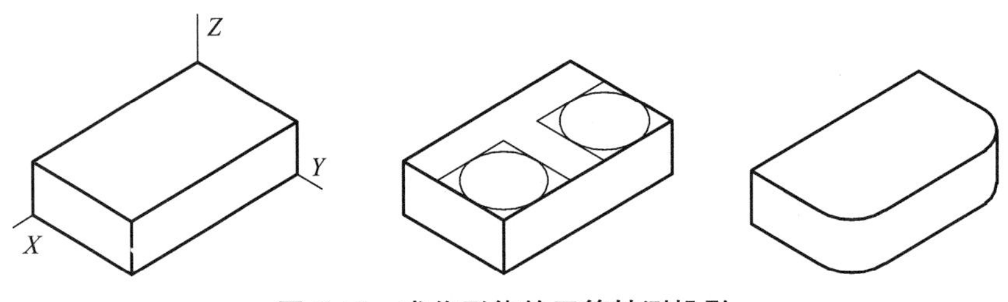

图 6.18 求作形体的正等轴测投影

6.3 斜二测投影的画法

斜二测的轴间角通常取∠XOZ = 90°，∠XOY = ∠YOZ = 135°，三个轴向伸缩系数分别为 p = 1、q = 0.5、r = 1。

6.3.1 平面体的斜二测投影

平行于投影面的形体表面的斜二测投影反映其实际形状。对于复杂建筑形体，通常使复杂形体表面与投影平面平行，再进行投影。

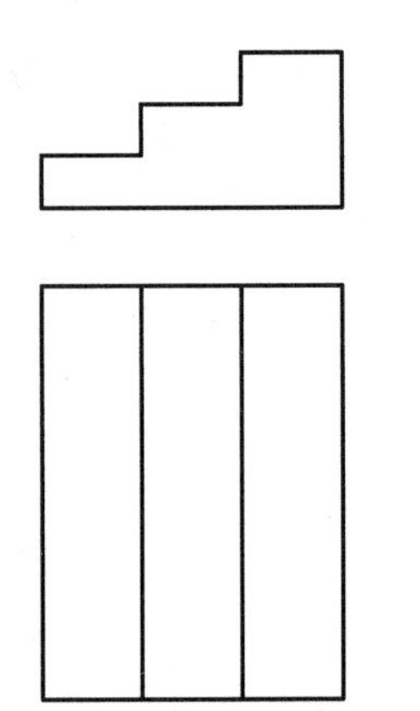

图 6.19 台阶正投影图

【例 6.6】 根据如图 6.19 所示的台阶正投影图，求作其斜二测投影。

作图过程：

（1）建筑形体分析，可将正投影中的正立投影平行于轴测投影平面，这样该面的斜二测投影反映实际形状。

（2）绘制轴测轴。

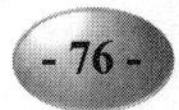

（3）根据 $p=1$、$r=1$，绘制斜二测。

（4）根据 $q=0.5$ 绘制斜二测。

（5）补全斜二测投影，并擦除多余线条，如图 6.20 所示。

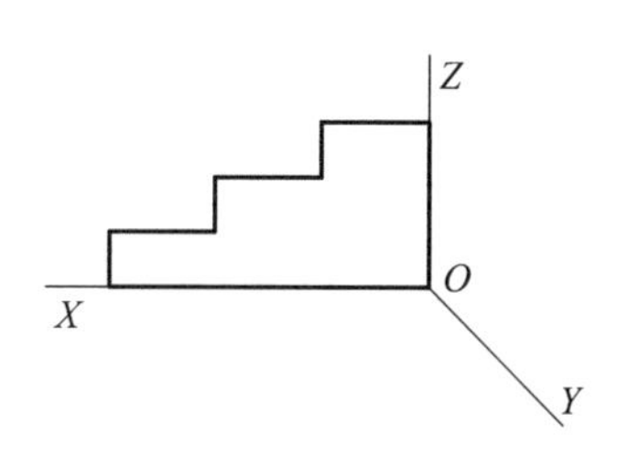

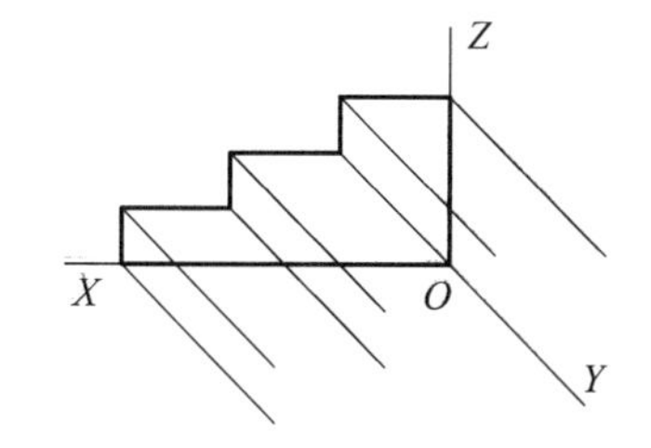

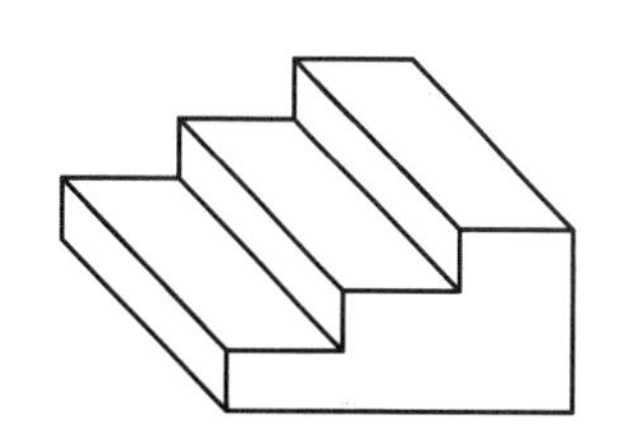

图 6.20　求作台阶的斜二测

6.3.2　曲面体的斜二测投影

在斜二测投影中，圆的投影也变成椭圆，如图 6.21 所示。圆的斜二测投影图，通常先作圆的外切正方形，作为辅助投影，再用八点椭圆法绘制。

八点椭圆法作图过程：

（1）作圆外切正方形 $ABCD$ 的斜二测，切点 E、F、G、H 即为椭圆上的 4 个点。

（2）以 DG 为斜边，作等腰直角三角形 DGK。

（3）以 G 为圆心、GK 为半径作半圆弧与正方形 $ABCD$ 相交于点 M、N。

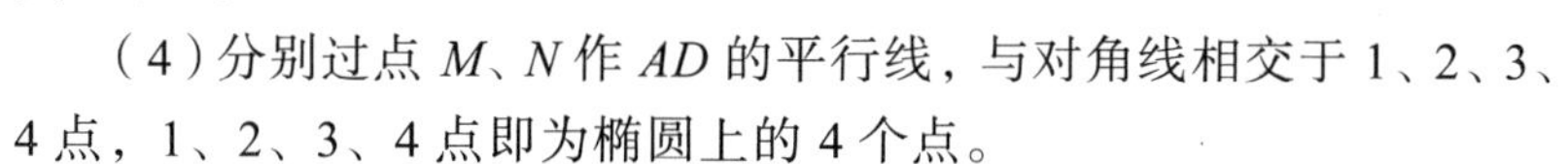

（4）分别过点 M、N 作 AD 的平行线，与对角线相交于 1、2、3、4 点，1、2、3、4 点即为椭圆上的 4 个点。

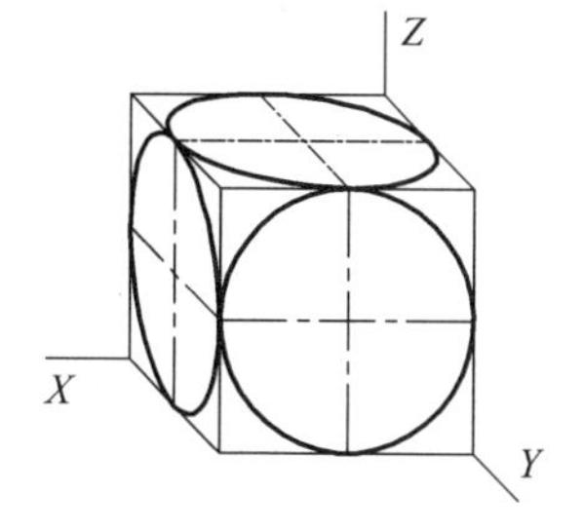

图 6.21　斜二测

（5）连接 E、F、G、H、1、2、3、4 点绘制椭圆，如图 6.22 所示。

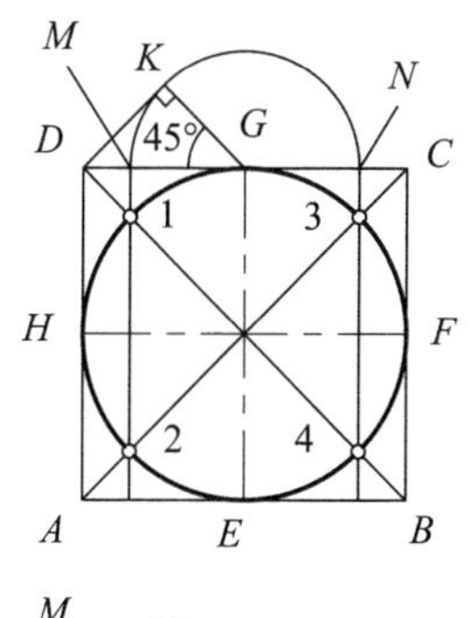

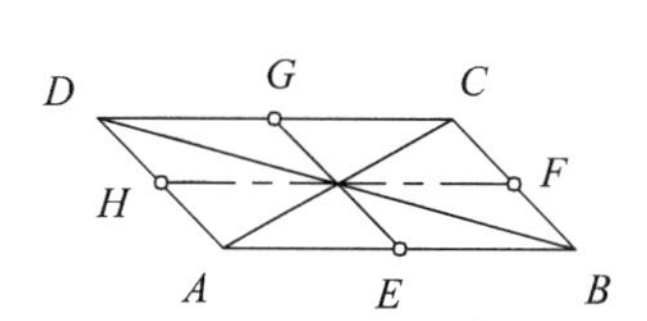

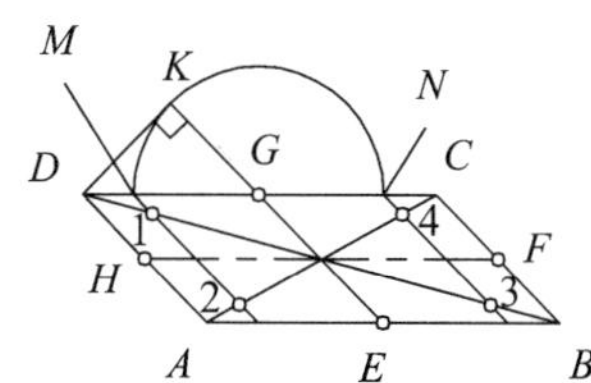

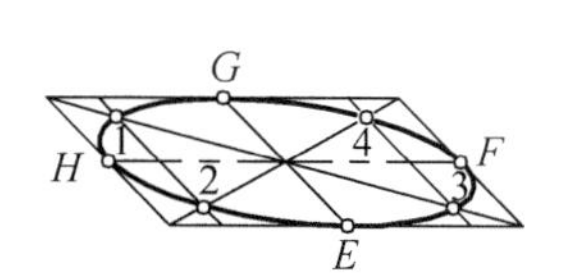

图 6.22　八点椭圆法求作圆的斜二测

本章小结

（1）轴测投影是一种单面投影，即在一个投影面上可反映形体长、宽、高三个方向的尺寸，故有较强的立体感，常作为工程中的辅助图样。

（2）轴测投影是利用平行投影的原理作出的，所以具有平行投影的特点。

（3）画轴测投影时要分清楚每种轴测投影的轴测轴、轴间角和轴向伸缩系数等。正等轴测投影的轴间角互为 120°，轴向伸缩系数为 $p=1$、$q=1$、$r=1$。斜二测的轴间角为 $\angle XOZ=90°$，$\angle XOY=\angle YOZ=135°$，三个轴向伸缩系数分别为 $p=1$、$q=0.5$、$r=1$。

（4）正等轴测投影图的绘制主要有坐标法、切割法、叠加法等，有时也结合几种方法使用。

（5）斜二测能反映形体正面的实形，所以常被用来表达某一个方向形状较为复杂的形体。画图时应使形体的特征面（较为复杂的面）与轴测投影面平行，然后利用特征面法作出形体的斜二测。

练习题

1. 轴测投影的优缺点有哪些？
2. 正等轴测投影是正轴测投影的一个特殊情况，为什么要选择这样一个特殊位置？
3. 绘制轴测投影的方法有哪些？如何运用？
4. 绘制复杂建筑形体斜二测投影时，建筑形体在摆放时应注意什么？

第 7 章　组合体

学习目标及能力要求：

了解组合体的构成方式；了解不同构成方式组合体的绘图方法，掌握形体分析法；掌握组合体的尺寸标注方法；掌握组合体的读图方法。

能够绘出叠加式、切割式、综合式组合体的三视图；能够通过简单组合体的三视图识读立体图形。

7.1　组合体的形式

7.1.1　组合体概述

组合体是由若干个基本几何体组合而成的。常见的基本几何体是棱柱、棱锥、圆柱、圆锥、球等。

组成组合体的这些基本形体一般都是不完整的，它们以各种方式被叠加或切割以后，往往只是基本形体的一部分，这些不完整的基本体在三个投影面上形成了各种各样的投影，如图 7.1 所示。

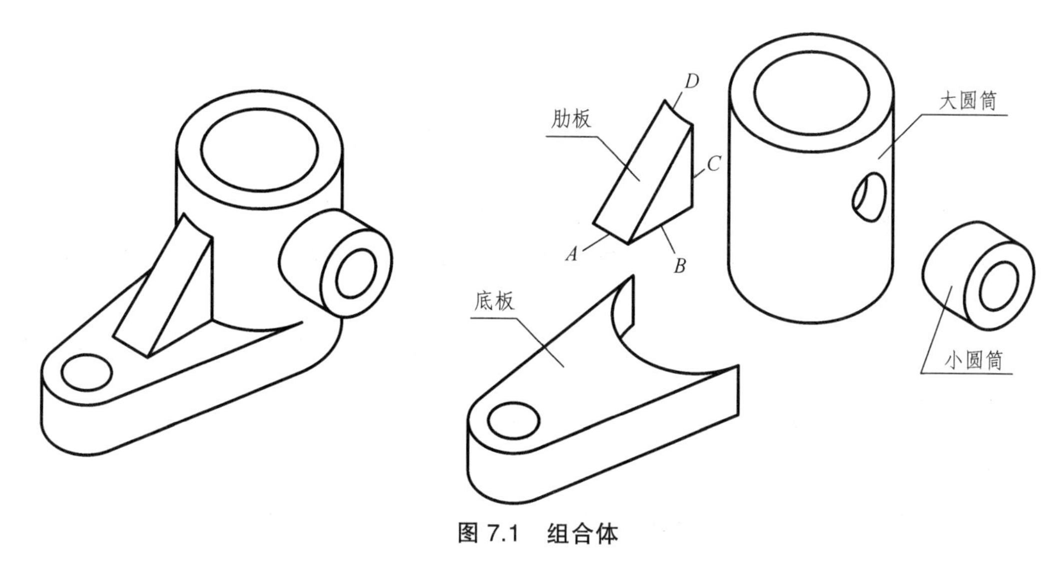

图 7.1　组合体

7.1.2　组合体的组合形式

1. 组合体的组合方式

组合体的组合方式可以是叠加、相贯、相切、切割等多种形式。

（1）叠加式：把组合体看成由若干个基本形体叠加而成，如图 7.2（a）所示。

（2）切割式：组合体是由一个大的基本形体经过若干次切割而成，如图 7.2（b）所示。

（3）混合式：把组合体看成既有叠加又有切割所组成，如图 7.2（c）所示。

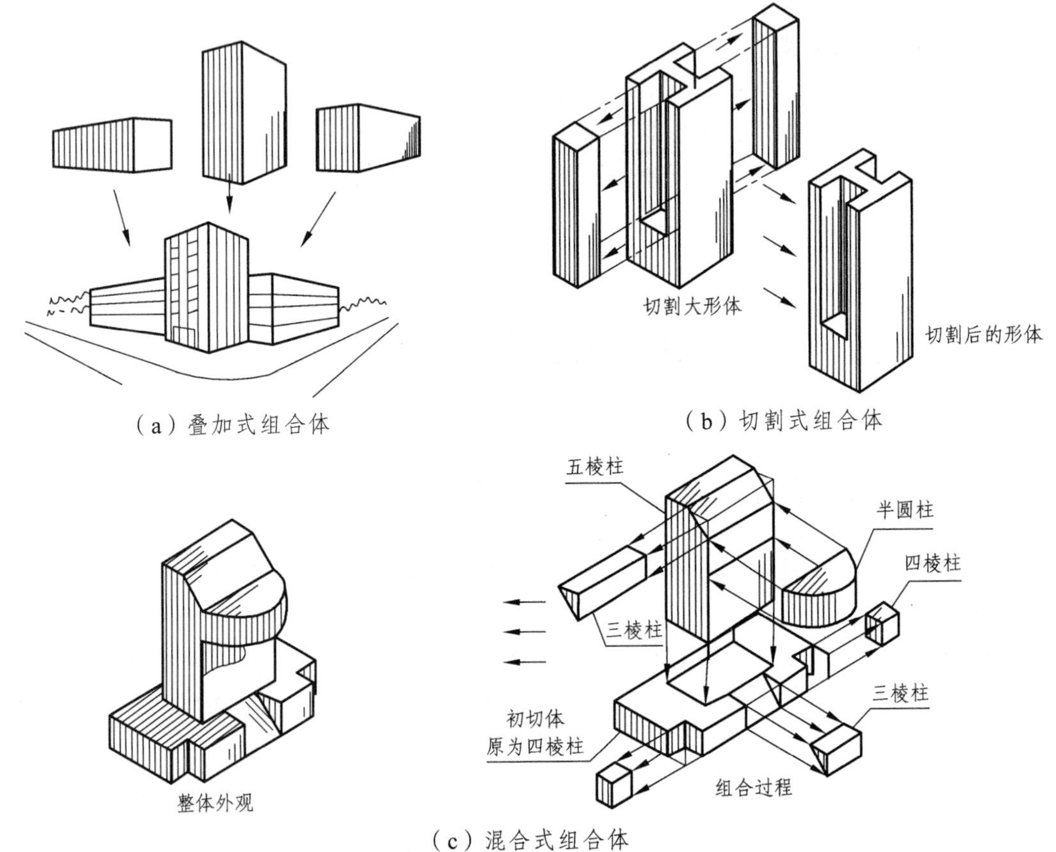

（a）叠加式组合体

（b）切割式组合体

（c）混合式组合体

图 7.2　组合体的组合方式

2. 表面连接关系——几何形体间表面的相对位置关系

（1）平齐：相邻两形体的表面互相平齐连成一个平面，连接处没有界线，如图 7.3（a）所示。

（2）相切：两形体表面相切时，其相切处是圆滑过渡，无分界线，故在视图上相切处不应画线，如图 7.3（b）所示。

（3）相交：两形体表面相交分为截交和相贯两种情形，其相交处应分别画出截交线或相贯线，如图 7.3（c）所示。

（4）表面不平齐：两形体叠放在一起时，表面不平齐，在不平齐处应当画线，如图 7.3（d）所示。

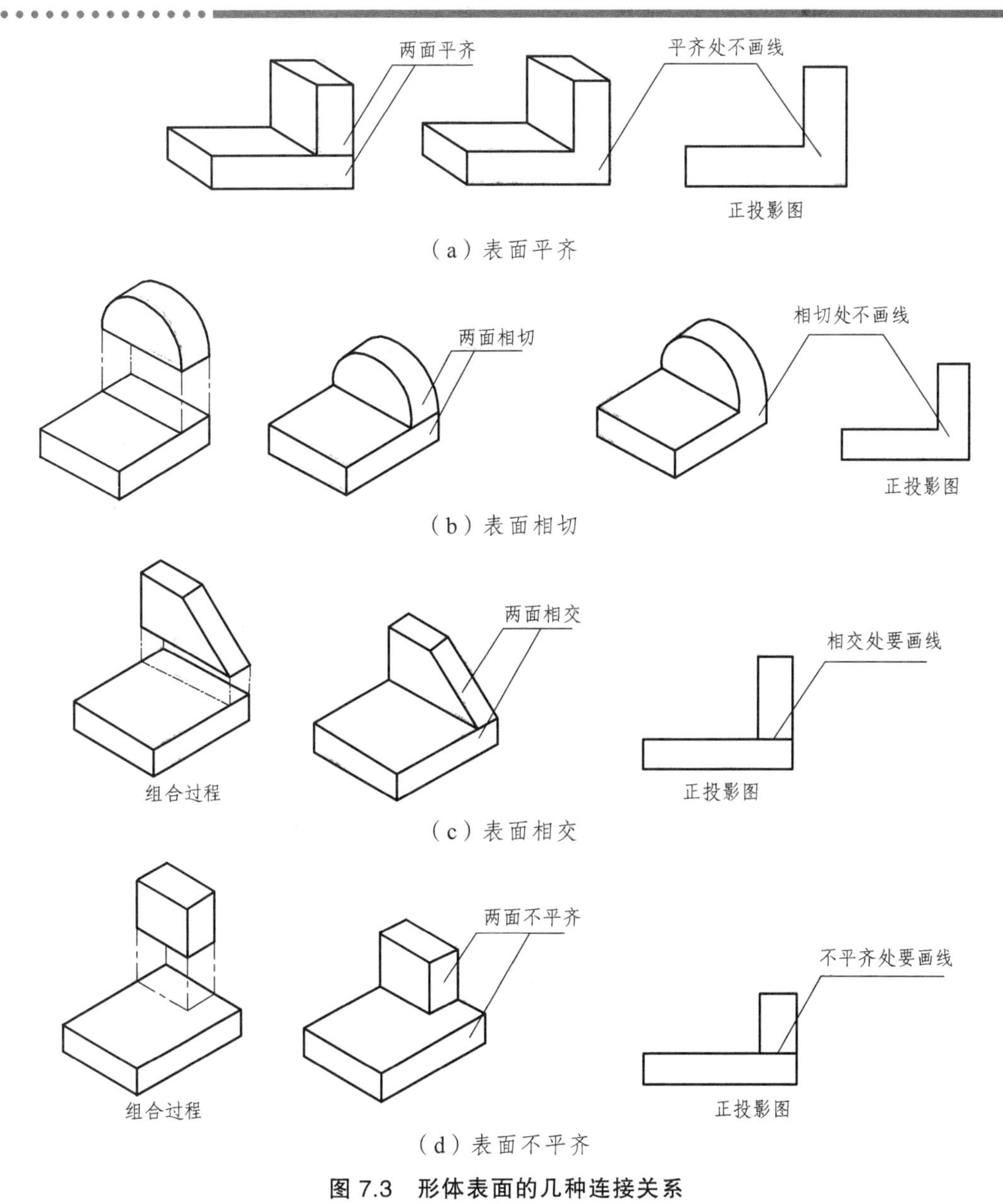

图 7.3　形体表面的几种连接关系

7.2　建筑形体投影图的作图方法

7.2.1　叠加式组合体的画法

1. 形体分析

了解组成组合体的各基本形体的形状、组合形式、相对位置及其在某方向上是否对称，以便对组合体的整体形状有个总的概念，为画其视图做好准备。

2. 投影图的确定

（1）确定形体的放置位置和正面投影方向。

（2）确定投影图数量。

3. 画组合体三面投影图的步骤

（1）进行形体分析。

（2）进行投影分析，确定投影方案。

（3）根据物体的大小和复杂程度，确定图样的比例和图纸的幅面，并用中心线、对称线或基线，定出各投影在图纸上的位置。

（4）逐个画出各组成部分的投影。

（5）检查所画的投影图是否正确。

（6）按规定线型加深。

【例 7.1】 画出图 7.4（a）所示挡土墙的三面投影图。

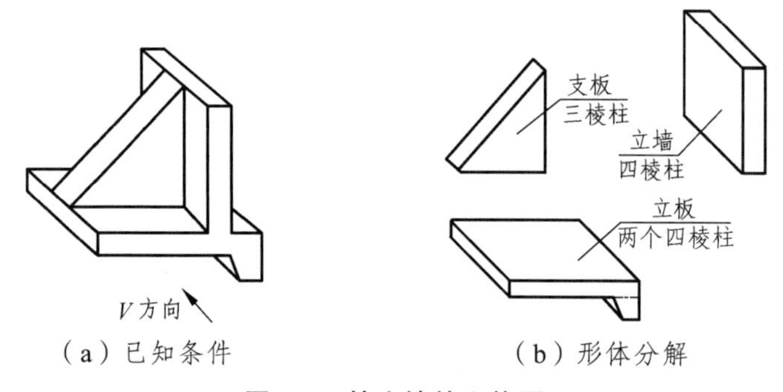

（a）已知条件　　（b）形体分解

图 7.4　挡土墙的立体图

作图过程：

（1）逐个画出三部分的三面投影（图 7.5（a）、（b）、（c））。

（2）检查投影图是否正确。

（3）加深。因该投影图均为可见轮廓线，应全部用粗实线加深（图 7.5（d））。

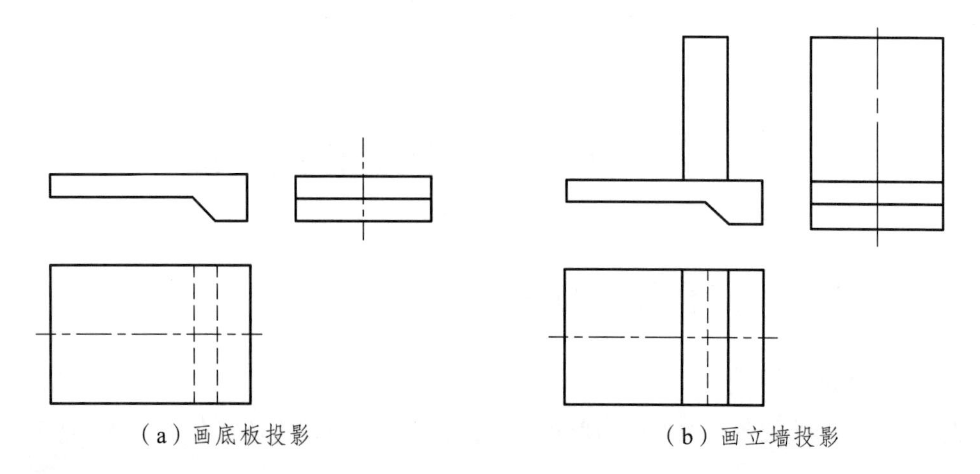

（a）画底板投影　　（b）画立墙投影

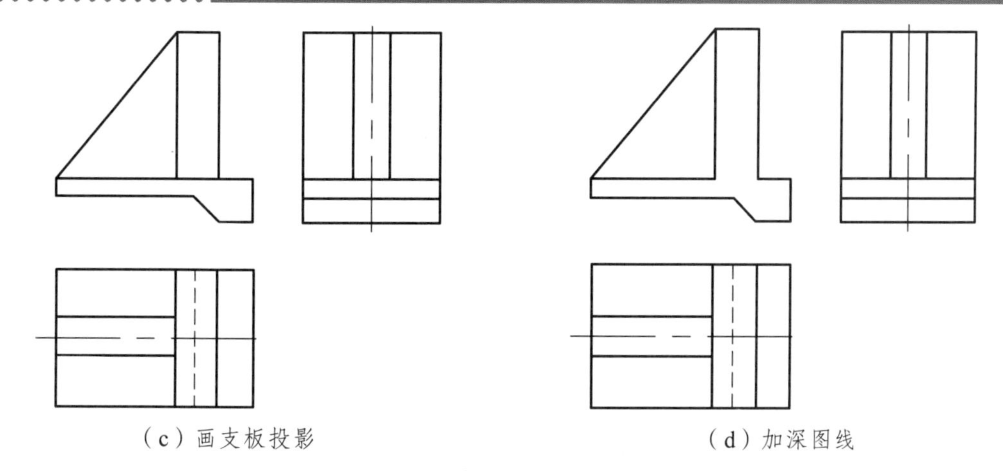

（c）画支板投影　　（d）加深图线

图 7.5　挡土墙的三面投影图的画法

7.2.2　切割式组合体的画法

画切割式的组合体，一般按照先整体后切割的原则，首先画出完整基本体的三视图，再依次画出被切割部分的视图。作图时，应注意线型的变化，并从具有积聚性或反映形状特征最明显的视图画起。

【例 7.2】　画出图 7.6（a）所示组合体的三面投影图。

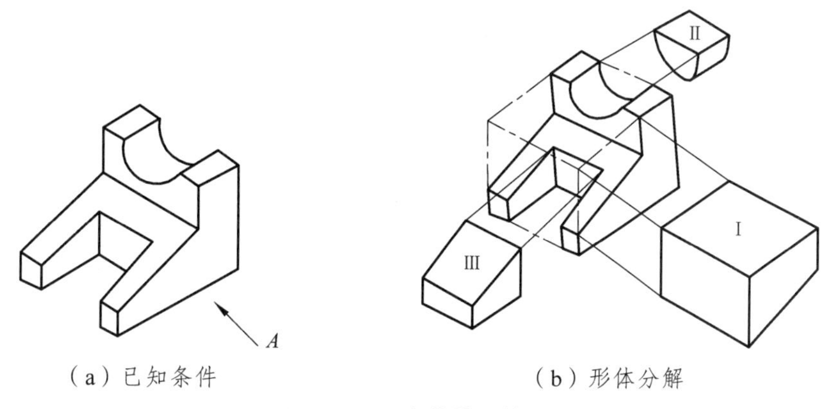

（a）已知条件　　（b）形体分解

图 7.6　组合体的立体图

作图过程：

（1）如图 7.7（a）所示，画出长方体的三面投影。

（2）如图 7.7（b）所示，从正面着手切去梯形四棱柱 I，并补全另两投影。

（3）如图 7.7（c）所示，切去半圆柱 II，应从投影特征明显的侧面投影着手，然后画正面投影和水平投影。

（4）如图 7.7（d）所示，切去梯形四棱柱 III，因此部位水平投影特征明显，先画水平投影，再求出因切去 III 而产生的交线。这里要特别注意梯形切口的三面投影关系是否正确。

（5）如图 7.7（e）所示，按规定线型加深。

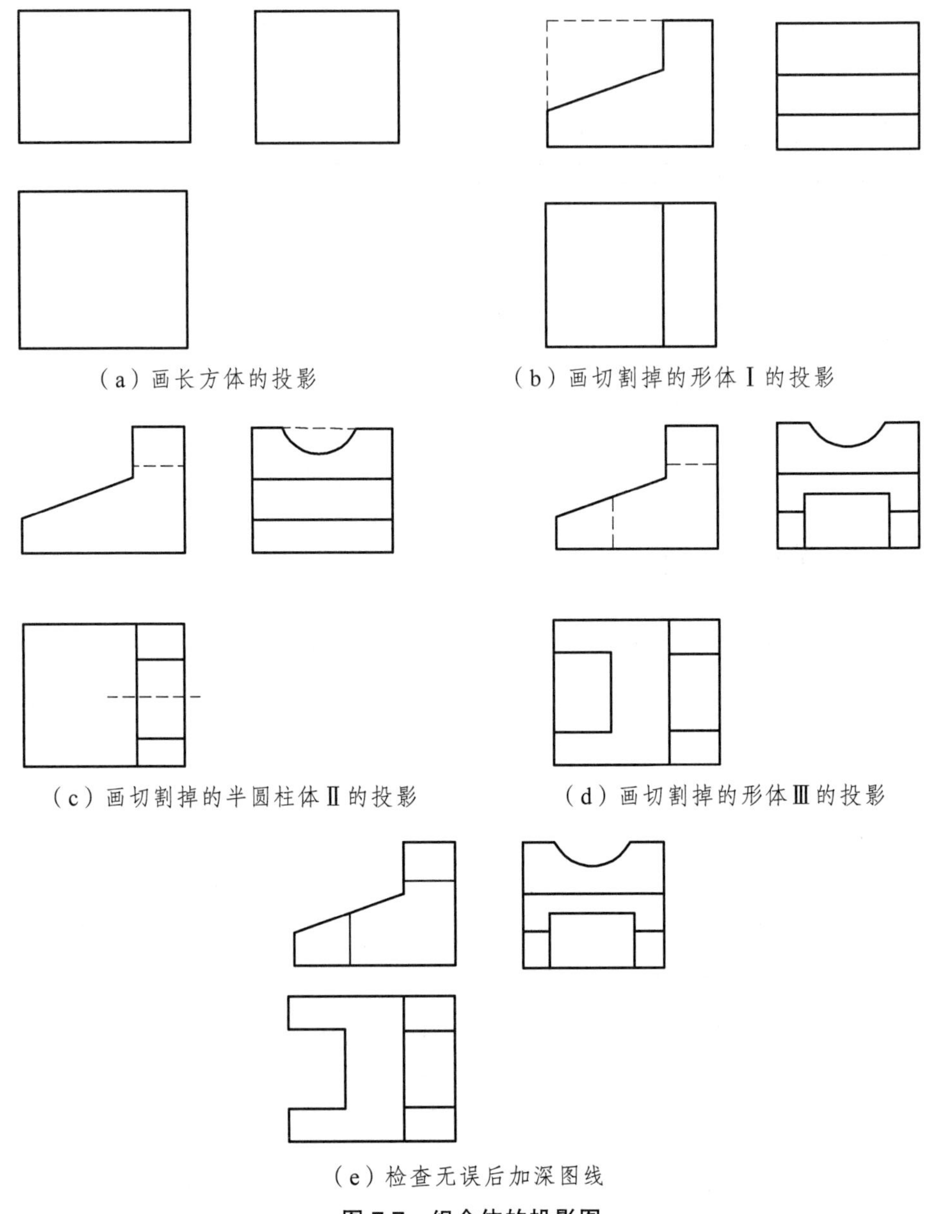

（a）画长方体的投影

（b）画切割掉的形体Ⅰ的投影

（c）画切割掉的半圆柱体Ⅱ的投影

（d）画切割掉的形体Ⅲ的投影

（e）检查无误后加深图线

图 7.7　组合体的投影图

7.3　建筑形体投影图的尺寸标注

7.3.1　标注尺寸的基本要求

组合体的形状由它的视图来反映，组合体的大小则由所标注的尺寸来确定。标注组合体尺寸的基本要求是：

1. 正　确

所注的尺寸要正确无误，注法要符合国家标准《建筑制图标准》(GB/T 50104—2010)中的有关规定。

2. 完　整

所注的尺寸必须能完全确定组合体的大小、形状及相互位置，不遗漏，不重复。

3. 清　晰

尺寸的布置要整齐清晰，便于看图。

7.3.2　基本几何体的尺寸注法

(1) 一般平面立体要标注长、宽、高三个方向的尺寸。

(2) 回转体要标注径向和轴向两个方向的尺寸，并加上尺寸符号(直径符号“ϕ”或“Sϕ”)。

(3) 圆柱、圆锥、圆球、圆环等回转体，一般在不反映为圆的视图上标注出带有直径符号的直径和轴向尺寸，就能确定它们的形状和大小，其余视图可省略不画。带有小括号的尺寸为参考尺寸。

7.3.3　切割体和相贯体的尺寸注法

常见切割体和相贯体的尺寸标注如图 7.8 所示。

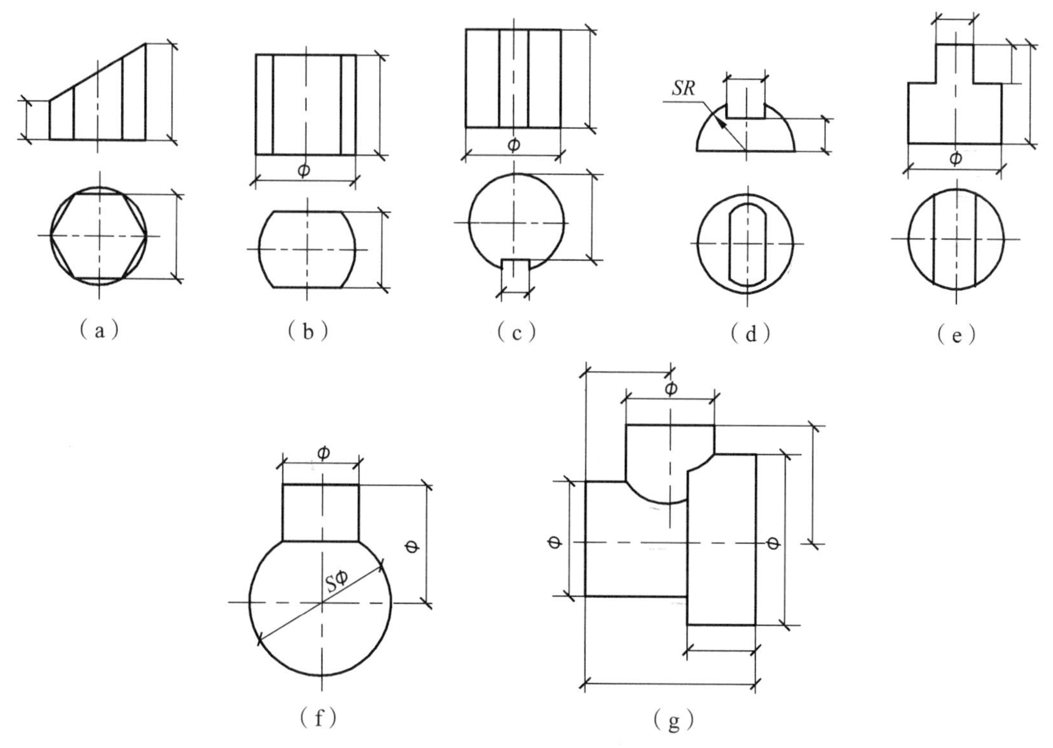

图 7.8　常见的切割体和相贯体的尺寸标注

对这类形体，除了需标注基本几何体的尺寸大小外，还应标注截平面（或相贯的两形体之间）的定位尺寸，不应标注截交线（或相贯线）的大小尺寸。因为截平面与几何体（或者相贯的两形体）的位置确定之后，截交线（或相贯线）的形状和大小就确定了，若再注其尺寸，即属错误尺寸。

7.3.4 组合体的尺寸注法

1. 组合体的尺寸种类

（1）定形尺寸：确定组合体中各基本几何体形状和大小的尺寸。

（2）定位尺寸：确定组合体中各基本几何体之间相对位置的尺寸。若两基本形体在某一方向处于对称、叠加（或切割）、同轴、平齐四种位置之一时，就可省略该方向的一个定位尺寸；回转体的定位尺寸必须直接确定其轴线的位置。

（3）总体尺寸：组合体的总长、总宽、总高尺寸。组合体一般要标注总体尺寸。当组合体的一端为同心圆孔的回转体时，为了考虑制造方便，必须优先注出直径或半径（定形尺寸）和中心距（定位尺寸），其该方向的总体尺寸由此而定，不再标注总体尺寸。如图 7.9 所示为不需要标注总体尺寸的情况。

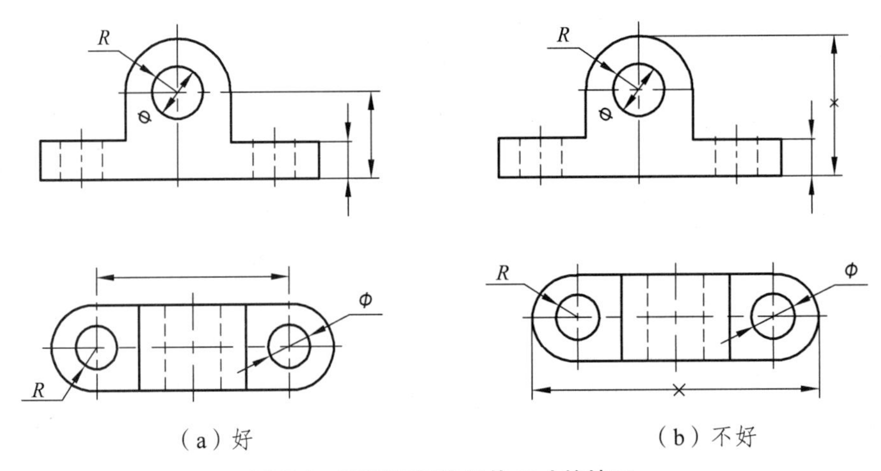

图 7.9 不需要标注总体尺寸的情况

2. 组合体的尺寸基准

标注尺寸的起点，称为尺寸基准。组合体的长、宽、高三个方向（或径向、轴向两个方向）至少应各有一个尺寸基准。组合体上的点、线、平面都可以选作为尺寸基准，曲面一般不能作尺寸基准。通常采用较大的平面（对称面、底面、端面）、直线（回转轴线、转向轮廓线）、点（球心）等作为尺寸基准。

3. 组合体尺寸的布局

为便于看图，不致发生误解或混淆，组合体尺寸的标注必须做到整齐、清晰。因此，标注尺寸应注意下列几点：

（1）遵守尺寸注法的国标规定。

（2）尺寸应尽量注在视图外边，排列要整齐，且应小尺寸在里（靠近图形），大尺寸在外，避免尺寸线和尺寸界线相交。

（3）尺寸应尽可能标注在反映形体形状特征较明显、位置特征较清楚的视图上。

（4）同一形体结构的相关尺寸，应尽量标注在同一视图上。

（5）为保持图形清晰，虚线上应尽量不注尺寸。

（6）同轴回转体的直径尺寸，应尽量注在非圆视图上。但板件上多孔分布时，孔的直径尺寸应注在反映为圆的视图上。不在符号“*R*”前注圆角数目。

（7）避免尺寸线封闭。如果尺寸注成封闭形式，将产生重复尺寸，并且不易保证尺寸精度。

4. 标注组合体尺寸的方法步骤

（1）形体分析。

（2）标注各形体的定形尺寸。

（3）确定长、高、宽三个方向的尺寸基准，标注形体间的定位尺寸。长度方向以空心圆柱右端面为基准，宽度方向以前后对称面为基准，高度方向以底面为基准。

（4）进行尺寸调整，标注总体尺寸。

（5）检查尺寸标注是否正确、完整，有无重复、遗漏。

7.4　建筑形体投影图的识读

7.4.1　读图的要点

1. 联系各个投影想象（图 7.10）

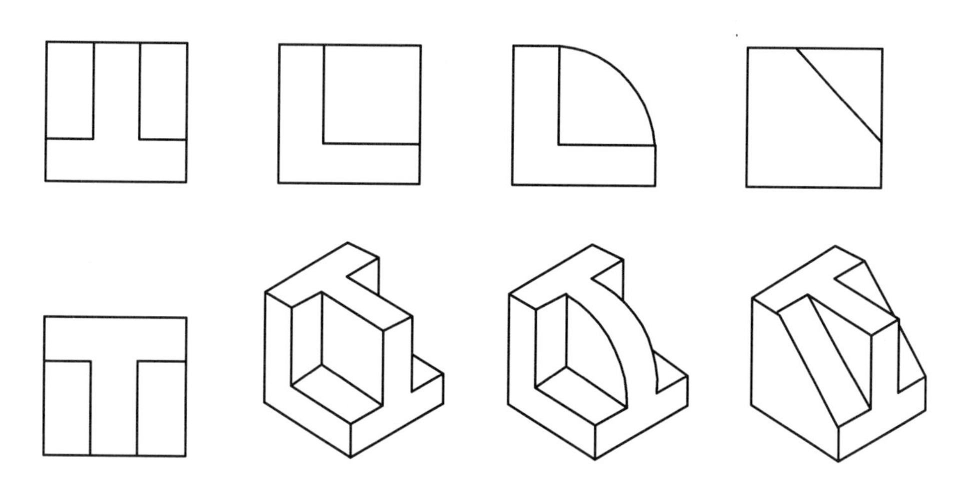

图 7.10　将已知投影图联系起来看

2. 注意找出特征投影（图 7.11）

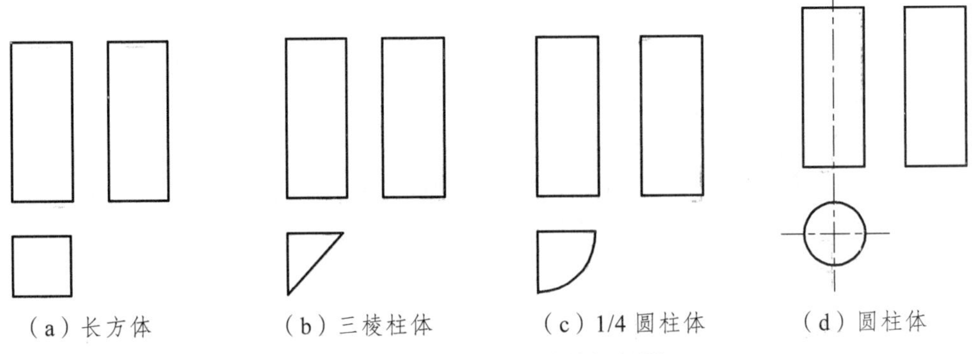

图 7.11　*H* 面投影均为特征投影

3. 明确投影图中直线和线框的意义

（1）投影图中直线的意义，如图 7.12 所示。

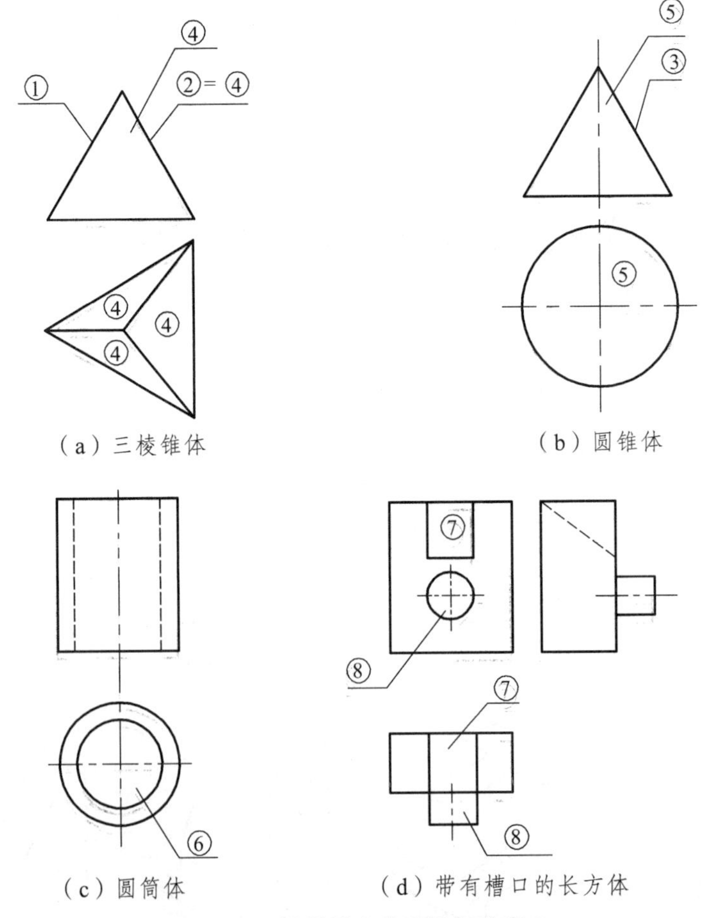

图 7.12　投影图中线和线框的意义

由上述可知，投影图中的一条直线，一般有三种意义：

① 可表示形体上一条棱线的投影；

② 可表示形体上一个面的积聚投影；

③ 可表示曲面体上一条轮廓素线的投影。

（2）投影图中线框的意义，如图 7.13 所示。

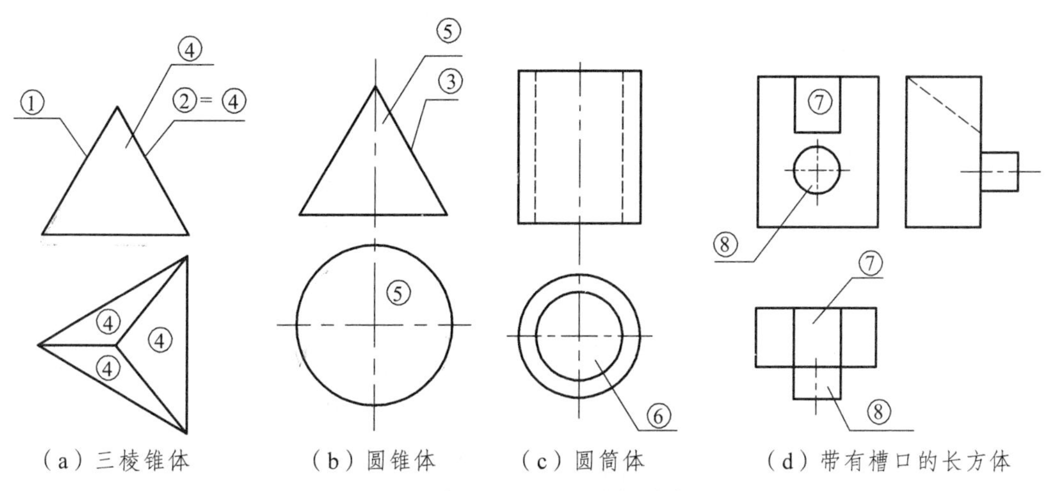

（a）三棱锥体　　（b）圆锥体　　（c）圆筒体　　（d）带有槽口的长方体

图 7.13　投影图中线和线框的意义

由上述可知，投影图中的一个线框，一般也有三种意义：

① 可表示形体上一个平面的投影；

② 可表示形体上一个曲面的投影；

③ 可表示形体上孔、洞、槽或叠加体的投影，对于孔、洞、槽，其他投影上必对应有虚线的投影。

7.4.2　读图的基本方法

1. 形体分析法

根据组合体的视图，从图上识别出各个基本形体，再确定它们的组合形式及相对位置，综合想象出整体形状。

形体分析法读图的步骤：

（1）看视图，分线框。从主视图入手，按照投影规律，几个视图联系起来看，把组合体大致分成几部分。

（2）对投影，识形体。根据每一部分的三视图，想象出各基本形体的形状。

（3）对方位，定位置。

（4）判别表面连接关系，想象出它所表示的物体的形状。

2. 线面分析法

对较复杂的组合体，除用形体分析法分析整体外，往往还要对一些局部采用线面分析的方法。所谓线面分析法，就是把组合体看成是由若干个平面或平面与曲面围成，面与面之间常存在交线，然后利用线面的投影特征，确定其表面的形状和相对位置，从而想象出组合体的整体形状。

在三视图中，面的投影特征是：凡“一框对两线”，则表示投影面平行面；凡“一线对两框”，则表示投影面垂直面；凡“三框相对应”，则表示一般位置面平面。要善于利用线面投影的真实性、积聚性和类似性。读图时，应遵循“形体分析为主，线面分析为辅”的原则。

线面分析法读图的步骤：

（1）形体分析。

（2）分线框，识面形。在一个视图上划分线框，然后利用投影规律，找出每一线框在另两个视图中对应的线框或图线，从而分析出每一线框所表示的面的空间形状和相对位置。

（3）空间平面组合，想出整体形状。

3. 画轴测图法

就是利用画出正投影图的轴测图，来想象和确定组合体的空间形状的方法。实践证明，此法是初学者容易掌握的辅助识图方法，同时它也是一种常用的图示形式。

7.4.3 读图与画图的结合——补全第三投影

读图步骤：

（1）认识投影抓特征。

（2）形体分析对投影。

（3）综合起来想整体。

（4）线面分析攻难点。

【例 7.3】 如图 7.14（a）所示，根据已知的组合体主、俯视图，作出其左视图。

（1）形体分析。

主视图可以分为 4 个线框，根据投影关系在俯视图上找出它们的对应投影，可初步判断该物体是由 4 个部分组成的。下部Ⅰ是底板，其上开有两个通孔；上部Ⅱ是一个圆筒；在底板与圆筒之间有一块支撑板Ⅲ，它的斜面与圆筒的外圆柱面相切，它的后表面与底板的后表面平齐；在底板与圆筒之间还有一个肋板Ⅳ。根据以上分析，想象出该物体的形状，如图 7.14（f）所示。

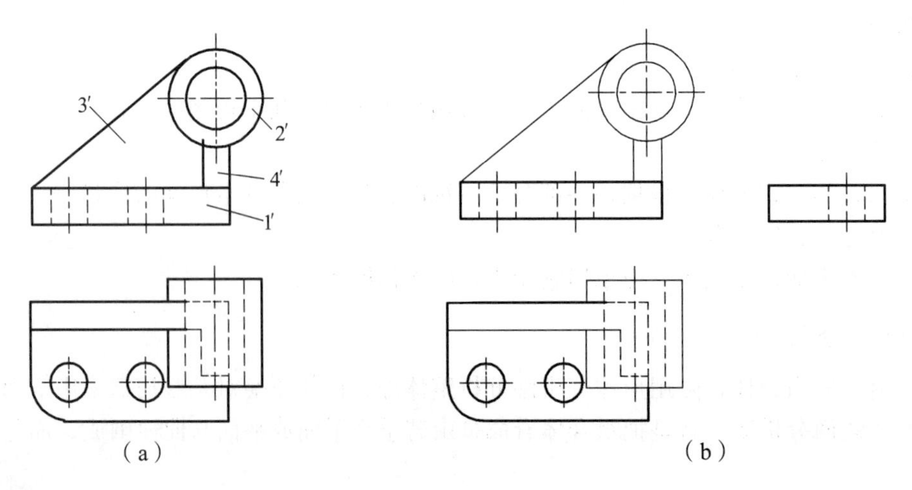

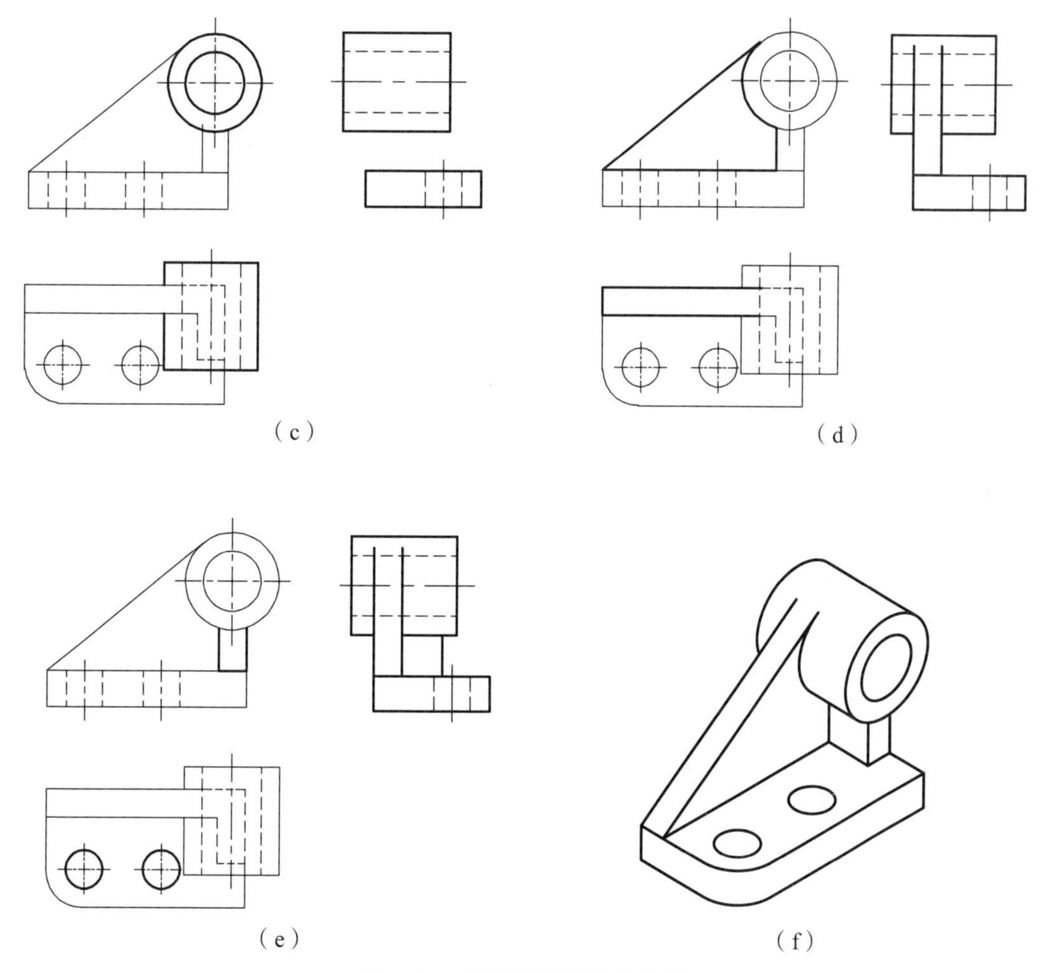

图 7.14　组合体读图综合实例

（2）画出各部分在左视图的投影。

根据上面的分析及想出的形状，按照各部分的相对位置，依次画出底板、圆筒、支撑板、肋板在左视图中的投影成全图。

根据已知两视图补画第三视图。作图步骤如图 7.14（b）、（c）、（d）、（e）所示。最后检查、描深。

本章小结

（1）组合体的形式：叠加式、切割式、综合式。

（2）组合体三面投影图的画法：形体分析法、线面分析法。

（3）组合体的尺寸标注：定形尺寸、定位尺寸、总体尺寸。

（4）组合体三面投影图的阅读方法：形体分析法、线面分析法、轴测图法。

练习题

1. 组合体的构成方式大致可归纳为哪几种形式？
2. 什么是组合体的形体分析？
3. 什么是叠加？
4. 尺寸标注的要求是什么？
5. 组合体的尺寸可以划分为哪三类？
6. 什么是定形尺寸？
7. 什么是定位尺寸？
8. 总尺寸是确定组合体外形（　　）、总宽、（　　）的尺寸。
9. 读图的方法通常是什么？
10. 形体在投影图中所形成的投影元素有哪两种？

第 8 章　工程形体的表达方法

学习目标及能力要求：

本章重点介绍了剖面图与断面图的种类、绘制方法和简化画法，进行剖面图与断面图的识图和绘制基本训练。通过学习，学生应该达到以下要求：

（1）了解形体的识图，了解剖面图和断面图的形成原理，掌握剖面图和断面图的种类和绘制方法。

（2）掌握剖面图与断面图的区别，能够识读剖面图与断面图。

（3）掌握简化画法的表达方法。

8.1　基本视图

8.1.1　基本视图的形成

形体的投影图亦称为视图，组合体的三面投影图称为三面视图或三视图。

三面投影体系由水平投影面、正立投影面和侧立投影面组成，所作形体的投影图分别是水平投影图、正立投影图和侧立投影图，在工程图中分别叫作平面图、正立面图和侧面图。

大多数形体，如一幢建筑，由于其正面和背面不同，左侧面和右侧面也不相同，用三视图表示，很显然表达不清。因此，在原有三投影面（*H*、*V*、*W*）的正对面又增加了三个投影面，如图 8.1 所示，形体三视图的名称如下：

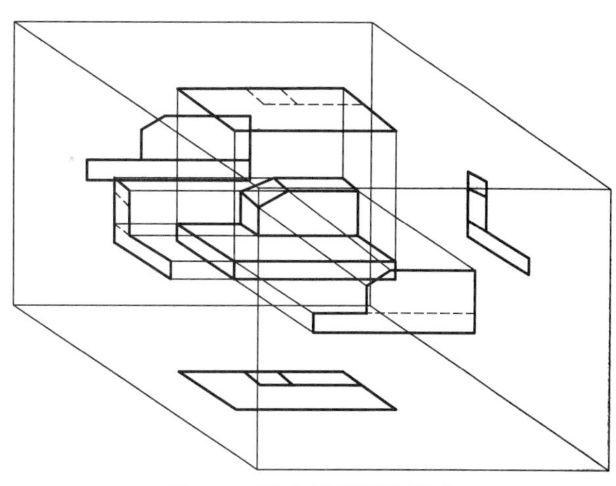

图 8.1　基本投影面的形成

正立面图——从前向后投影

平面图——从上向下投影

左侧立面图——从左向右投影

右侧立面图——从右向左投影

底面图——从下向上投影

背立面图——从后向前投影

8.1.2　六个投影面的展开

以上六个投影图称为形体的基本视图，六个投影图的展开方法如图 8.2 所示。

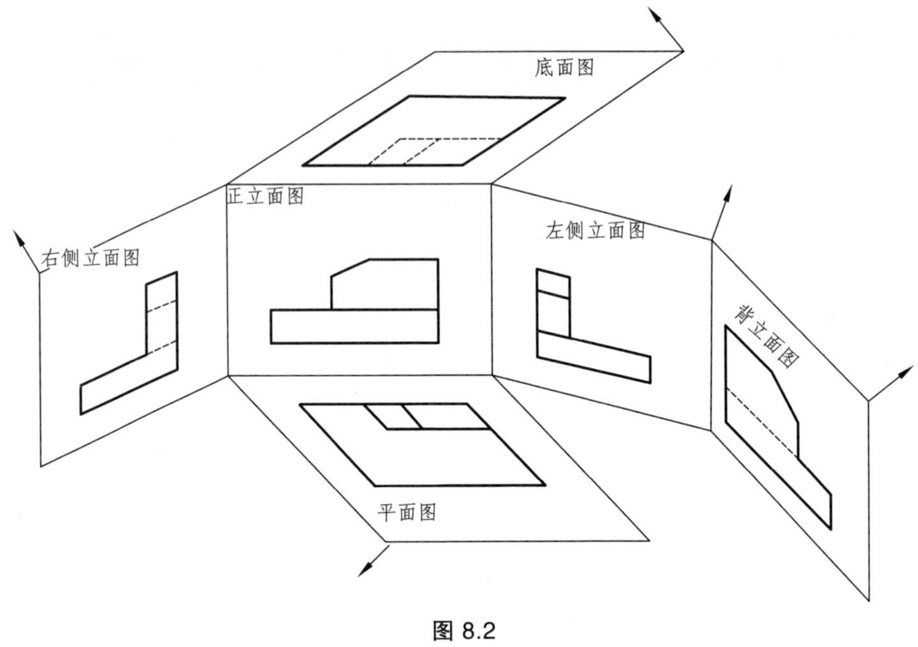

图 8.2

8.1.3　六面视图的投影对应关系

六面视图的投影对应关系如图 8.3 所示。

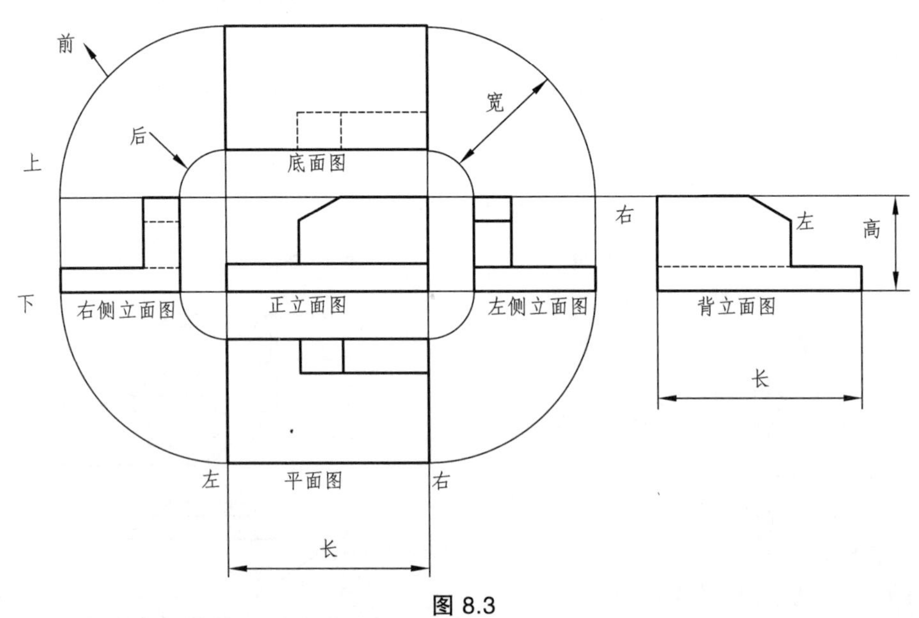

图 8.3

度量对应关系：仍遵守“三等”规律。

方位对应关系：除背立面图外，靠近正立面图的一边是物体的后面，而远离正立面图的一边是物体的前面。

8.1.4　六面基本视图不按投影关系配置

六面基本视图不按投影关系配置时，如图 8.4 所示。

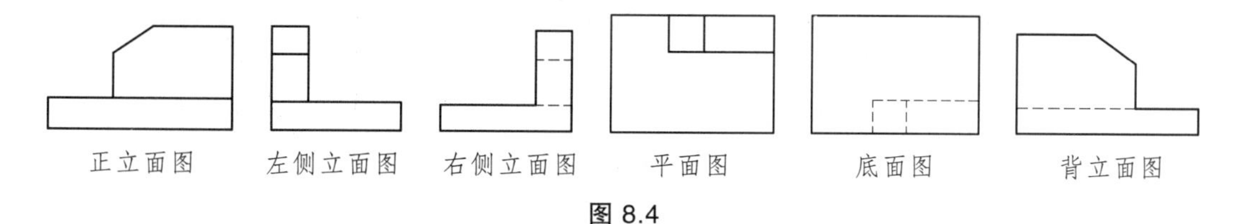

图 8.4

8.1.5　辅助视图

1. 斜视图

斜视图是物体向不平行于基本投影面的平面投影所得的视图。

当物体的表面与投影面成倾斜位置时，其投影不反映实形，可用斜视图。

例如，斜视图 8.5 的解决办法：增设一个与倾斜表面平行的辅助面；将倾斜部分向辅助投影面投影。

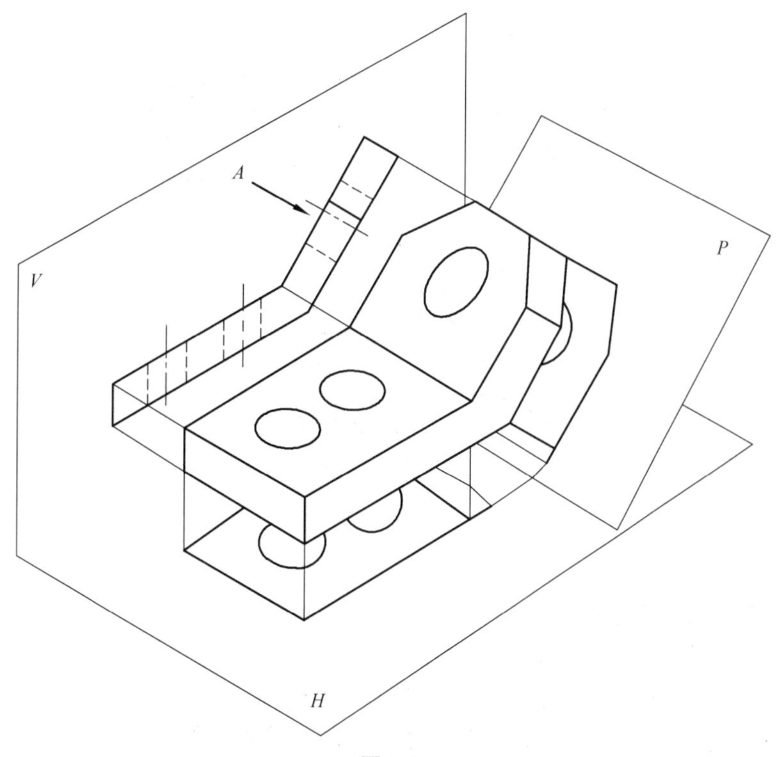

图 8.5

斜视图的画法如图 8.6 所示。

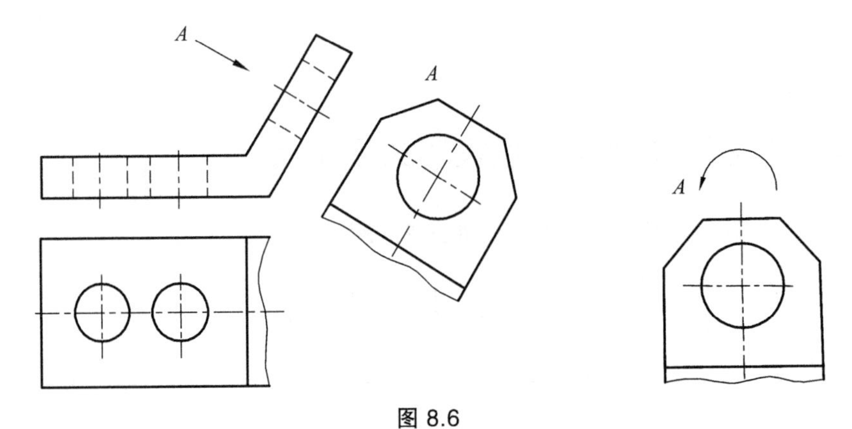

图 8.6

画斜视图的注意事项：

① 通常按投影关系配置斜视图；

② 允许将斜视图旋转配置，但需在斜视图上方注明。

2. 局部视图

局部视图——把物体的某一局部向基本投影面投射所得的投影图。局部视图是基本视图的一部分，波浪线表明其范围，对封闭图形可省略波浪线，见图 8.7。

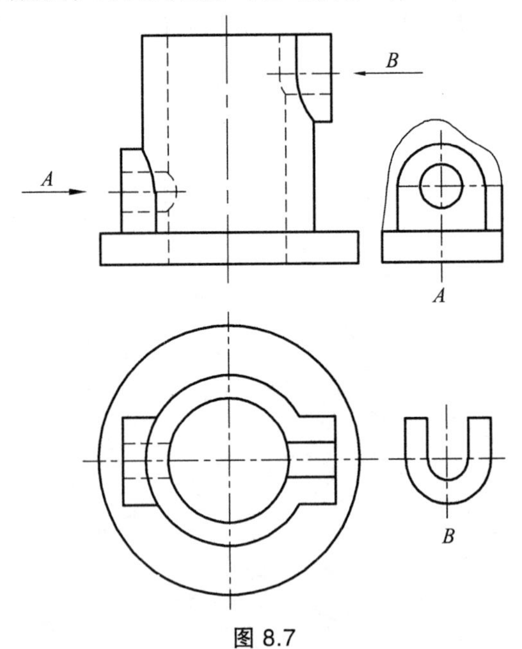

图 8.7

画局部剖应注意的问题：

① 波浪线不能与图上的其他图线重合；

② 波浪线不能穿空而过，也不能超出视图的轮廓线；

③ 当对称物体的轮廓线与中心线重合时，不宜采用半剖视。

3. 旋转视图

旋转视图——假想把物体的某倾斜部分旋转到与基本投影面平行的位置上，然后再进行投射所得的投影图，也称展开视图，见图 8.8。

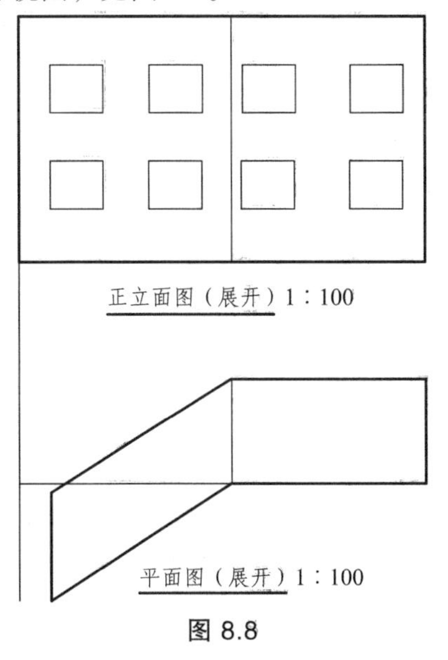

图 8.8

4. 镜像视图

某些特殊位置（如房屋顶棚）的工程构造，当直接正投影时，虚线太多不易表达，可采用镜像投影法绘制，见图 8.9。

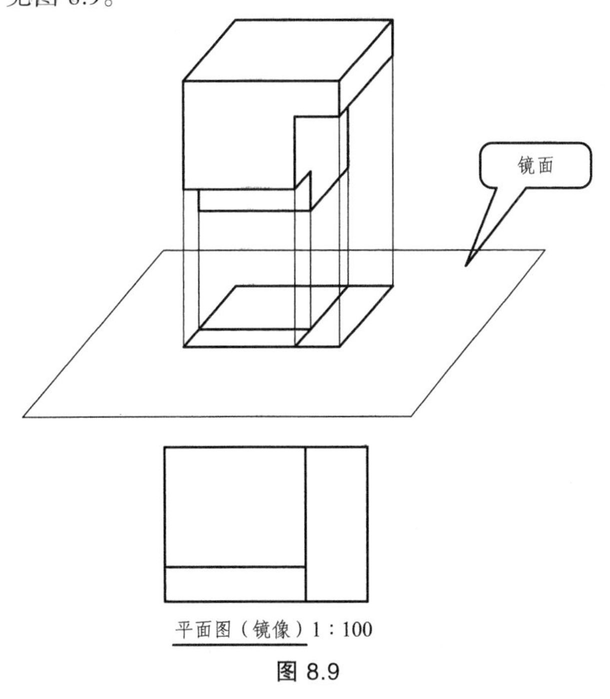

图 8.9

镜像视图——以物体在镜面内的镜像图样作为投影图，在图名后面注明“镜像”二字。

8.2 剖视图

在绘制形体的投影图时，可见的轮廓线用实线表示，不可见的轮廓线则用虚线表示。当一个形体的内部结构比较复杂时，如一幢楼房，内部有各种房间、楼梯、门窗等许多构配件，如果都用虚线表示这些从外部看不见的部分，必然造成形体视图图面上实线和虚线纵横交错，混淆不清，因而给画图、读图和标注尺寸均带来不便，也容易产生差错，无法清楚表达房屋的内部构造。对这一问题，常选用剖面图来加以解决。

8.2.1 剖视图的形成与标注

1. 剖视图的形成

假想用一剖切面将物体剖开，移去剖切面和观察者之间的部分，将剩余部分向投影面投射，所得的投影图称为剖面图。

如图 8.10 所示的钢筋混凝土双柱杯形基础，由于这个基础有安装柱子用的杯口，因而用正投影法画它的正立面图和侧立面图，其中都有虚线，使图不清晰。假想用一个通过基础前后对称面的正平面 *P* 将基础切开，移走剖切平面 *P* 和观察者之间的部分，如图 8.11（a）所示；将留下的后半个基础向 *V* 面作投影，所得投影即为基础剖面图，如图 8.11（b）所示。显然，原来不可见的虚线，在剖面图上已变成实线，为可见轮廓线。

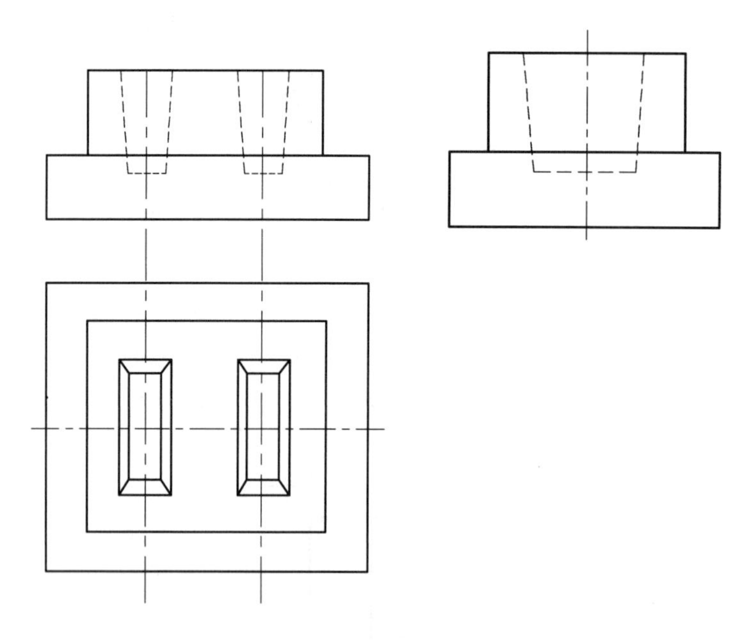

图 8.10

剖切平面与形体表面的交线所围成的平面图称为断面图。从图 8.11（b）可以看出，剖面图是由两部分组成的：一部分是断面图形[图 8.11（b）中阴影部分]；另一部分是沿投射方向未被切到但能看到部分的投影[见图 8.11（b）中杯口部分]。

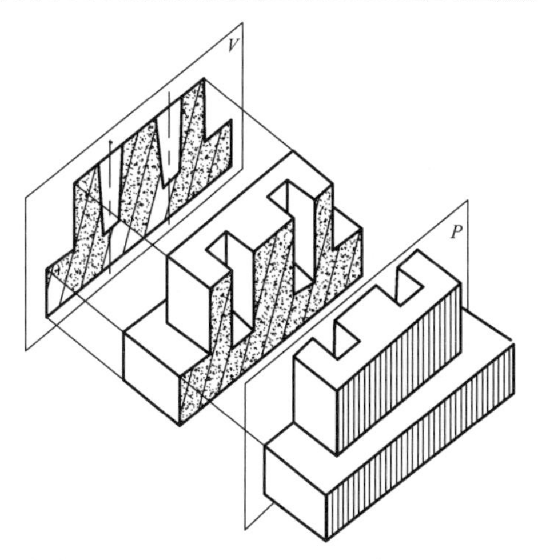

（a）假想用剖切平面 P 剖开基础并向 V 面进行投影

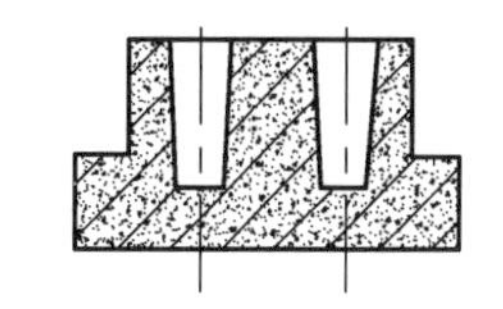

（b）　基础的 V 向剖面图

图 8.11

形体被剖切后，剖切平面切到的实体部分，其材料被“暴露出来”。为了更好地区分实体与空心部分，制图标准规定，应在剖面图上的断面部分画出相应建筑材料的图例。常用建筑材料图例见表 8.1。

表 8.1　常用建筑材料图例

序号	名　称	图　例	备　注
1	自然土壤		包括各种自然土壤
2	夯实土壤		
3	砂、灰土		靠近轮廓线绘较密的点
4	砂砾石、碎砖三合土		
5	石材		
6	毛石		
7	普通砖		包括实心砖、多孔砖、砌块等砌体；断面较窄不易绘出图例线时，可涂红
8	耐火砖		包括耐酸砖等砌体
9	空心砖		指非承重砖砌体
10	饰面砖		包括铺地砖、马赛克、陶瓷锦砖、人造大理石等
11	焦渣、矿渣		包括与水泥、石灰等混合而成的材料

续表 8.1

序号	名　称	图　例	备　注
12	混凝土		(1)本图例指能承重的混凝土及钢筋混凝土； (2)包括各种强度等级、骨料、添加剂的混凝土； (3)在剖面图上画出钢筋时，不画图例线； (4)断面图形小，不易画出图例线时，可涂黑
13	钢筋混凝土		
14	多孔材料		包括水泥珍珠岩、沥青珍珠岩、泡沫混凝土、非承重加气混凝土、软木、蛭石制品等
15	纤维材料		包括矿棉、岩棉、玻璃棉、麻丝、木丝板、纤维板等
16	泡沫塑料材料		包括聚苯乙烯、聚乙烯、聚氨酯等多孔聚合物类材料
17	木材		(1)上图为横断面，上左图为垫木、木砖或木龙骨； (2)下图为纵断面
18	胶合板		应注明胶合板层数
19	石膏板		包括圆孔、方孔石膏板，防水石膏板等
20	金属		(1)包括各种金属； (2)图形小时，可涂黑
21	网状材料		(1)包括金属、塑料网状材料； (2)应注明具体材料名称
22	液体		应注明具体液体名称
23	玻璃		包括平板玻璃、磨砂玻璃、夹丝玻璃、钢化玻璃、中空玻璃、加层玻璃、镀膜玻璃等
24	橡胶		
25	塑料		包括各种软、硬塑料及有机玻璃等
26	防水材料		构造层次多或比例大时，采用上面图例
27	粉刷		本图例采用较稀的点

2. 剖视图的标注

用剖面图配合其他投影图表达形体时，为了便于读图，要将剖面图中的剖切位置和投射方向在图样中加以说明，这就是剖面图的标注。制图标准规定，剖面图的标注是由剖切符号和编号组成的。

(1)剖切符号：表示剖切面起讫和转折位置及投射方向。

① 剖切位置线就是剖切平面的积聚投影，它表示了剖切面的剖切位置，剖切位置线用两段粗实线绘制，长度为 6 ~ 10 mm。

② 投射方向线（又叫剖视方向线）是画在剖切位置线外端且与剖切位置线垂直的两段粗实线，它表示了形体剖切后剩余部分的投射方向，其长度应短于剖切位置线，宜为 4 ~ 6 mm。绘图时，剖切符号不应与图面上的其他图线重合。

（2）剖切符号的编号。对于一些复杂的形体，可能要同时剖切几次才能了解其内部结构，为了区分清楚，对每一次剖切要进行编号。建筑标准规定剖切符号的编号宜采用阿拉伯数字按顺序由左至右、由下至上连续编排，并应注写在剖视方向线的端部，如图 8.12 所示。然后在相应剖面图的下方写上剖切符号的编号，作为剖面图的图名，如 1—1 剖面图、2—2 剖面图等，并在图名下方画上与之等长的粗实线，如图 8.13 所示。

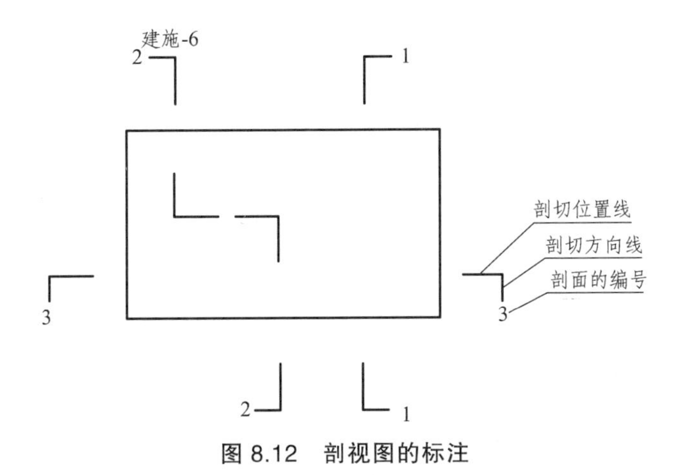

图 8.12　剖视图的标注

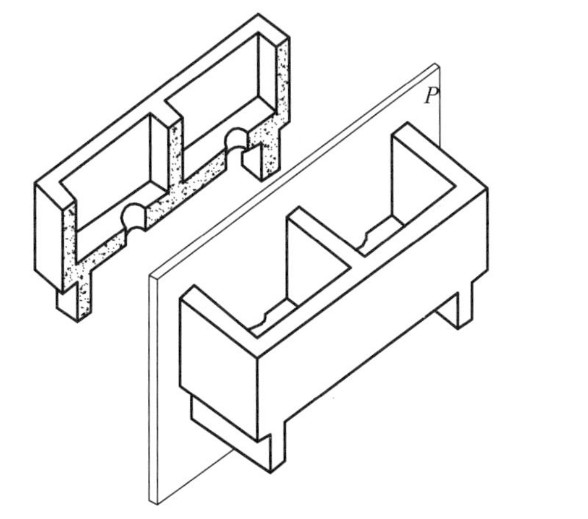

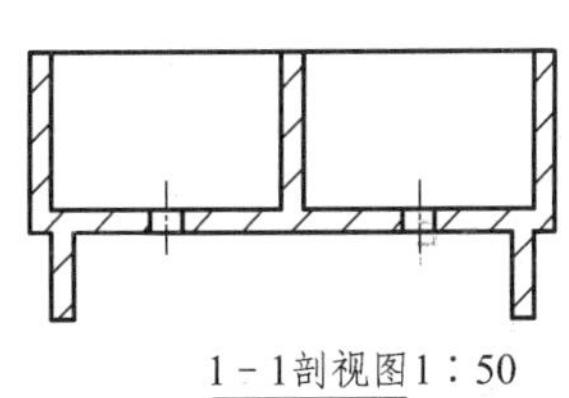

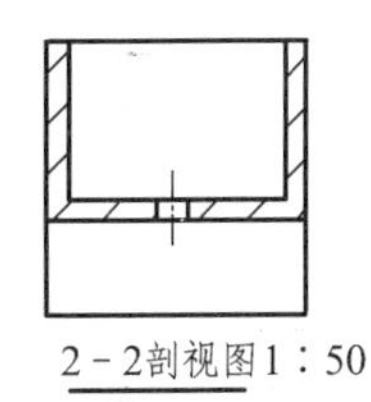

图 8.13　水池剖面图

（3）剖切转折。需要转折的剖切位置线，在转折处如与其他图线发生混淆，应在转角的外侧加注与该符号相同的编号，如图 8.12 中的 2—2 所示。

（4）剖面图如与被剖切图样不在同一张图纸内，可在剖切位置线的另一侧注明其所在图纸的图纸号，也可在图上集中说明。

（5）通常对下列剖面图不标注剖面剖切符号：通过门、窗洞口位置剖切房屋，所绘制的建筑平面图；通过形体（或构件配件）对称平面、中心线等位置剖切形体，所绘制的剖面图。

3. 画剖面图应注意的问题

（1）剖切平面的选择：通过物体的对称面或轴线且平行或垂直于投影面。

（2）剖切是一种假想，其他视图仍应完整画出，如图 8.13 所示。

（3）位于剖切面后方的可见部分要全部画出。

（4）在剖视图上已经表达清楚的结构，在其他视图上此部分结构的投影为虚线时，其虚线省略不画（见图 8.14）。但没有表示清楚的结构，允许画少量虚线。

（5）不需在剖面区域中表示材料的类别时，剖面符号可采用通用剖面线表示。通用剖面线为细实线，最好与主要轮廓或剖面区域的对称线成 45°角；同一物体的各个剖面区域，其剖面线画法应一致。

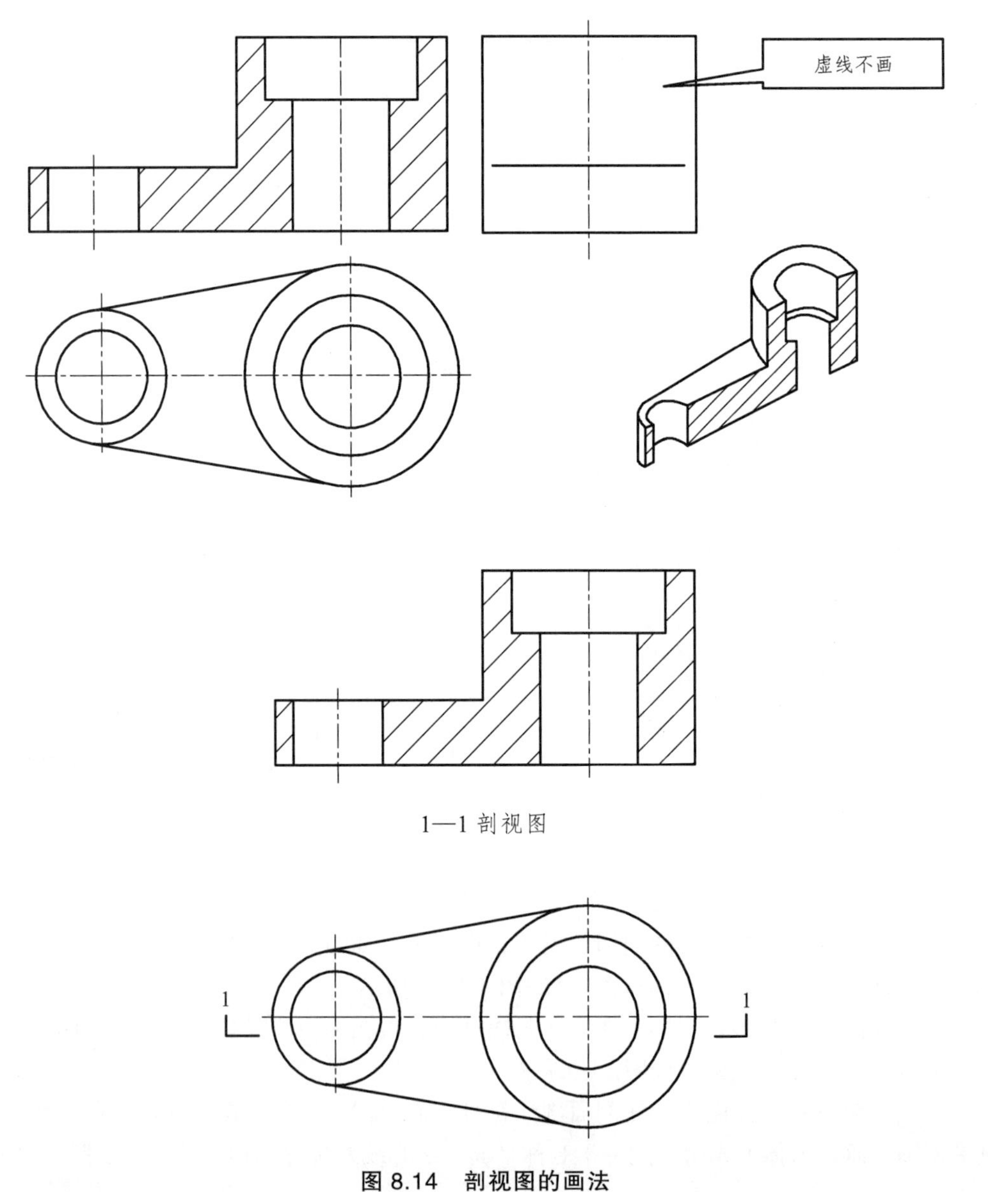

图 8.14 剖视图的画法

8.2.2　剖视的种类及适用条件

1. 全剖视

假想用一个剖切平面将形体完整地剖切开，得到的剖面图，称为全剖面图（简称全剖）。全剖面图一般常应用于不对称的形体；或虽然对称，但外形比较简单；或在另一投影中已将它的外形表达清楚的形体，如图 8.15 所示。

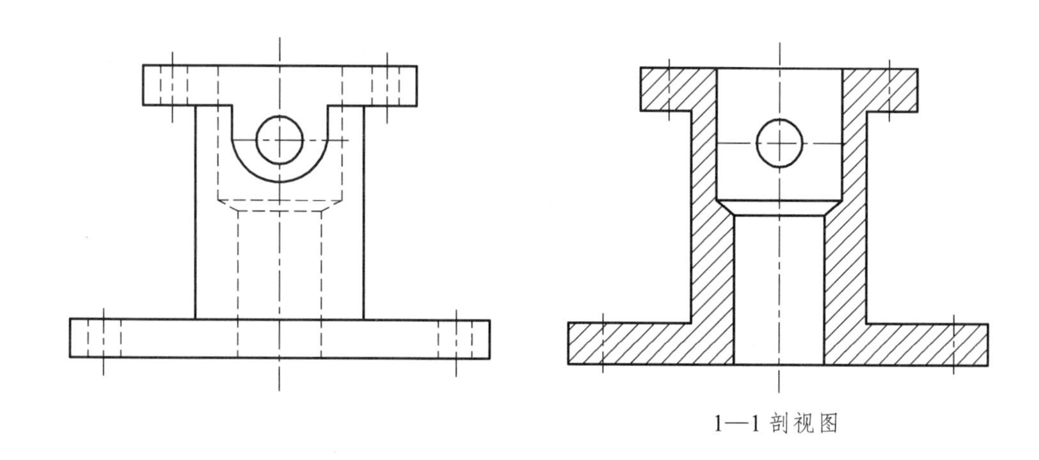

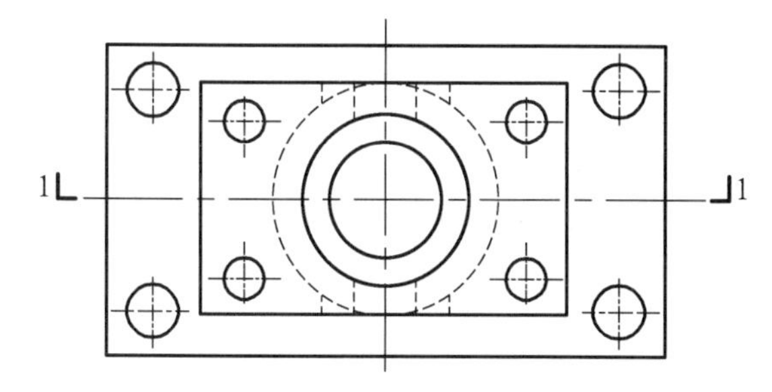

图 8.15　全剖视

2. 半剖视

当形体具有对称平面时，在垂直于对称平面的投影面上的投影，以对称线为分界，一半画剖面图，另一半画视图，这种组合的图形称为半剖面图。

如果形体左右对称或前后对称，而且内外形状都比较复杂时，为了同时表达内外形状，应采用半剖。

半剖就是以图形对称线为分界线，相当于把形体剖去 1/4 之后，画出一半表示外形投影，一半表示内部剖面的图形。

图 8.16 所示为一个杯形基础的半剖面图，在正面投影和侧面投影中，都采用了半剖面图的画法，以表示基础的外部形状和内部构造。

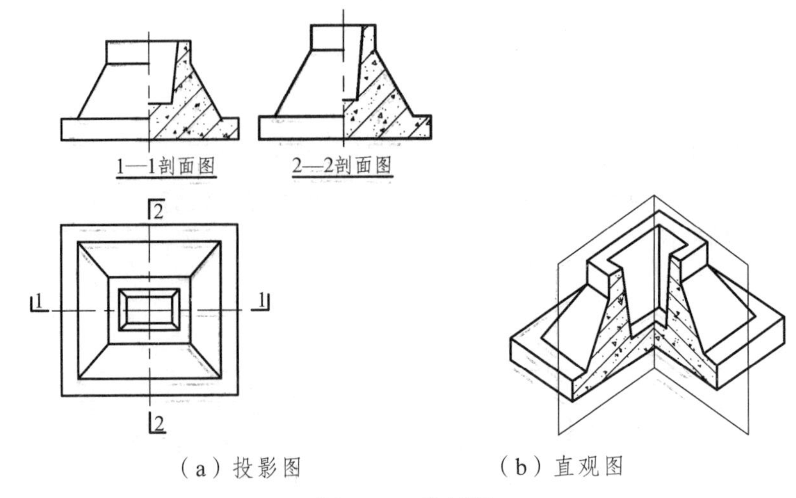

（a）投影图　　（b）直观图

图 8.16　半剖视

画半剖面图时，应注意：

（1）剖面图和半外形图应以对称面或对称线为界，对称面或对称线画成细的单点长画线。

（2）半剖面图一般应画在水平对称轴线下侧或竖直对称轴线的右侧。

（3）半剖面图一般不画剖切符号和编号，图名沿用原投影图的图名。

3. 阶梯剖面图——用两个或两个以上平行的剖切面剖切

当用一个剖切平面不能将物体需要表达的内部都剖到时，可以将剖切平面直角转折成相互平行的两个或两个以上平行的剖切平面，由此得到的图就称为阶梯剖面图。

如图 8.17 所示，某几何形体有两个方形孔，如果用一个与 *V* 面平行的平面剖切，只能剖到一个孔。故将剖切平面按图 8.17 中 *H* 面投影所示直角转折成两个均平行于 *V* 面的剖切平面，分别通过大小圆柱孔，从而画出剖面图。图 8.17 所示的 1—1 剖面图就是阶梯剖面图。

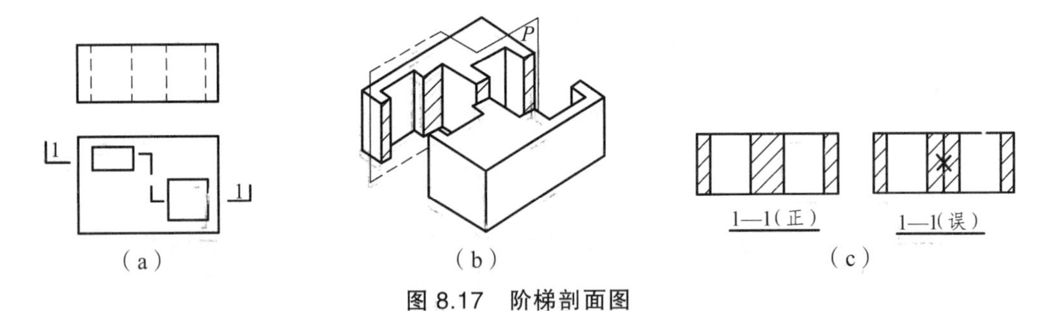

（a）　　（b）　　（c）

图 8.17　阶梯剖面图

阶梯剖视图绘图要点：

（1）作出剖切断面轮廓。

（2）在剖切断面上绘制剖面线。

（3）绘制剖切面后的可见轮廓线。

（4）书写图名。

注意问题：

（1）两剖切平面的转折处不应与图上的轮廓线重合，在剖视图上不应在转折处画线。

（2）在剖视图内不能出现不完整的要素。只有当两个要素有公共对称中心线或轴线时，可以此为界各画一半。

适用范围：当物体上的孔槽及空腔等内部结构不在同一平面内时。

4. 分层剖视图

对一些具有不同层次构造的建筑构件，可按实际需要，用分层剖切的方法获得剖面图，称为分层剖面图，如图 8.18 所示。

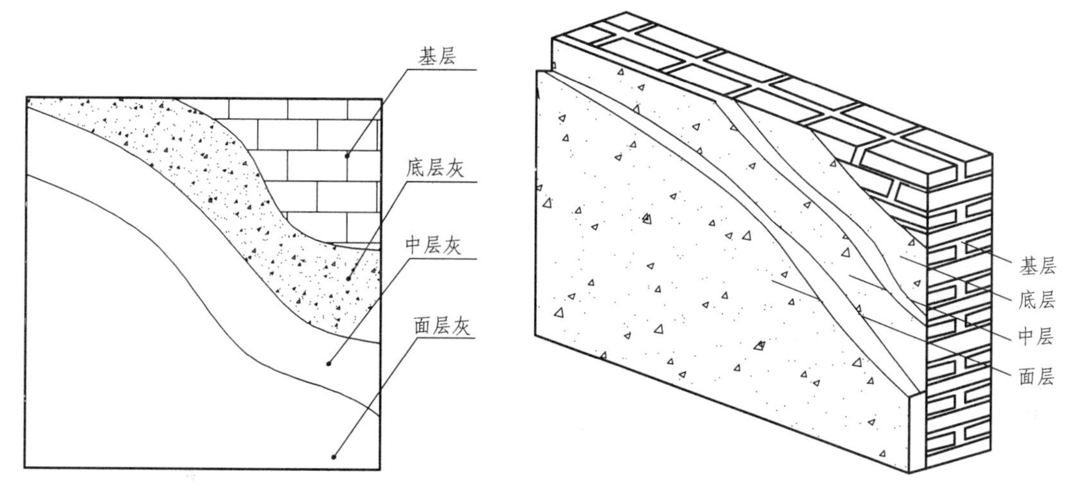

图 8.18　分层剖视图

5. 展开剖视图

用两个或两个以上相交剖切平面剖切形体，所得到的剖面图称作展开剖面图。

展开剖面图的图名后应加注“展开”字样，剖切符号的画法如图 8.19 所示。

因展开剖面图将形体剖切开后需要将形体进行旋转，因此，有时也称为旋转剖面图。

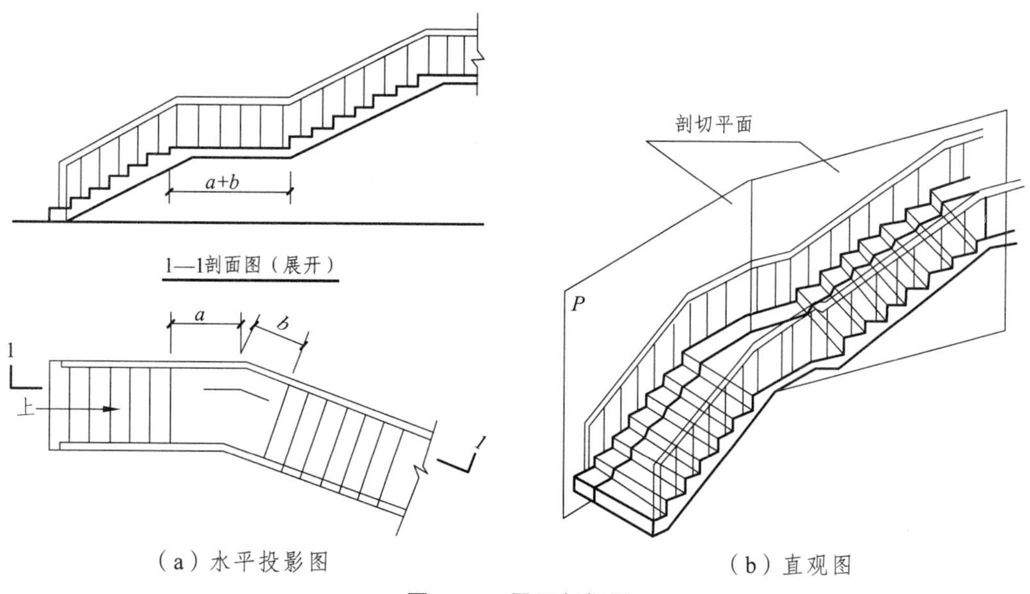

（a）水平投影图　　（b）直观图

图 8.19　展开剖视图

画展开剖视图应注意的问题：

（1）两剖切面的交线一般应与物体的回转轴线重合。

（2）在剖切面后的其他结构仍按原来位置投射。

适用范围：

当物体的内部结构形状用一个剖切平面剖切不能表达完全，且物体又具有回转轴时。

8.3 断面图

8.3.1 断面图的形成

对于某些建筑构件，如构件形状呈杆件形，要表达其侧面形状以及内部构造时，可以用剖切平面剖切后，只画出形体与剖切平面剖切到的部分，其他部分不予表示，即用假想剖切平面将形体剖切后，仅画剖切平面与形体接触部分的正投影，称为断面图，简称断面或截面。

8.3.2 断面图的种类

1. 移出断面图

移出断面图画在视图之外，断面图的轮廓线用粗实线绘制，并在断面轮廓内表明材料图例。

移出断面图可配置在剖切线的延长线上或其他适当的位置，并表明断面图的剖切位置及名称，如图 8.20 所示。

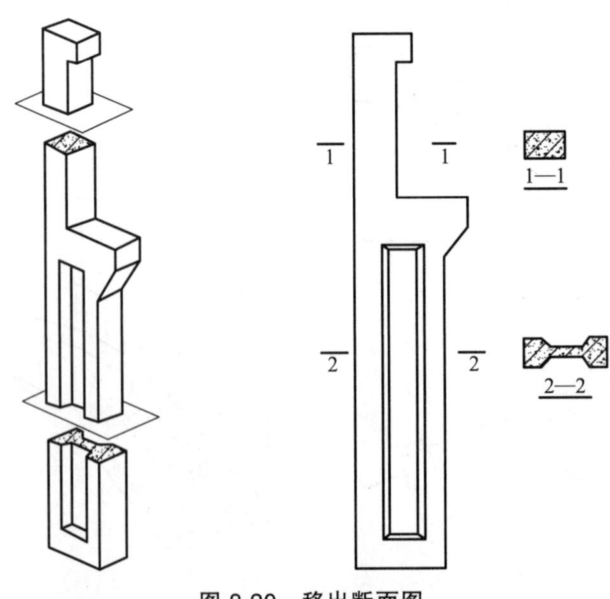

图 8.20 移出断面图

2. 中断断面图

中断断面图绘制在视图的中断处，断面图的轮廓线用粗实线绘制，并在断面轮廓内表明材料图例。

对于单一的长杆件，也可以在杆件投影图的某一处用折断线断开，然后将断面图画于其中，不画剖切符号，如图 8.21 所示的槽钢中断断面图。

中断断面图的轮廓线也为粗实线，图名沿用原图名。

图 8.21　槽钢中断断面图

3. 重合断面图

将断面图直接画于投影图中，使断面图与投影图重合在一起，称为重合断面图。

重合断面图通常在整个构件的形状基本相同时采用，断面图的比例必须和原投影图的比例一致。其轮廓线可能闭合，也可能不闭合，如图 8.22 所示。

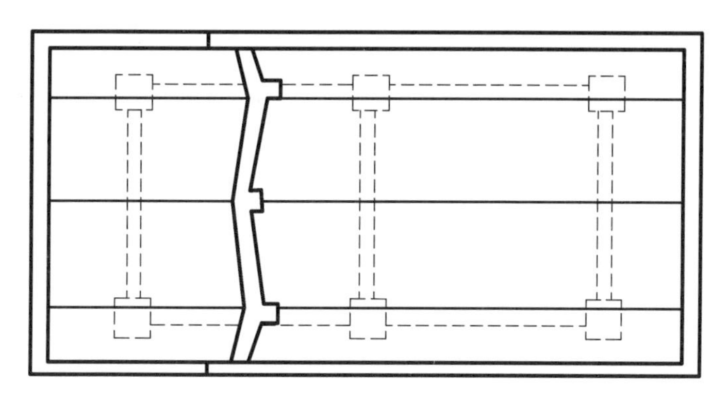

图 8.22　重合断面图

8.4　建筑形体的简化画法

8.4.1　对称形体的省略画法

当形体对称时，可以只画该视图的一半，如图 8.23（a）所示。对称符号用细单点长画线表示，两端各画两条平行的细实线，长度为 6 ~ 10 mm，间距为 2 ~ 3 mm。

当形体不仅左右对称，而且前后也对称时，可以只画该视图的 1/4，如图 8.23（b）所示。

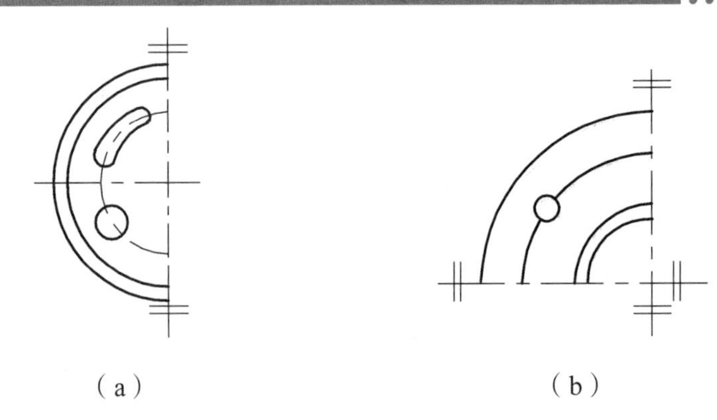

图 8.23　对称省略画法

8.4.2　相同构造的省略画法

形体上有多个完全相同而连续排列的构造要素时，可仅在两端或适当位置画出其完整形状，其余部分以中心线或中心线交点表示，如图 8.24（a）所示，在一块钢板上有 7 个形状相同的孔洞；在图 8.24（b）中，预应力空心楼板上有 6 个直径为 80 mm 的孔洞。

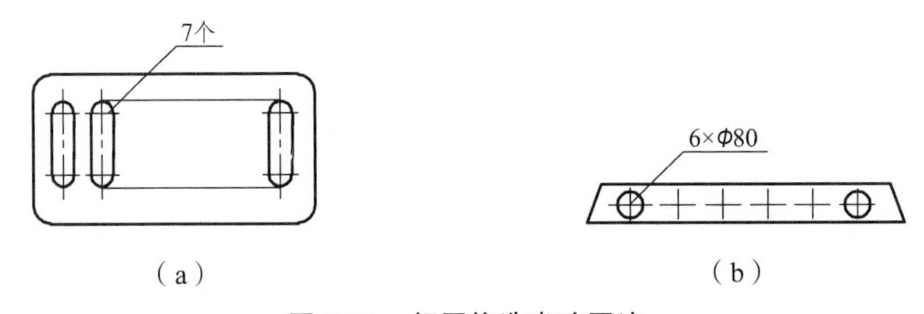

图 8.24　相同构造省略画法

8.4.3　用折断线省略画法

当形体很长，断面形状相同或变化规律相同时，可以假想将形体断开，省略其中间的部分，而将两端靠拢画出，然后在断开处画折断符号，如图 8.25 所示。

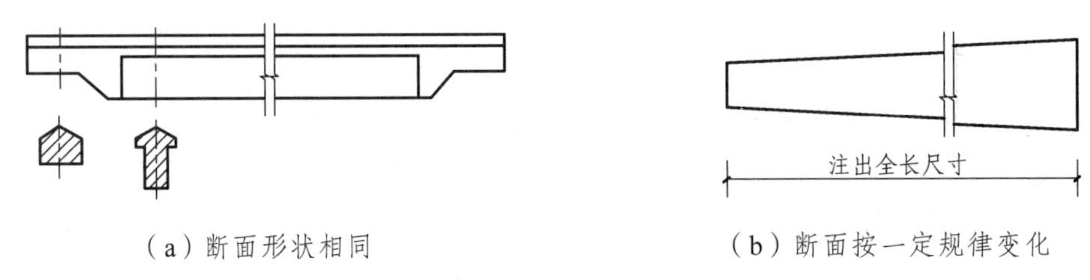

图 8.25　折断省略画法

一个构件如与另一个构件仅部分不相同，该构件可只画不相同部分，但应在两个构件的相同部分与不同部分的分界线处分别绘制连接符号，如图 8.26 所示。

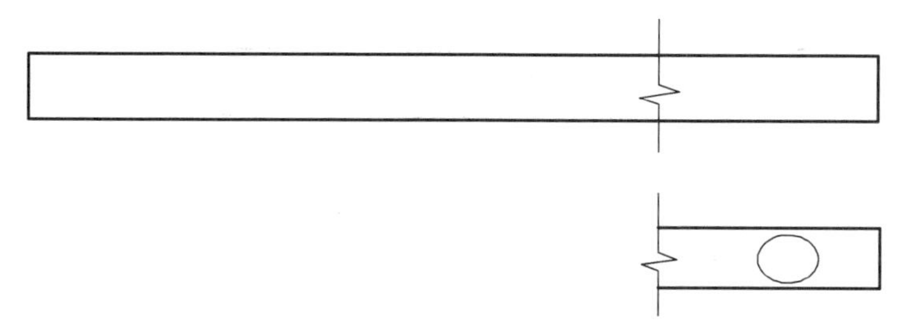

图 8.26　连接省略画法

本章小结

（1）在工程实践中，仅用三视图有时难以将复杂形体的外部形状和内部结构完整、清晰地表达出来。为了便于绘图和读图，需增加一些投影图，为此，建筑制图标准规定了多种表达方法，如剖面图、断面图等，画图时可根据具体情况适当选用。

（2）基本视图是建筑形体最基本的表达方式，包括 6 个投影图，即正立面图、背立面图、平面图、底面图、左侧立面图和右侧立面图。辅助视图主要有局部视图、斜视图、展开视图和镜像视图。

（3）剖面图和断面图是建筑施工图中主要表达建筑形体内部形状的图样。剖面图主要表达建筑形体剩余部分的投影，断面图主要表达建筑形体剖切部分的投影。剖面图有全剖面图、半剖面图、阶梯剖面图和局部剖面图；断面图有移出断面图、重合断面图和中断断面图。剖面图和断面图应该在被剖切的断面上画出材料图例。

（4）在工程图中，为了简化，有些特殊形体可以用一些更加简单的方法绘制。

练习题

1. 什么是剖面图？什么是断面图？它们有什么区别？
2. 常用的剖面图有几种？其区别何在？各适用于什么形体？
3. 常见的断面图有几种？其区别何在？
4. 剖面图的剖切符号和断面图的剖切符号都是什么样的？其区别何在？
5. 平面图、底面图和平面图（镜像）三者间有何不同？

第 9 章　标高投影工程图

学习目标及能力要求：

了解标高投影的含义，掌握点、线、面的标高投影画法；了解建筑物交线的画法；掌握标高投影工程图的基本表达方法；理解并掌握标高投影工程图的尺寸标注及识读方法。

9.1　点、直线、平面的标高投影

9.1.1　标高投影概述

在水利工程建筑物的设计和施工中，常需要绘制地形图，并在图上表示工程建筑物的布置和建筑物与地面连接的有关问题。但地面形状很复杂，且水平尺寸与高度尺寸相比差距很大，用多面正投影法或轴测投影法都表示不清楚，标高投影则是适于表示地形面和复杂曲面的一种投影。

当物体的水平投影确定之后，其正面投影的主要作用是提供物体上的点、线或面的高度。如果能知道这些高度，那么只用一个水平投影也能确定空间物体的形状和位置。如图9.1 所示，画出四棱台的平面图，在其水平投影上注出其上、下底面的高程数值 2.000 和 0.000，为了增强图形的立体感，斜面上画上示坡线，为度量其水平投影的大小，再给出绘图比例或画出图示比例尺。这种用水平投影加注高程数值来表示空间物体的单面正投影称为标高投影。

标高投影图包括水平投影、高程数值、绘图比例三要素。

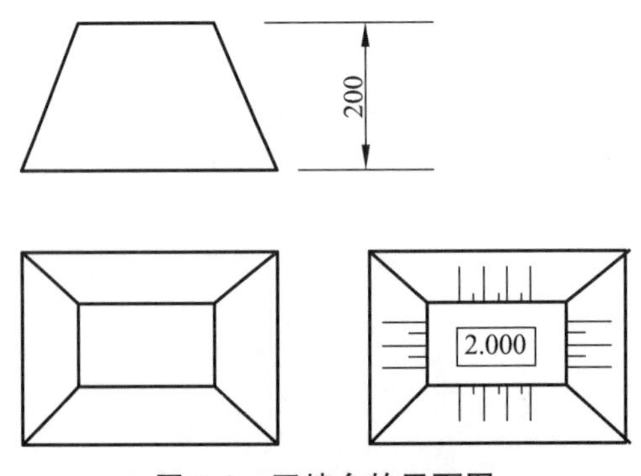

图 9.1　四棱台的平面图

标高投影中的高程数值称为高程或标高，它是以某水平面作为基准计算的，标准规定基准面高程为零，基准面以上高程为正，基准面以下高程为负。在水工图中一般采用与测量一致的基准面（即青岛市黄海平均海平面），以此为基准标出的高程称为绝对高程。以其他面为基准标出的高程称为相对高程。标高的常用单位是米，一般不需注明。

9.1.2　点的标高投影

如图 9.2（a）所示，首先选择水平面 H 为基准面，规定其高程为零，点 A 在 H 面上方 3 m，点 B 在 H 面下方 2 m，点 C 在 H 面上。若在 A、B、C 三点水平投影的右下角注上其高程数值即 a_3、b_{-2}、c_0，再加上图示比例尺，就得到了 A、B、C 三点的标高投影，如图 9.2（b）所示。

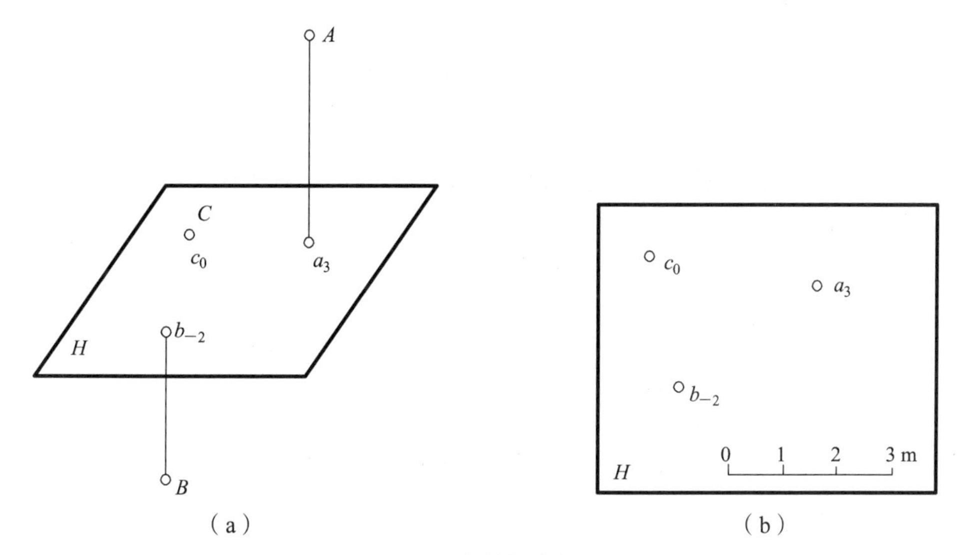

图 9.2　点的标高投影

9.1.3　直线的标高投影

1. 直线的坡度和平距

直线上任意两点间的高差与其水平投影长度之比称为直线的坡度，用 i 表示。如图 9.3（a）所示，直线两端点 A、B 的高差为ΔH，其水平投影长度为 L，直线 AB 对 H 面的倾角为α，则得

$$坡度i=\frac{高差\Delta H}{水平投影距离L}=\tan\alpha$$

如图 9.3（b）所示，直线 AB 的高差为 1 m，其水平投影长为 4 m（用比例尺在图中量得），则该直线的坡度 $i=1/4$，常写为 1∶4 的形式。

在以后作图中还常常用到平距，平距用 l 表示。直线的平距是指直线上两点的高度差为 1 m 时水平投影的长度数值，即

$$\text{平距}\, l = \frac{\text{水平投影长度}\, L}{\text{高差}\, \Delta H} = \cot\alpha$$

由此可见，平距与坡度互为倒数，它们均可反映直线对 H 面的倾斜程度。

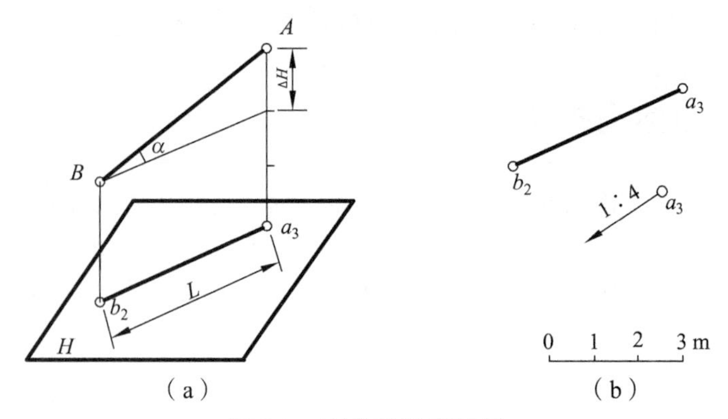

图 9.3　直线的标高投影

2. 直线的表示方法

直线的空间位置可由直线上的两点或直线上的一点及直线的方向来确定，相应的直线在标高投影中也有两种表示法，如图 9.4 所示。

图 9.4　直线标高投影的表示方法

用直线上两点的高程和直线的水平投影表示，如图 9.4（a）所示。

用直线上一点的高程和直线的方向来表示，直线的方向规定用坡度和箭头表示，箭头指向下坡方向，如图 9.4（b）所示。

3. 直线上高程点的求法

在标高投影中，因直线的坡度是定值，所以已知直线上任意一点的高程就可以确定该点标高投影的位置，已知直线上某点高程的位置，就能计算出该点的高程。

【例 9.1】　求如图 9.5 所示直线上高程为 3.3 m 的点 B 的标高投影，并定出该直线上各整数标高点。

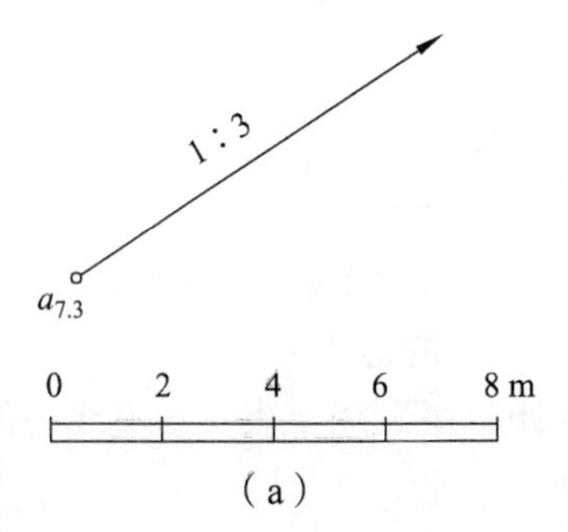

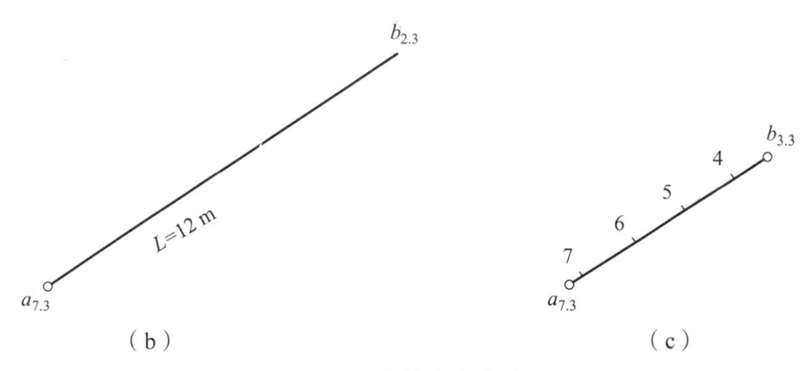

图 9.5　直线上求点法

【分析】　已知坡度和两点的高程，利用坡度公式求出 $a_{7.3}b_{3.3}$ 的水平距离，量取投影长度可得 B 点投影。利用坡度公式求个整数点之间的水平距离，量取长度即可求得。

【作图】

（1）求 B 点标高投影。

$$H_{AB} = (7.3 - 3.3)\ \text{m} = 4\ \text{m}$$

所以　$i = 1:3 \quad l = 1/i = 3$

所以　$L_{AB} = l \times H_{AB} = 3 \times 4\ \text{m} = 12\ \text{m}$

如图 9.5（c）所示，自 $a_{7.3}$ 顺箭头方向按比例量取 12 m，即得到 $b_{3.3}$。

（2）求整数标高点。

由 $l = 3$，$L = l \times H$ 可知高程为 4 m、5 m、6 m、7 m 各点间的水平距离均为 3 m。高程 7 m 的点与高程 7.3 m 的点 A 之间的水平距离 $= H \times l =$（7.3 − 7）m × 3 = 0.9 m。自 $a_{7.3}$ 沿 ab 方向依次量取 0.9 m 及三个 3 m，就得到高程为 7 m、6 m、5 m、4 m 的整数标高点。

【例 9.2】　已知直线 AB 的标高投影为 a_3b_7，如图 9.6 所示，求直线 AB 的坡度与平距，并求直线上 C 点的标高。

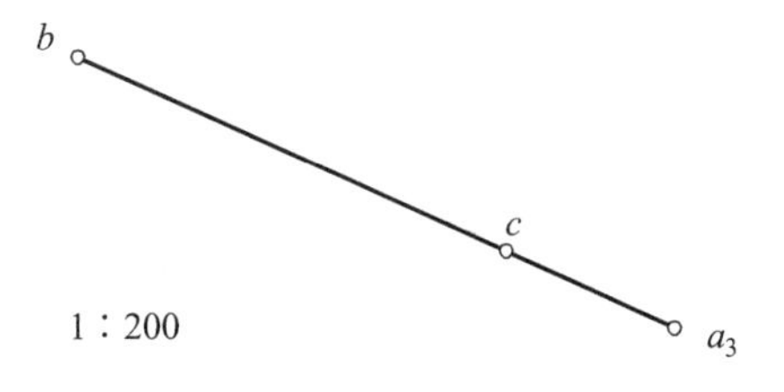

图 9.6　直线上点高程的求法

【分析】　求坡度和平距，先求 H 和 L。H 可由直线两点的标高计算取得；L 可按比例度量取得，然后利用公式确定。

【作图】

（1）求直线 AB 的坡度。

因为　$H_{ab} = (7 - 3)\ \text{m} = 4\ \text{m}$

$L_{AB} = 8\ \text{m}$（用比例尺在图上量得）

所以　　　　$i = H_{AB}/L_{AB} = 4\text{ m}/8\text{ m} = 1/2$

（2）求平距。直线 AB 的平距 $l = 1/i = 2$。

（3）求 C 点的标高。因量得 $L_{AC} = 2\text{ m}$，则 $H_{AC} = i \times L_{AC} = 1/2 \times 2\text{ m} = 1\text{ m}$，即点 C 的高程为 4 m。

9.1.4　平面的标高投影

1. 平面的等高线

某个面（平面或曲面）上的等高线是该面上高程相同的点的集合，也可看成是水平面与该面的交线。

平面上的等高线就是平面上的水平线，如图 9.7 中的直线 BC、Ⅰ、Ⅱ…。它们是平面 P 上一组互相平行的直线，其投影也相互平行；当相邻等高线的高差相等时，其水平距离也相等，如图 9.7（b）所示。图中相邻等高线的高差为 1 m，它们的水平距离即为平距 l。

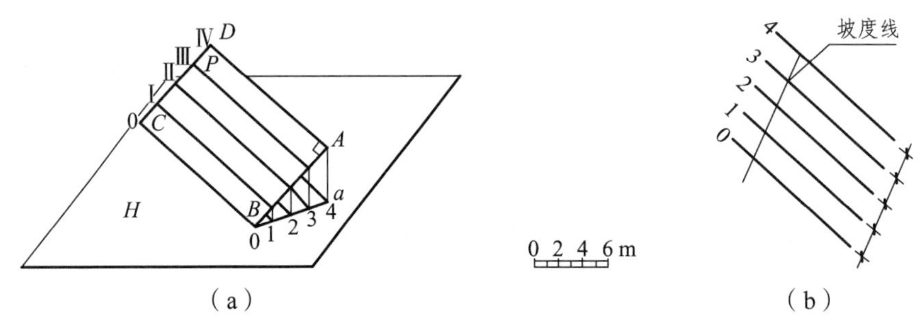

图 9.7　平面上的等高线和坡度线

2. 平面的坡度线

坡度线就是平面上对 H 面的最大斜度线，如图 9.7（a）中直线 AB，它与等高线 BC 垂直，它们的投影也互相垂直，即 $ab \perp bc$。坡度线 AB 对 H 面的倾角 α 就是平面 P 对 H 面的倾角，因此坡度线的坡度就代表该平面的坡度。

9.2　建筑物的交线

9.2.1　建筑物的交线概述

修建在地形面上的建筑物必然与地面产生交线，即坡脚线（或开挖线），建筑物本身相邻的坡面也会产生坡面交线。由于建筑物表面一般是平面或圆锥面，所以建筑物的坡面交线一般是直线和规则曲线，这些坡面交线可用前面所讲的方法求得；而建筑物上坡面与地形面的交线，即坡脚线（或开挖线）则是不规则曲线，需求出交线上一系列的点获得。求作一系列点的方法有两种：

（1）等高线法。作出建筑物坡面上一系列的等高线，这些等高线与地形面上同高程等高

线相交的交点，是坡脚线或开挖线上的点，依次连接即可。

（2）断面法。用一组铅垂面剖切建筑物和地形面，在适当位置作出一组相应的断面图，这些断面图中坡面与地形面的交点就是坡脚线或开挖线上的点，把其画在标高投影图相应位置上，依次连接即可。

9.2.2 建筑物交线作法实例

等高线法是常用的方法，只有当相交两面的等高线近乎平行、共有点不易求得时，才用断面法。下面举例说明地形面与建筑物交线的求作方法。

【例 9.4】 如图 9.8（a）所示为坝址处的地形图和土坝的坝轴线位置，图 9.8（b）所示为土坝的最大横剖面，试完成该土坝的标高投影图，并作出 *A*—*A* 剖面图。

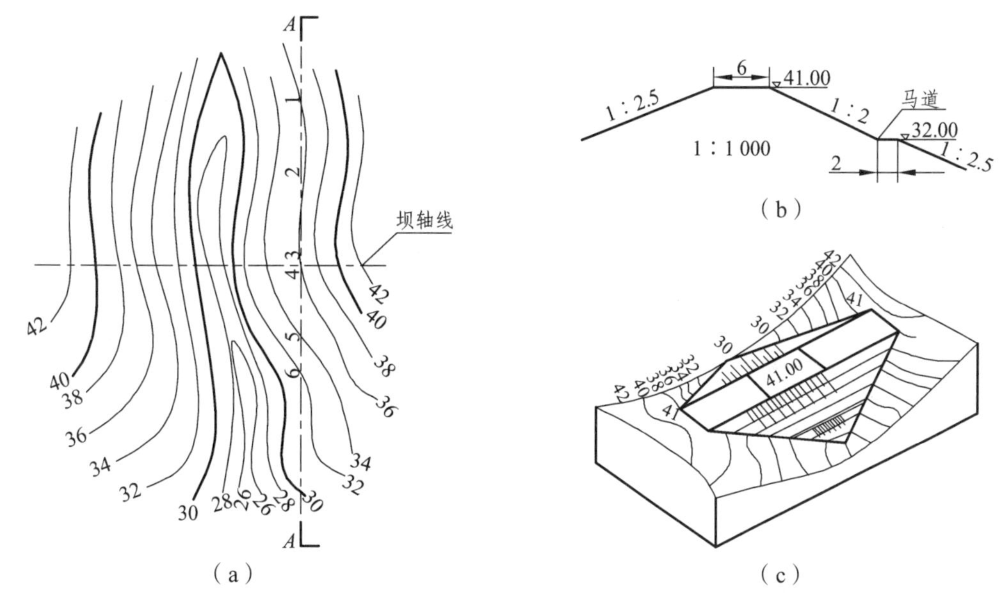

图 9.8　土坝标高投影的坡脚线和轴测图

【分析】 坝顶、马道以及上游坡面与地面都要产生交线即坡脚线，这些交线均为不规则的曲线，如图 9.8（c）所示。要作出这些交线，应首先在地形图上作出土坝坝顶和马道的投影，然后求出土坝各面上等高线与同高程地面等高线的交点，依次连接这些交点即得坡脚线的标高投影。同时剖切地形面和土坝，作出相应的地形剖面图和土坝横剖面图即为 *A*—*A* 剖面图。

【作图】

（1）画出坝顶和马道投影。因为坝顶的高程为 41 m，所以应先在地形图上插入一条高程为 41 m 的等高线（在图 9.9 中用虚线表示），根据坝轴线的位置与土坝最大剖面中的坝顶宽度，画出坝投影，其边界线应画到与地面高程为 41 m 的等高线相交处。下游马道的投影是从坝顶靠下游坡面的轮廓线沿坡度线向下量 $L = \Delta H \times l =（41 - 32）\times 2 = 18$ m，作坝轴线的平行线即为马道的内边线，再量取马道的宽度，画出外边线，即得马道的投影。同理，马道的边界线应画到与地面高为 32 m 的等高线相交处，如图 9.9（a）所示。

（2）求土坝的坡脚线。土坝的坝顶和马道是水平面，它们与地面的交线是地面上高程为 41 m、32 m 的一段等高线；上下游坝坡与地面的交线是不规则曲线，应先求出坝坡上的各等高线，找到与同高程地面等高线的交点，连接各点即得坡脚线，如图 9.9（a）所示。

（3）画出坡面示坡线并标注各坡面坡度及水平面高程，即完成土坝的标高投影图，如图 9.9（b）所示。

（4）作 *A—A* 剖面图。在适当位置作一直角坐标系，横轴表示各点水平距离，纵轴表示各点高程，将 *A—A* 剖切面与地形图和土坝各轮廓线的交点 1、2、3…依次移到横轴上，并从各点作铅垂线，确定点Ⅰ、Ⅱ、Ⅲ…的空间位置，连接各点（除Ⅲ点外）即得地形剖面图，然后以Ⅲ点为基准再画出土坝剖面图，即为 *A—A* 剖面图，如图 9.9（c）所示。

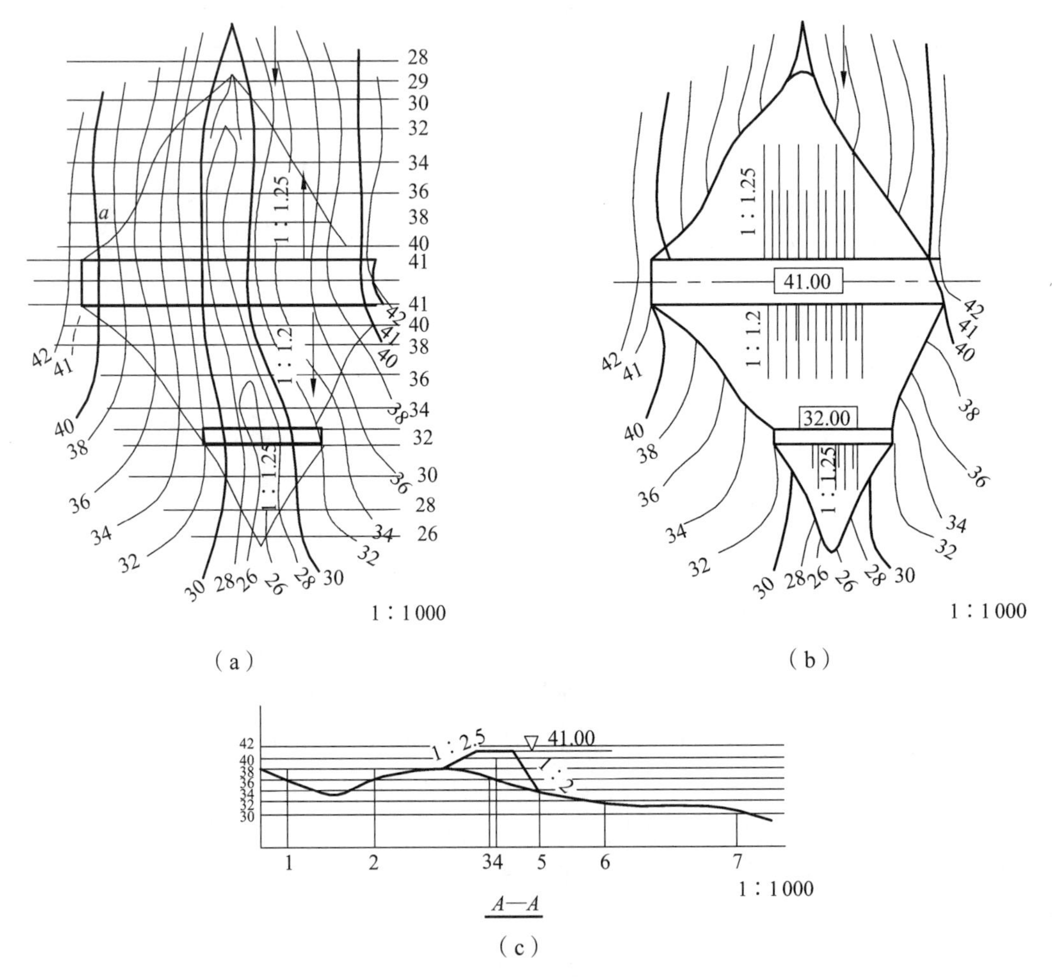

图 9.9　土坝标高投影和剖切面图

【例 9.5】　如图 9.10（a）所示，在地形面上修建一条道路，已知路面位置和道路填、挖方的标准剖面图，试完成道路的标高投影图。

【分析】　因该路面高程为 40 m，所以地面高程高于 40 m 的一端要挖方，低于 40 m 的一端要填方，高程为 40 的地形等高线是填、挖方分界线。道路两侧的直线段坡面为平面，其中间部分的弯道段边坡面为圆锥面，二者相切而连，无坡面交线。各坡面与地面的交线均为不规则的曲线。本例中西边有一段道路坡面上的等高线与地面上的部分等高线接近平行，不易求出共有点，这段交线用剖面法来求作比较合适。其他处交线仍用等高线法求作（也可用剖面法）。

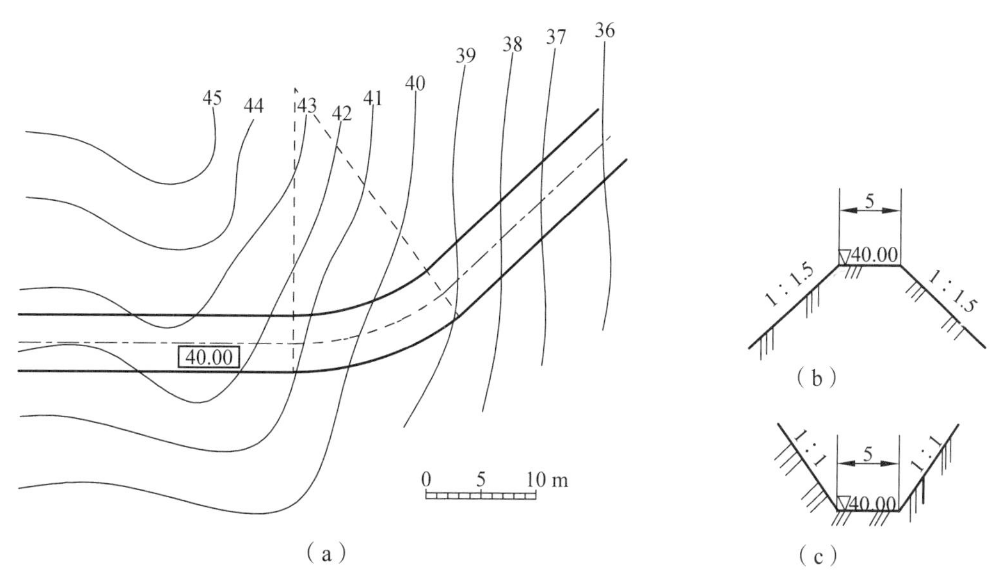

图 9.10　求作道路标高投影的已知条件

【作图】

（1）求坡脚线。以高程为 40 m 的地形等高线为界，填方两侧坡面包括一部分圆锥面和平面，根据填方坡度为 1 : 1.5 即 $l = 1.5$，求出各坡面上高程为 39、38、37…的等高线，连接它们与同高程地面等高线的交点，即得填方边界线，如图 9.11（a）所示。

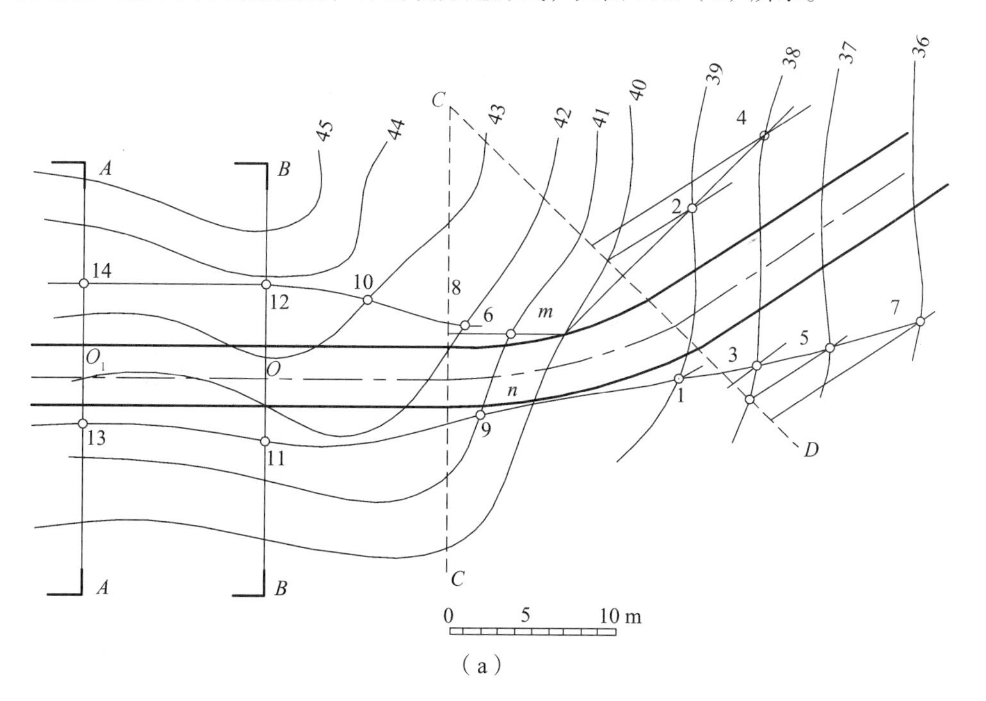

（a）

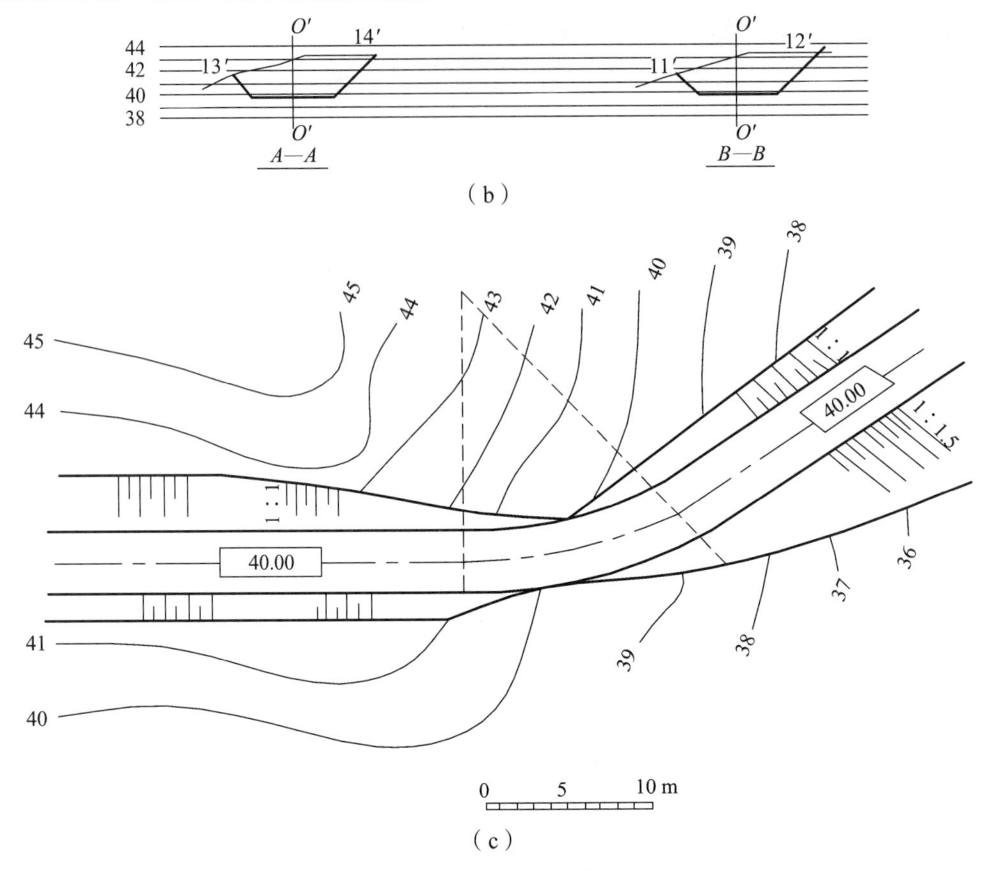

图 9.11　求作道路的标高投影图

（2）求开挖线。挖方两侧坡面包括一部分圆锥面和平面，根据挖方坡度 1∶1 即 $l=1$，圆锥面部分的开挖线可用等高线法直接求得；平面部分的开挖线用地形剖面法来求，作图方法是：在道路西边每隔一段距离作一剖切面，如 *A*—*A*、*B*—*B*。如图 9.10（b）所示，在图纸的适当位置用与地形图相同的比例作一组与地面等高线对应的高程线 37、38、39…44，并定出道路中心线；然后以此为基线画出地形剖面图，并按道路标准剖面图画出路面与边坡的剖面图，二者的交点即为挖方线上的点；将交点到中心线的距离返回到剖切面上，即得共有点投影。求出一系列共有点，连点即得开挖线。

（3）画出各坡面上的示坡线，加深完成作图，如图 9.11（c）所示。

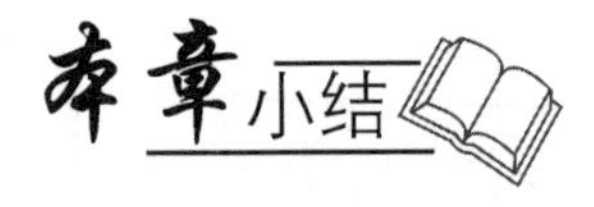

（1）点线面的标高投影。

点的标高投影的表达方法；直线的坡度、平距，直线的表达方法；平面的等高线、坡度线。

（2）建筑物的交线。

坡脚线和坡面线的画法。

练习题

1. 标高投影是（　　）。

A. 多面投影　　B. 单面正投影

C. 平行投影　　D. 中心投影

2. 标高投影图的要素不包括（　　）。

A. 水平投影　　B. 绘图比例

C. 高程数值　　D. 高差数值

3. 水工图中的标高常用的基准面是（　　）。

A. 青岛黄海海平面　　B. 东海海面

C. 建筑物开挖面　　D. 自然地面

4. 建筑物上相邻两坡面交线上的点是（　　）。

A. 不同高程等高线的交点　　B. 等高线与坡度线的交点

C. 同高程等高线的交点　　D. 坡度上的点

5. 已知直线上两点的高差是 3，两点间的水平投影长度是 9，该直线的平距为（　　）。

A. 1/3　　B. 3　　C. 9　　D. 1/9

6. 平面上的示坡线（　　）。

A. 与等高线平行　　B. 是一般位置线

C. 是正平线　　D. 与等高线垂直

7. 平面的坡度是指平面上（　　）。

A. 任意直线的坡度　　B. 边界线的坡度

C. 坡度线的坡度　　D. 最小坡度

8. 在标高投影中，两坡面坡度的箭头方向一致且互相平行，但坡度值不同，两坡面的交线（　　）。

A. 没有交线　　B. 是一条一般位置线

C. 是一条等高线　　D. 与坡度线平行

9. 在标高投影中，在空间平行的是（　　）。

A. 两平面坡度线投影互相平行

B. 两平面坡度值相同，坡度线投影平行

C. 两平面坡度值相同，坡度线投影平行，箭头方向相同

D. 两平面坡度值相同，坡度线投影平行，箭头方向相反

第 10 章　民用建筑施工图

学习目标及能力要求：

本章是全书的重点，通过本章的学习，使学生掌握建筑施工图的组成，以及它的形成、用途、图示方法、图示内容、相关规范，掌握建筑施工图的绘制方法和技巧，培养良好的识图习惯。

10.1　房屋建筑工程图概述

10.1.1　房屋的主要组成部分

房屋的主要组成部分见图 10.1。

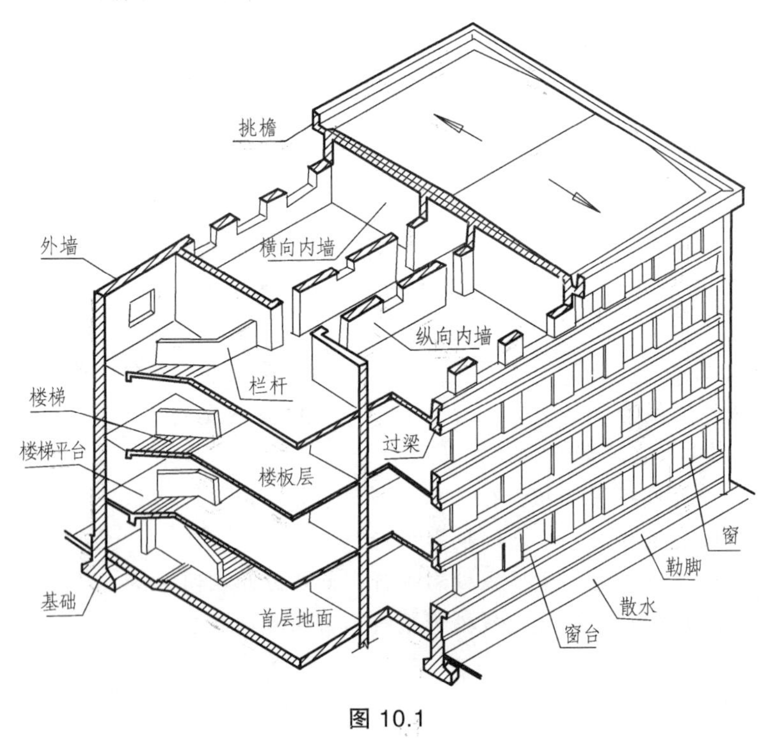

图 10.1

1. 基　础

基础是房屋最下部的重要受力构件，承担建筑所有的荷载并传给地基。

2. 墙与柱

墙与柱是房屋的垂直承重构件，它承受楼地面和屋顶传来的荷载，并把这些荷载传给基础。

墙体还是分隔、围护构件。

外墙阻隔雨水、风雪、寒暑对室内的影响，内墙起着分隔房间的作用。

3. 楼面与地面

楼面与地面是房屋的水平承重和分隔构件。

楼面是指底层以上的楼板或楼盖。

地面又称为底层地坪，是建筑物的底层地面。

4. 楼　梯

楼梯是楼房建筑中的垂直交通设施，供人们上下楼层和紧急疏散之用。

5. 屋　顶

屋顶也称屋盖，是房屋顶部的围护和承重构件。

它一般由承重层、防水层和保温（隔热）层三大部分组成，主要承受着风、霜、雨、雪的侵蚀、外部荷载以及自身重量。

6. 门、窗

门和窗是房屋的围护构件。

门主要供人们出入通行。

窗主要供室内采光、通风、眺望之用。同时，门窗还具有分隔和围护作用。

10.1.2　房屋施工图的产生、分类及特点

1. 房屋施工图的产生

房屋施工图的产生过程包括两大阶段：初步设计阶段和施工图设计阶段。

（1）初步设计阶段。

主要任务：根据建设单位提出的设计任务和要求，进行调查研究、搜集资料，提出设计方案。

内容包括：简略的总平面布置图及房屋的平、立、剖面图、建筑效果图；设计方案的技术经济指标；设计概算和设计说明等。

（2）施工图设计阶段。

主要任务：满足工程施工各项具体技术要求，提供一切准确可靠的施工依据。

内容包括：指导工程施工的所有专业施工图、详图、说明书、计算书及整个工程的施工预算书等。

对于大型的、技术复杂的工程项目也有采用三个设计阶段的，即在初步设计基础上，增加一个技术设计阶段。

2. 房屋施工图的分类

房屋施工图按专业分包括：建筑施工图、结构施工图、设备施工图（给水排水施工图、电气施工图、采暖通风施工图）。

（1）建筑施工图（简称建施）。

建筑施工图主要表达建筑物的外部形状、内部布置、装饰构造、施工要求等。

这类基本图有：首页图、建筑总平面图、平面图、立面图、剖面图以及墙身、楼梯、门、窗详图等。

（2）结构施工图（简称结施）。

结构施工图主要表达承重结构的构件类型、布置情况以及构造做法等。

这类基本图有：基础平面图、基础详图、楼层及屋盖结构平面图、楼梯结构图和各构件的结构详图等（梁、柱、板）。

（3）设备施工图（简称设施）。

设备施工图主要表达房屋各专用管线和设备布置及构造等情况。

这类基本图有：给水排水、采暖通风、电气照明等设备的平面布置图、系统图和施工详图。

3. 房屋施工图的编排顺序

整套房屋施工图的编排顺序是：首页图（包括图纸目录、设计总说明、汇总表等）、建筑施工图、结构施工图、设备施工图。

各专业施工图的编排顺序是：设计说明、基本图在前，详图在后；总体图在前、局部图在后；主要部分在前、次要部分在后；先施工的图在前、后施工的图在后等。

4. 房屋施工图的特点

（1）按正投影原理绘制。

房屋施工图一般按三面正投影图的形成原理绘制。

（2）绘制房屋施工图采用的比例。

建筑施工图一般采用缩小的比例绘制，同一图纸上的图形最好采用相同的比例。

（3）房屋施工图图例、符号应严格按照国家标准绘制。

10.1.3 房屋施工图的有关规定

1. 图 线

绘图时，首先按所绘图样选用的比例选定基本线宽“b”，然后再确定其他线型的宽度，见表 1.3。

（1）定位轴线及编号。

① 房屋施工图中的定位轴线是设计和施工中定位、放线的重要依据。

② 凡承重的墙、柱子、大梁、屋架等构件，都要画出定位轴线并对轴线进行编号，以确定其位置。

③ 对于非承重的分隔墙、次要构件等，有时用附加轴线（分轴线）表示其位置，也可注明它们与附近轴线的相关尺寸以确定其位置。

（2）定位轴线的画法。

① 定位轴线应用细单点长画线绘制，轴线末端画细实线圆圈，直径为 8 ~ 10 mm。

② 定位轴线圆的圆心，应在定位轴线的延长线或延长线的折线上，且圆内应注写轴线编号，如图 10.2 所示。

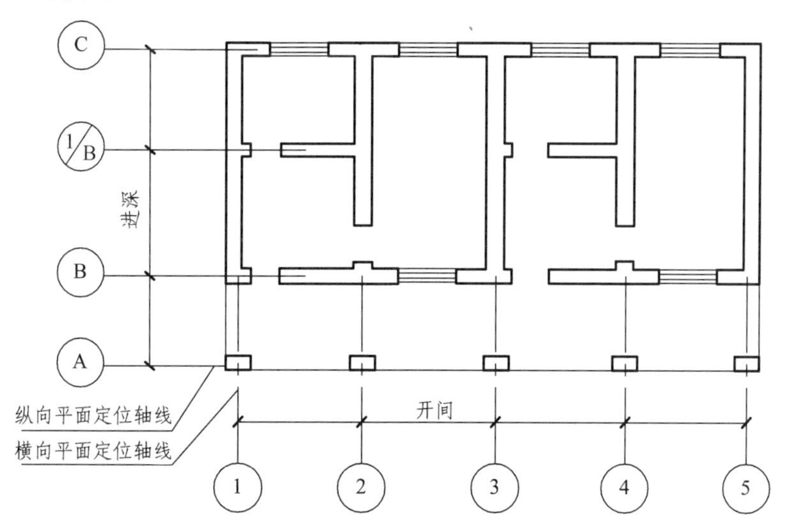

图 10.2　定位轴线的画法及编号

（3）定位轴线的编号。

① 平面图上定位轴线的编号，宜标注在图样的下方与左侧，如图 10.2 所示。

② 在两轴线之间，有的需要用附加轴线表示，附加轴线用分数编号，如图 10.3 所示。

③ 对于详图上的轴线编号，若该详图同时适用多根定位轴线，则应同时注明各有关轴线的编号，如图 10.4 所示。

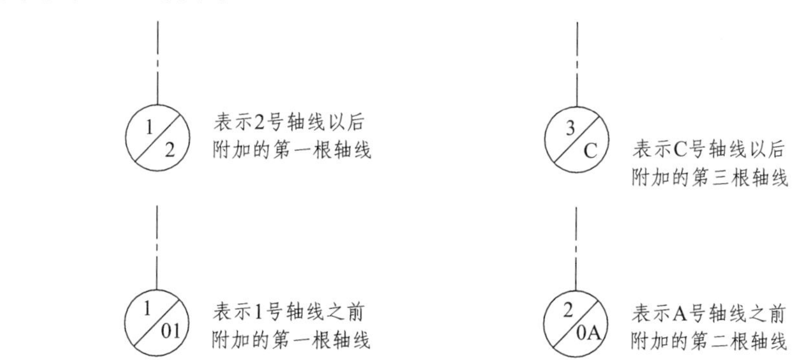

图 10.3　附加轴线的编号

图 10.4　详图的轴线编号

2. 索引符号和详图符号

（1）索引符号（见表 10.1）。

索引符号由直径为 10 mm 的圆和其水平直径组成，圆及其水平直径均应以细实线绘制。引出线所在的一侧表示剖切后的投影方向。

表 10.1

名　称	符　号	说　明
详图的索引符号	5/— — 详图的编号 — 详图在本张图纸上 5/— — 局部剖面详图的编号 — 剖面详图在本张图纸上	细实线单圆圈直径应为 10 mm（详图在本张图纸上，剖开后从上往下投影）
	5/4 — 详图的编号 — 详图所在图纸的编号 5/4 — 局部剖面详图的编号 — 剖面详图所在图纸的编号	细实线单圆圈直径应为 10 mm（详图不在本张图纸上，剖开后从下往上投影）

（2）详图符号（见表 10.2）。

表 10.2

名　称	符　号	说　明
详图的符号	J103 5/4 — 标准图册编号 — 标准详图编号 — 详图所在图纸编号	标准详图
详图的符号	5 — 详图的编号	粗实线单圆圈直径应为 14 mm（详图在被索引的图纸内）
	5/2 — 详图的编号 — 被索引的图纸编号	粗实线单圆圈直径应为 14 mm（被索引的图不在本张图纸上）

3. 标　高

（1）标高符号。

标高符号按图 10.5 所示形式用细实线画出。

短横线是需标注高度的界线，长横线之上或之下注出标高数字，如图 10.5（c）、（d）所示。

总平面图上的标高符号，宜用涂黑的三角形表示，具体画法见图 10.5（a）。

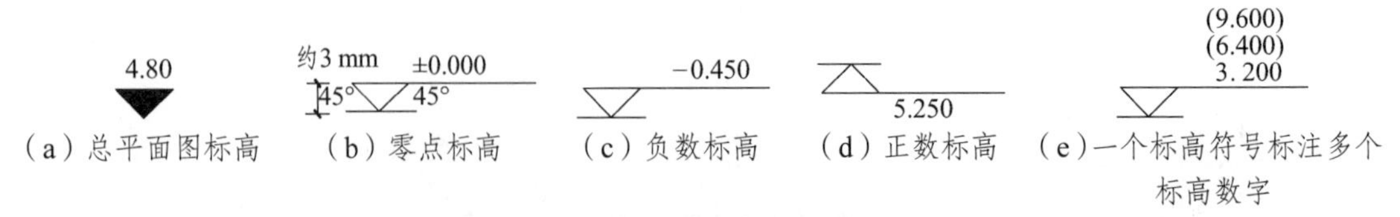

（a）总平面图标高　（b）零点标高　（c）负数标高　（d）正数标高　（e）一个标高符号标注多个标高数字

图 10.5　符号及标高数字的注写

（2）标高数字。

标高数字应以米为单位，注写到小数点后第三位。在数字后面不注写单位，如图 10.5 所示。

零点标高应注写成 ± 0.000，低于零点的负数标高前应加注“－”号，高于零点的正数标高前不注“+”，如图 10.5 所示。

当图样的同一位置需表示几个不同的标高时，标高数字可按图 10.5（e）的形式注写。

（3）标高的分类。

① 相对标高。

凡标高的基准面是根据工程需要，自行选定而引出的，称为相对标高。

② 绝对标高。

根据我国的规定，凡是以青岛的黄海平均海平面作为标高基准面而引出的标高，称为绝对标高。

③ 结构标高：结构层的高度，简而言之就是楼板与楼板的高度差。

④ 建筑标高：结构层上要做面层，就是面层之间的高度差。

注意：建筑标高与结构标高是两个不同的概念。在图纸上，建筑标高注写在构件的装饰层面上；结构标高注写在构件的底部。建筑物的结构标高往往不计结构上面的一些附属装饰物的厚度；而建筑标高却要计。因此，建筑标高大于结构标高。

建筑标高和结构标高的标注，如图 10.6 所示。

4. 引出线

（1）引出线用细实线绘制，并宜用与水平方向成 30°、45°、60°、90°的直线或经过上述角度再折为水平的折线，如图 10.7 所示。

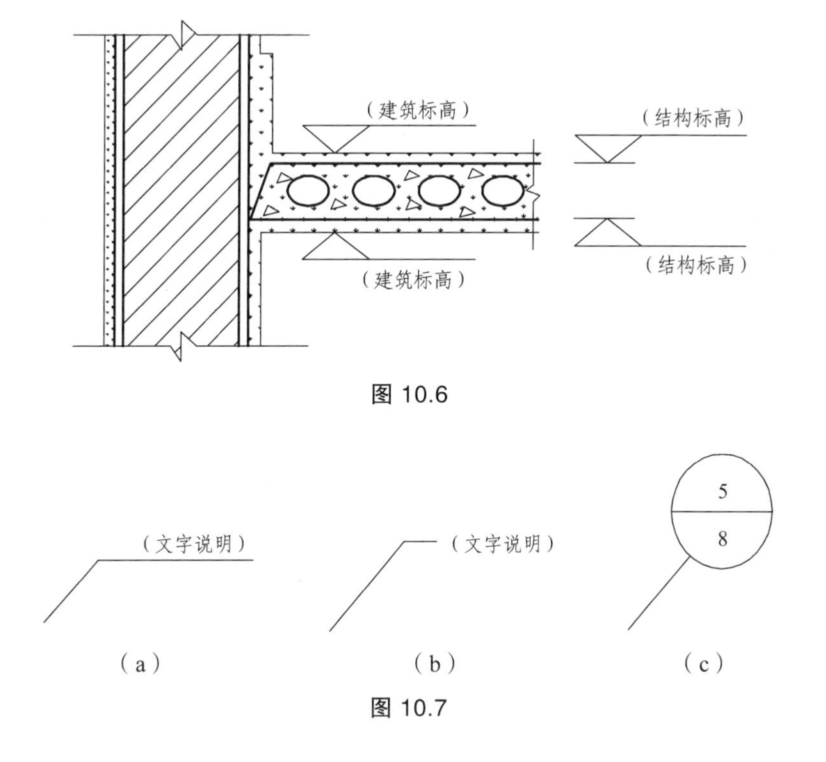

图 10.6

图 10.7

（2）同时引出几个相同部分的引出线，宜相互平行，如图 10.8（a）、（c）所示，也可画成集中于一点的放射线，如图 10.8（b）所示。

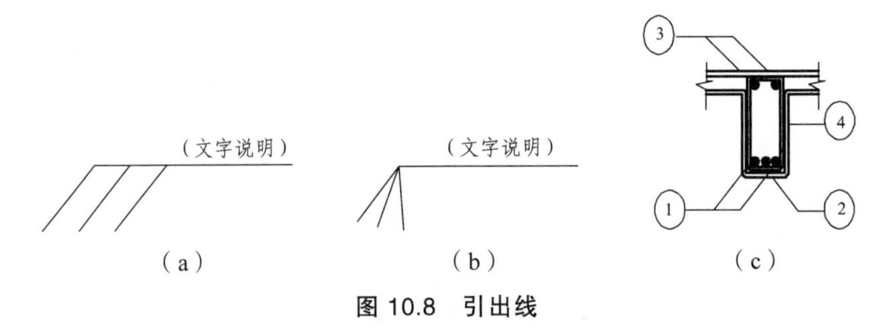

图 10.8　引出线

（3）为了对多层构造部位加以说明，可以用引出线表示，如图 10.9 所示。

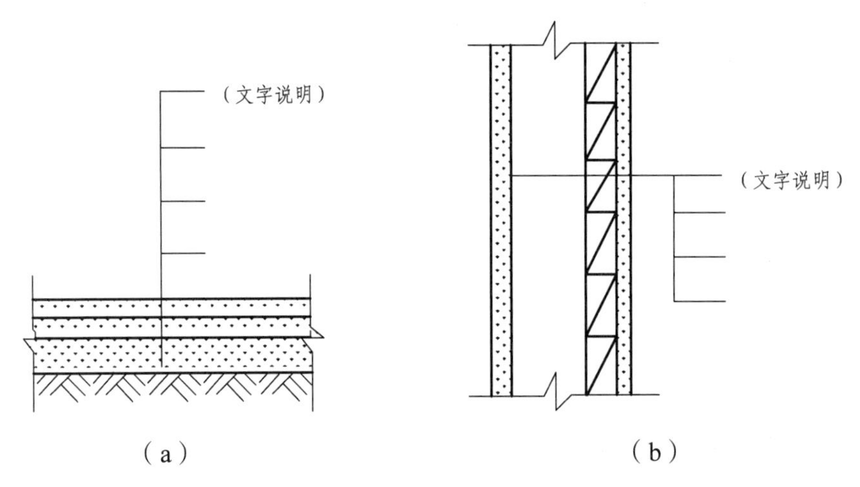

图 10.9　共用引出线

5. 图形折断符号

（1）直线折断。

当图形采用直线折断时，其折断符号为折断线，经过被折断的图面，如图 10.10（a）所示。

（2）曲线折断。

对圆形构件的图形折断，其折断符号为曲线，如图 10.10（b）所示

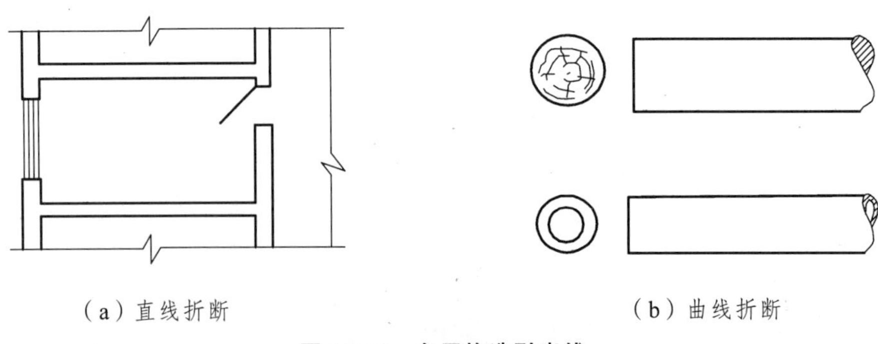

图 10.10　多层构造引出线

6. 对称符号

当房屋施工图的图形完全对称时，可只画该图形的一半，并画出对称符号，以节省图纸篇幅。对称符号即是在对称中心线（细单点长画线）的两端画出两段平行线（细实线）。平行线长度为 6 ~ 10 mm，间距为 2 ~ 3 mm，且对称线两侧长度对应相等，如图 10.11 所示。

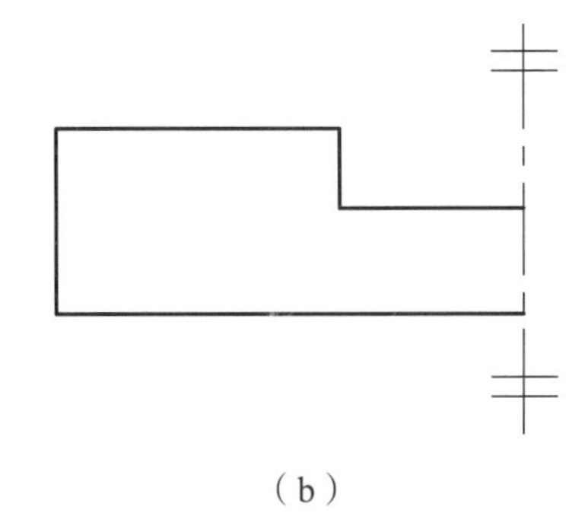

图 10.11　对称符号

7. 坡度标注

在房屋施工图中，其倾斜部分通常加注坡度符号，一般用箭头表示。箭头应指向下坡方向，坡度的大小用数字注写在箭头上方，如图 10.12（a）、（b）所示。

对于坡度较大的坡屋面、屋架等，可用直角三角形的形式标注它的坡度，如图 10.12（c）所示。

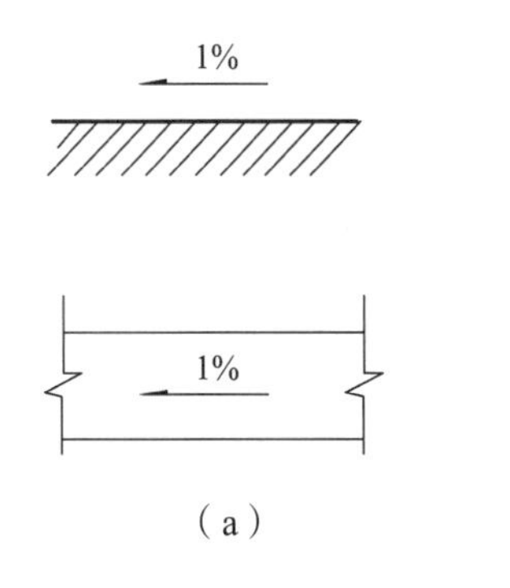

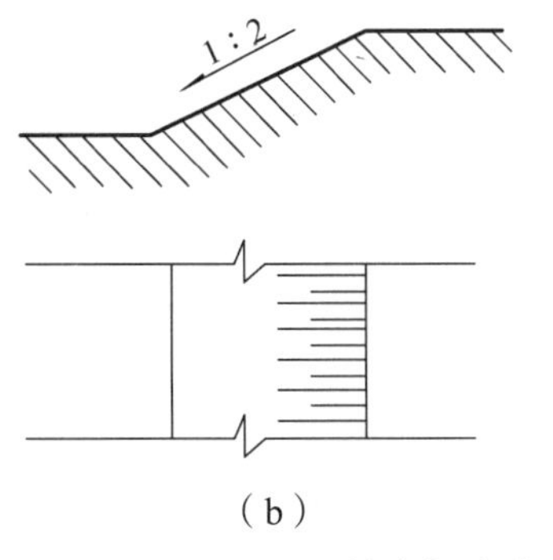

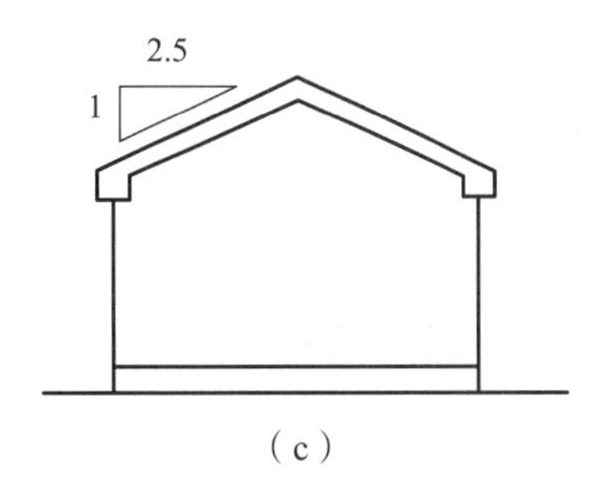

图 10.12　坡度标注方法

8. 指北针

在总平面图及底层建筑平面图上，一般都画有指北针，以指明建筑物的朝向。指北针形状如图 10.13 所示。圆的直径宜为 24 mm，用细实线绘制。指针尾端的宽度 3 mm，需用较大直径绘制指北针时，指针尾部宽度宜为圆的直径的 1/8，指针涂成黑色，针尖指向北方，并注“北”或“N”字。

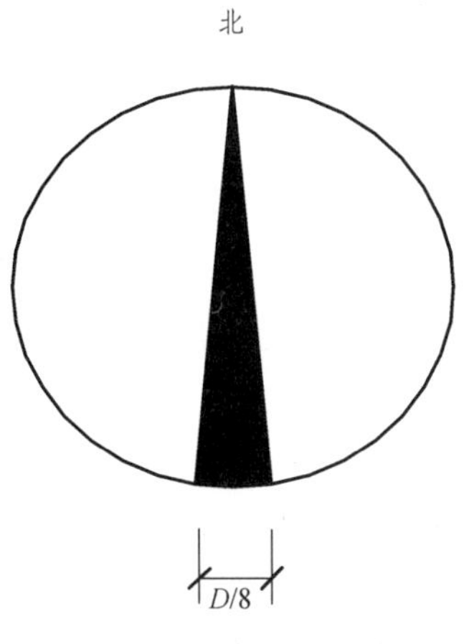

图 10.13　指北针形状

10.2 首页图和建筑总平面图

10.2.1 首页图

首页图是建筑施工图的第一页，它的内容一般包括：图纸目录、设计总说明、建筑装修及工程做法、门窗表等（见附录）。

10.2.2 建筑总平面图

1. 总平面图的形成

将新建工程四周一定范围内的新建、拟建、原有和需拆除的建筑物、构筑物及其周围的地形、地物，用直接正投影法和相应的图例画出的图样，即建筑总平面布置图，简称总平面图。

2. 总平面图的作用

总平面图是用来表示整个建筑基地的总体布局，包括新建房屋的位置、朝向以及周围环境（如原有建筑物、交通道路、绿化、地形、风向等）的情况。总平面图是新建房屋定位、放线以及布置施工现场的依据。

3. 总平面图的比例

由于总平面图包括地区较大，国家制图标准（以下简称“国标”）规定：总平面图的比例应用 1∶500、1∶1 000、1∶2 000 来绘制。实际工程中，由于国土局以及有关单位提供的地形图常为 1∶500 的比例，故总平面图常用 1∶500 的比例绘制。

4. 总平面图的图例

由于总平面图的比例较小，故总平面图上的房屋、道路、桥梁、绿化等都用图例表示。表 10.3 列出了“国标”规定的总图图例（图例：以图形规定出的画法称为图例）。在较复杂的总平面图中，如用了一些“国标”上没有的图例，应在图纸的适当位置加以说明。总平面图常画在有等高线和坐标网格的地形图上，地形图上的坐标称为测量坐标，是用与地形图相同比例画出的 50 m×50 m 或 100 m×100 m 的方格网，此方格网的竖轴用 x、横轴用 y 表示。一般房屋的定位应注其三个角的坐标，如建筑物、构筑物的外墙与坐标轴线平行，可标注其对角坐标。

表 10.3　总平面图图例　　GB/T 5013—2010

序号	名称	图例	备注
1	新建建筑物		（1）需要时，可用▲表示出入口，可在图形内右上角用点数或数字表示层数； （2）建筑物外形（一般以 ±0.00 高度处的外墙定位轴线或外墙线为准）用粗实线表示。需要时，地面以上建筑用中粗实线表示，地面以下建筑用细虚线表示
2	原有建筑物		用细实线表示
3	计划扩建的预留地或建筑物		用中粗虚线表示
4	拆除的建筑物		用细实线表示
5	建筑物下面的通道		
6	散状材料露天堆场		需要时可注明材料名称
7	其他材料露天堆场或露天作业场		需要时可注明材料名称
8	铺砌场地		
9	敞棚或敞廊		

5. 总平面图的图线

（1）粗实线：新建建筑物 ± 0.00 高度的可见轮廓线。

（2）中实线：新建构筑物、道路、桥涵、围墙、边坡、挡土墙等的可见轮廓线，新建建筑物 ± 0.00 高度以外的可见轮廓线。

（3）中虚线：计划预留建（构）筑物等轮廓。

（4）细实线：原有建筑物、构筑物、建筑坐标网格等以细实线表示。

6. 标　注

（1）建（构）筑物定位：用尺寸和坐标定位。主要建筑物、构筑物用坐标定位，较小的建筑物、构筑物可用相对尺寸定位，注其三个角的坐标。若建筑物、构筑物与坐标轴线平行，可注其对角坐标，如图 10.4 所示。均以“米”为单位，注至小数点后两位。

① 测量坐标：与地形图同比例的 50 m × 50 m 或 100 m × 100 m 的方格网。X 为南北方向轴线，X 的增量在 X 轴线上；Y 为东西方向轴线，Y 的增量在 Y 轴线上。测量坐标网交叉处画成十字线。

② 建筑坐标：建筑物、构筑物平面两方向与测量坐标网不平行时常用。A 轴相当于测量坐标中的 X 轴，B 轴相当于测量坐标中的 Y 轴，选适当位置作坐标原点，画垂直的细实线。若同一总平面图上有测量和建筑两种坐标系统，应注两种坐标的换算公式。

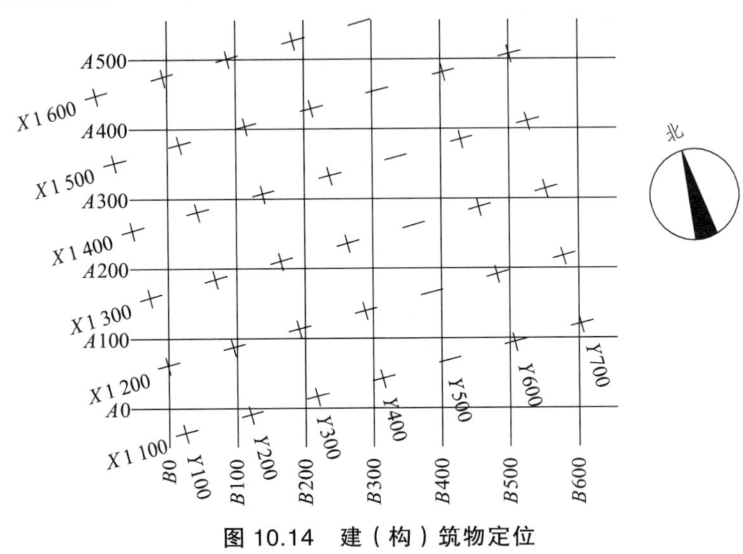

图 10.14　建（构）筑物定位

（2）建（构）筑物的尺寸标注：新建建（构）筑物的总长和总宽，如图 10.15 所示。

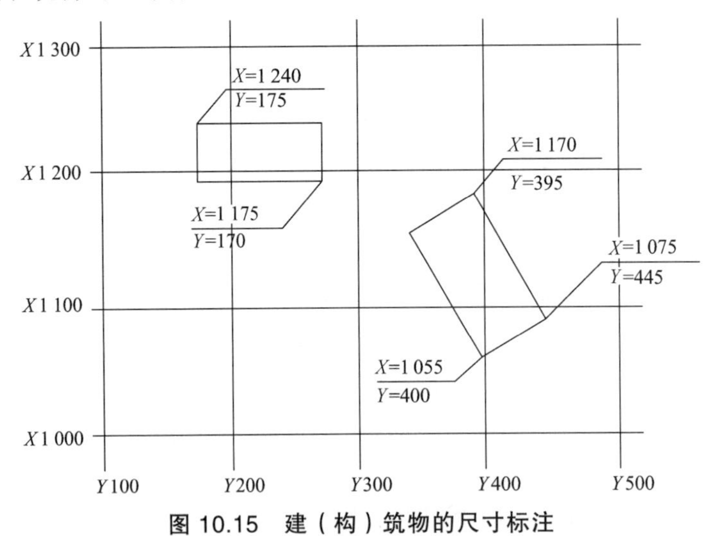

图 10.15　建（构）筑物的尺寸标注

（3）尺寸标注与标高注法。

① 总平面图中尺寸标注的内容包括：新建建筑物的总长和总宽；新建建筑物与原有建筑物或道路的间距；新增道路的宽度等。

② 标高有绝对标高和相对标高。总平面图中标注的标高应为绝对标高。所谓绝对标高，是指以我国青岛市外的黄海海平面作为零点而测定的高度尺寸。假如标注相对标高，则应注

明其换算关系。新建建筑物应标注室内外地面的绝对标高。标高及坐标尺寸宜以米为单位，并保留至小数点后两位。

7. 风（向频率）玫瑰图

在总平面图中通常画有带指北针的风向频率玫瑰图，用来表示该地区常年的风向频率和房屋的朝向，如图 10.16 所示。风向频率玫瑰图在 8 个或 16 个方位线上用端点与中心的距离，代表当地这一风向在一年中发生频率的大小，粗实线表示全年风向，细虚线范围表示夏季风向。风向由各方位吹向中心，风向线最长者为主导风向。

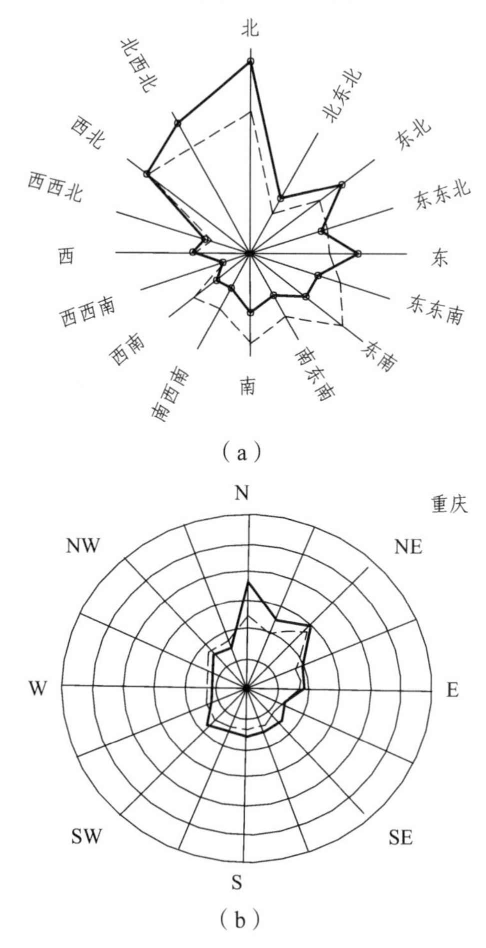

图 10.16　风（向频率）玫瑰图

8. 总平面图的识读步骤

（1）看图名、比例、图例及有关的文字说明。

（2）了解工程的用地范围、地形地貌和周围环境情况。

（3）了解拟建房屋的平面位置和定位依据。

（4）了解拟建房屋的朝向和主要风向。

（5）了解道路交通及管线布置情况。

（6）了解绿化、美化的要求和布置情况，如图 10.17 所示。

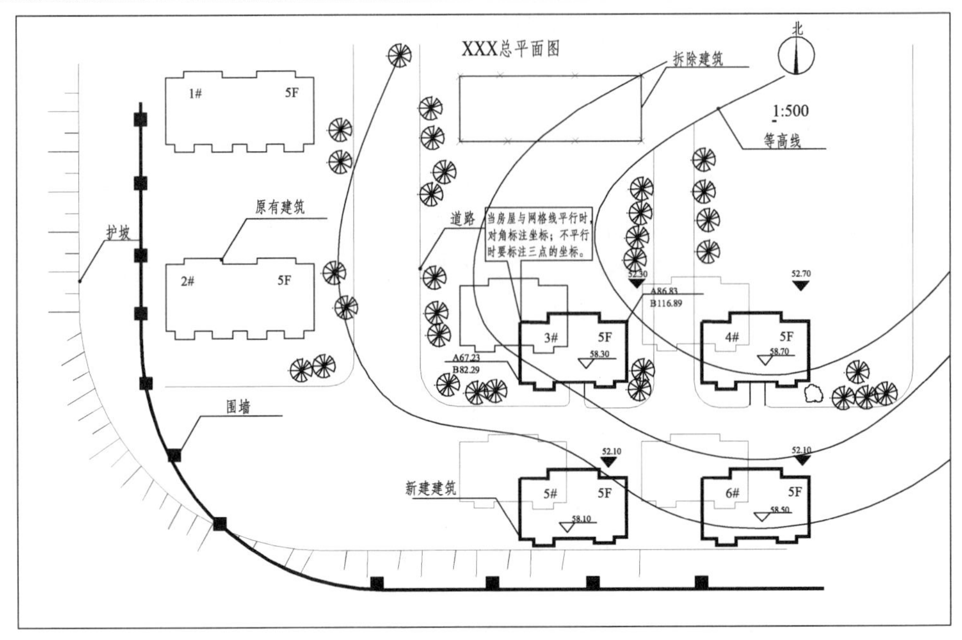

图 10.17　建筑总平面图

10.3　建筑平面图

10.3.1　建筑平面图的形成

（1）假想用一个水平的剖切平面沿房屋窗台以上的部位剖开（距本层地面 1 500 mm 部位），移去上部后向下投影所得的水平投影图，称为建筑平面图，如图 10.18 所示。

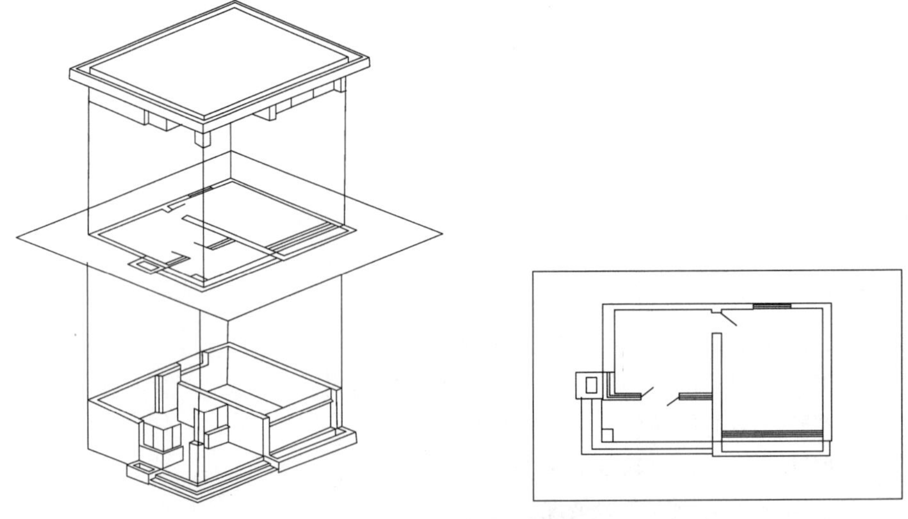

图 10.18　建筑平面图

（2）建筑平面图实质上是房屋各层的水平剖面图。平面图虽然是房屋的水平剖面图，但按习惯不必标注其剖切位置，也不称为剖面图。

10.3.2　建筑平面图的作用

建筑平面图主要反映房屋的平面形状、大小和房间布置，墙（或柱）的位置、厚度和材料，门窗的位置、开启方向等。建筑平面图可作为施工放线，砌筑墙、柱，门窗安装和室内装修及编制预算的重要依据。

10.3.3　建筑平面图的图示内容及表示方法

1. 底层平面图

距建筑物底层地面 1.5 m 的位置将房屋水平剖开并移去上部分，将剩下的部分由上向下投影所得到的图形为底层平面图（见附录 4）。

2. 楼层平面图（包括标准层平面图和顶层平面图）

楼层平面图的图示方法与底层平面图相同（见附录 5、6、7）。

3. 屋顶平面图

从上向下对建筑物进行垂直投影所得到的投影图为屋顶平面图。

屋顶平面图主要表明屋顶的形状，屋面排水方向及坡度，檐沟、女儿墙、屋脊线、落水口、上人孔、水箱及其他构筑物的位置和索引符号等。屋顶平面图比较简单，可用较小的比例绘制，见附录 8。

4. 局部平面图

局部平面图的图示方法与底层平面图相同。

为了清楚表明局部平面图所处的位置，必须标注与平面图一致的轴线及编号。

常见的局部平面图有卫生间、盥洗室、楼梯间等，见图 10.19。

5. 建筑平面图的表示方法

（1）定位轴线。

凡是承重的墙、柱，都必须标注定位轴线，并按顺序予以编号。

（2）图线。

凡被剖切到的墙、柱断面轮廓线用粗实线画出，没有剖到的可见轮廓线用中实线画出。尺寸线、尺寸界线、引出线、图例线、索引符号、标高符号等用细实线画出，轴线用细单点长画线画出。

（3）比例与图例。

平面图常用 1∶50、1∶100、1∶200 的比例绘制，见表 10.4。

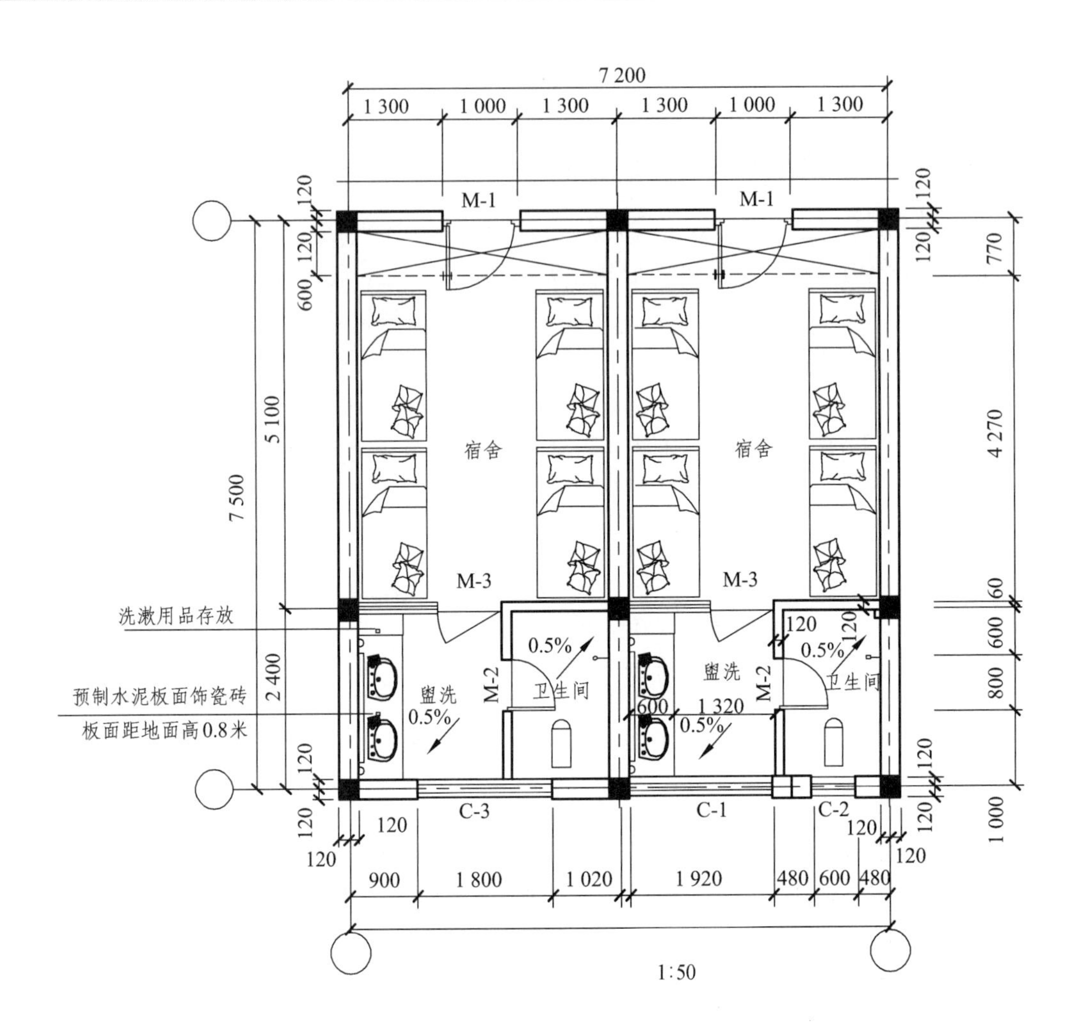
7 200
1 300
1 000
1 300
1 300
1 000
1 300
M-1
M-1
宿舍
宿舍
M-3
M-3
洗漱用品存放
预制水泥板面饰瓷砖
板面距地面高0.8米
盥洗
0.5%
M-2
卫生间
0.5%
盥洗
0.5%
M-2
卫生间
0.5%
600
1 320
C-3
C-1
C-2
7 500
5 100
2 400
770
4 270
60
600
800
1 000
900
1 800
1 020
1 920
480
600
480
120
1:50

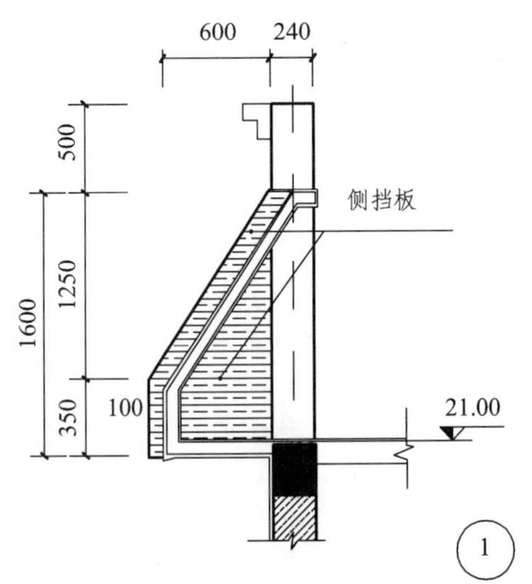
600
240
500
1250
1600
350
100
侧挡板
21.00
1

图 10.19　局部平面图

表 10.4

名　称	图　例	说　明
单层固定窗		窗的立面形式应按实际情况绘制
单层外开上悬窗		立面图中的斜线表示窗的开关方向，实线为外开，虚线为内开
中悬窗		立面图中的斜线表示窗的开关方向，实线为外开，虚线为内开
单层外开平开窗		立面图中的斜线表示窗的开关方向，实线为外开，虚线为内开
高窗		用于平面图中
墙上预留孔	宽×高或ϕ	用于平面图中
墙上预留槽	宽×高×长或ϕ	用于平面图中

（4）剖切符号与索引符号。

一般在底层平面图中应标注剖面图的剖切位置线和投影方向，并注出编号；凡套用标准图集或另有详图表示的构配件、节点，均需画出详图索引符号，以便对照阅读。

（5）平面图的尺寸标注。

外部尺寸；

内部尺寸。

（6）指北针。

一般在底层平面图的下侧要画出指北针符号，以表明房屋的朝向。

6. 建筑平面图的识读

下面以图 10.19 为例，说明平面图的识读步骤。

（1）了解图名、比例及文字说明。

（2）了解纵横定位轴线及编号。

（3）了解房屋的平面形状和总尺寸。

（4）了解房间的布置、用途及交通联系。

（5）了解门窗的布置、数量及型号。

（6）了解房屋的开间、进深、细部尺寸和室内外标高。

（7）了解房屋细部构造和设备配置等情况。

（8）了解剖切位置及索引符号。

7. 建筑平面图的绘制方法与步骤

建筑平面图的画图步骤如图 10.20 所示。

（1）确定绘制建筑平面图的比例和图幅。

（2）画底图。

① 画图框线和标题栏的外边线；

② 布置图面，画定位轴线、墙身线，如图 10.20（a）所示；

③ 在墙体上确定门窗洞口的位置，如图 10.20（b）所示；

④ 画楼梯。

（3）仔细检查底图，无误后，按建筑平面图的线型要求进行加深，墙身线一般为 0.5 mm 或 0.7 mm，门窗图例、楼梯分格等细部线为 0.18 mm，并标注轴线、尺寸、门窗编号、剖切符号等。

（4）写图名、比例及其他内容，梯散水等细部，如图 10.20（c）所示。

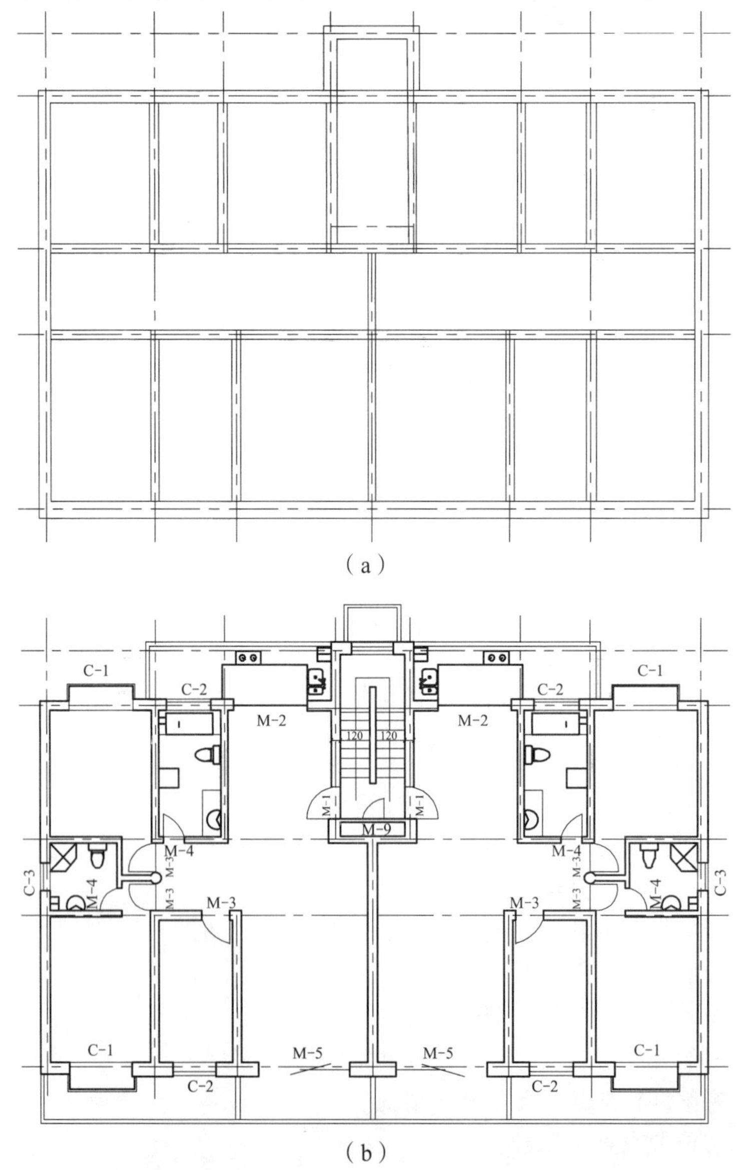

（a）

（b）

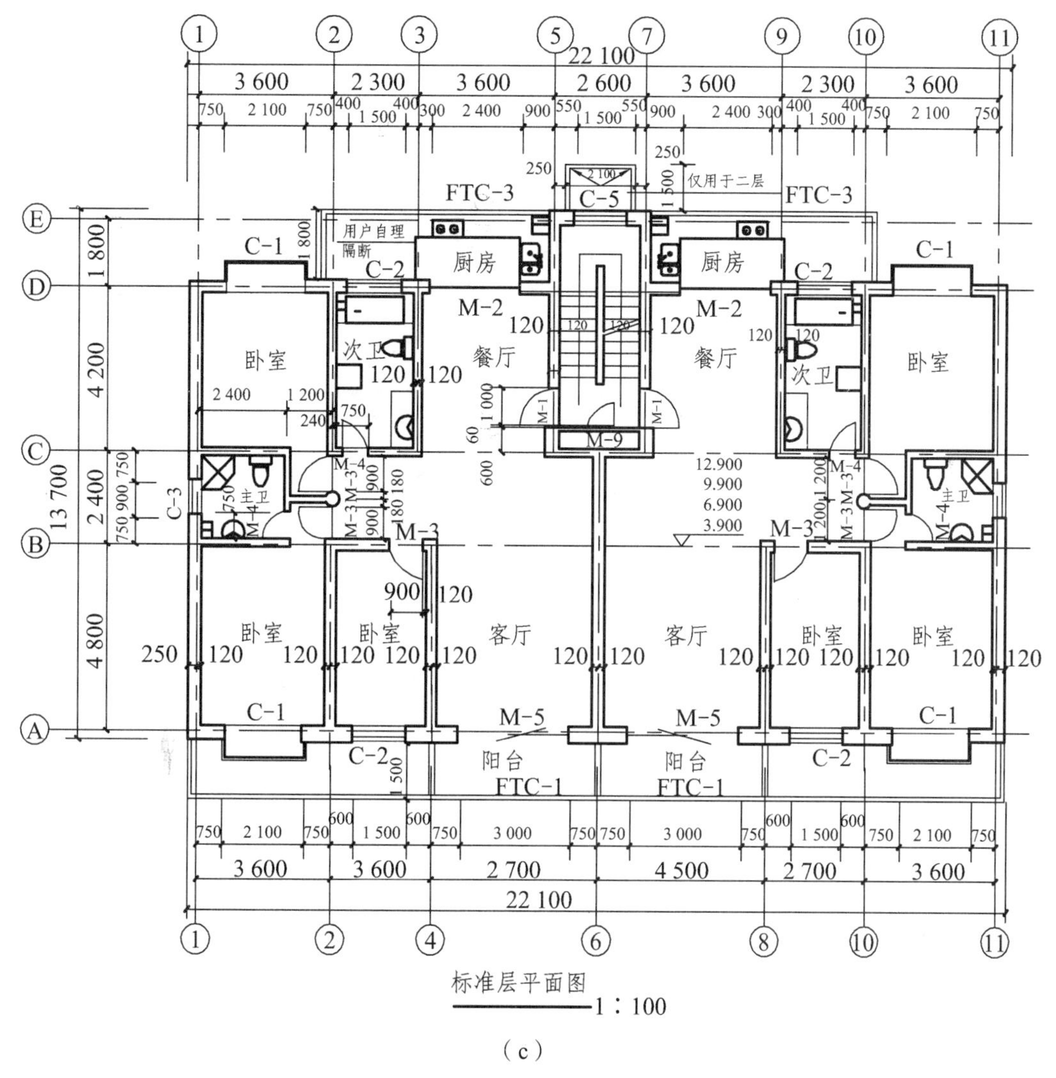

（c）

图 10.20　建筑平面图的画图步骤

10.4　建筑立面图

10.4.1　建筑立面图的形成

以平行于房屋外墙面的投影面，用正投影的原理绘制出的房屋投影图，称为立面图，如图 10.21 所示。

有定位轴线的建筑物，宜根据两端定位轴线号编注立面图名称（如：①～⑩立面图、Ⓐ～Ⓕ立面图）。无定位轴线的建筑物可按平面图各面的朝向确定名称。

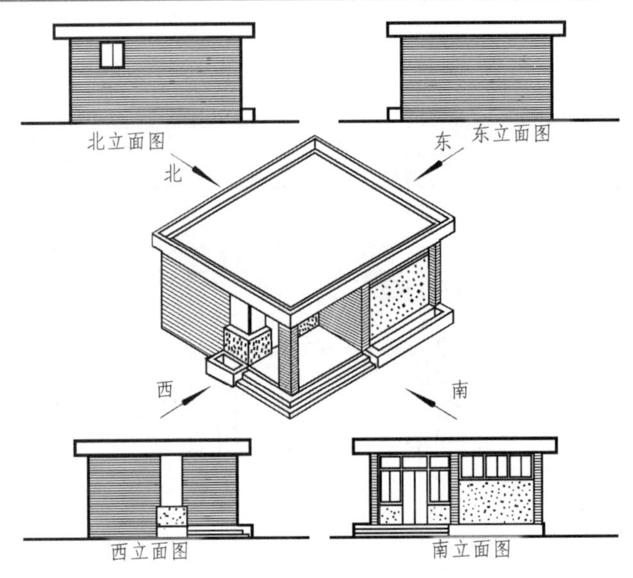

图 10.21　立面图的形成

10.4.2　建筑立面图的作用

建筑立面图主要反映房屋的体型和外貌、门窗的形式和位置、墙面的材料和装修做法等，是施工的重要依据。

10.4.3　建筑立面图的表示方法

1. 立面图的内容

（1）画出从建筑物外可以看见的室外地面线、房屋的勒脚、台阶、花池、门、窗、雨篷、阳台、室外楼梯、墙体外边线、檐口、屋顶、雨水管、墙面分格线等内容。

（2）标出建筑物立面上的主要标高。

（3）注出建筑物两端的定位轴线及其编号。

（4）注出需详图表示的索引符号。

（5）用文字说明外墙面装修的材料及其做法。

2. 立面图的标示方法

（1）比例。

建筑立面图常用 1∶50、1∶100、1∶200 等比例绘制。

（2）图样数量。

每个立面对应一个立面图，分正、侧、背向立面图，或东、南、西、北向立面图，或以轴线编号命名。

（3）图线。

立面图中地坪线用特粗线表示；房屋的外轮廓线用粗实线表示；房屋构配件如窗台、窗套、阳台、雨篷、遮阳板的轮廓线用中实线表示；门窗扇、勒脚、雨水管、栏杆、墙面分隔线，及有关说明的引出线、尺寸线、尺寸界线和标高均用细实线表示。

（4）尺寸标注。

立面图不标注水平方向的尺寸，只画出最左、最右两端的轴线及编号。

立面图上应标出室外地坪、室内地面、勒脚、窗台、门窗顶及檐口处的标高，并宜沿高度方向注写各部分高度尺寸。

立面图上一般可用文字说明各部分的装饰做法。

10.4.4　建筑立面图的识读

下面以附录为例，说明建筑立面图的识读内容：

（1）了解图名及比例。

（2）了解立面图与平面图的对应关系。

（3）了解房屋的外貌特征。

（4）了解房屋的竖向标高。

（5）了解房屋外墙面的装修做法。

10.4.5　建筑立面图的绘制方法与步骤

立面图的画法和步骤与建筑平面图基本相同，同样先选定比例和图幅，经过画底图和加深两个步骤，如图 10.22 所示。

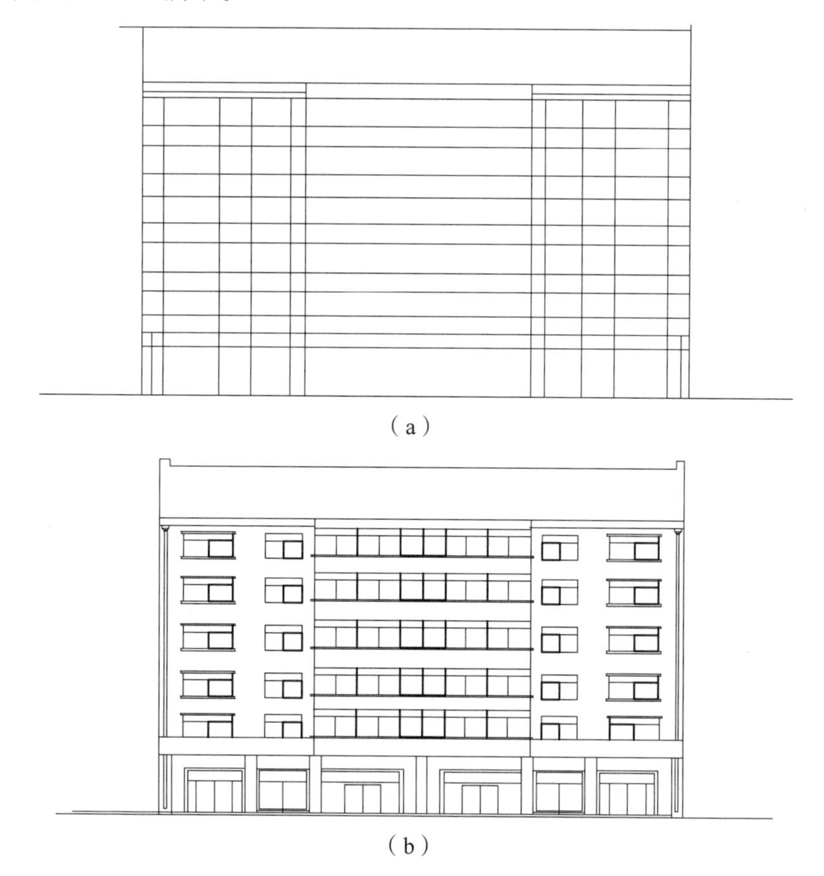

（a）

（b）

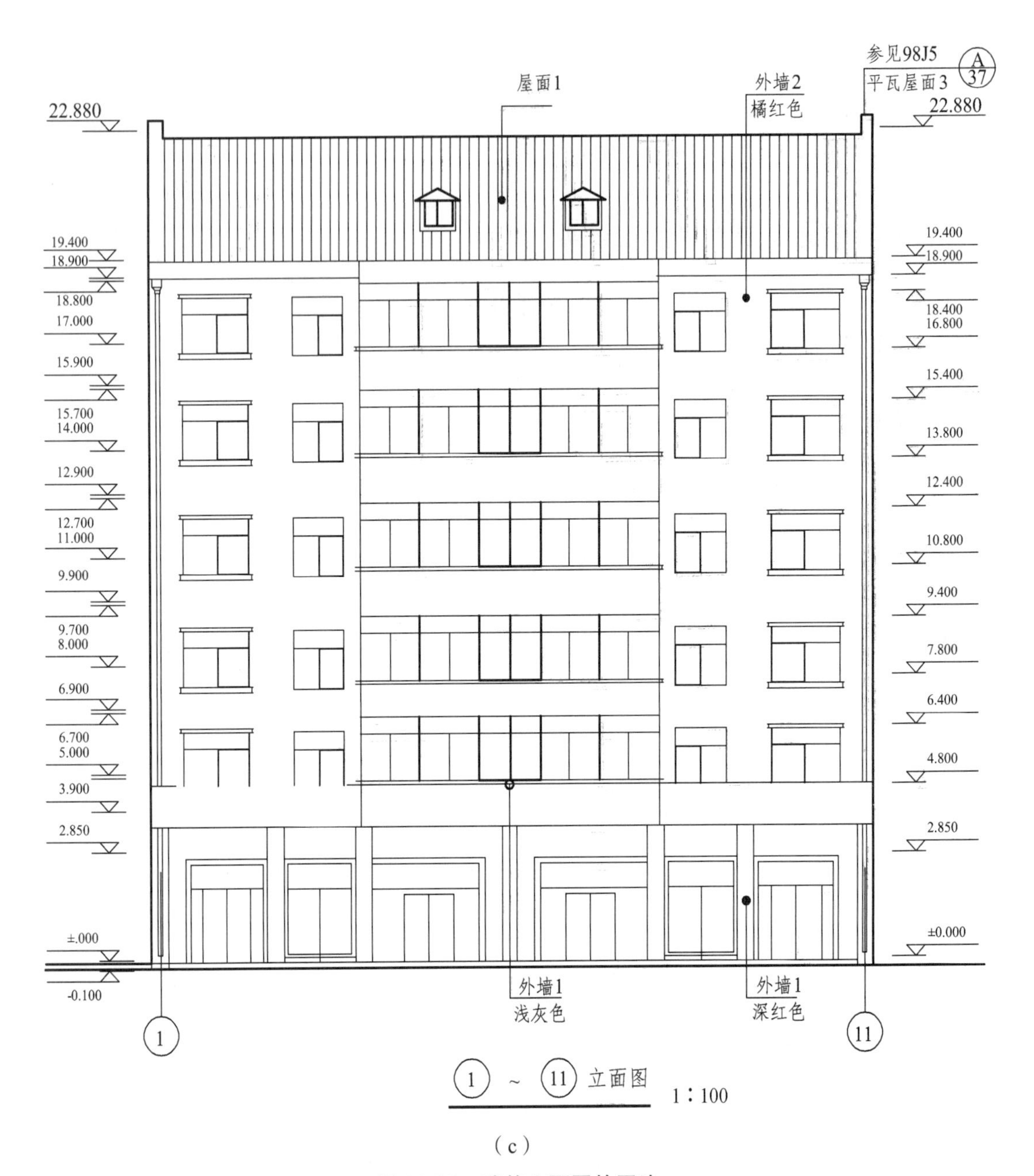

（c）

图 10.22　建筑立面图的画法

（1）画室外地坪线、建筑外轮廓线。

（2）画各层门窗洞口线。

（3）画墙面细部，如阳台、窗台、楣线、门窗细部分格、壁柱、室外台阶、花池等。

（4）检查无误后，按立面图的线型要求进行图线加深。

（5）标注标高、首尾轴线，书写墙面装修文字、图名、比例等，说明文字一般用 5 号字，图名用 10 号字。

10.5　建筑剖面图

10.5.1　建筑剖面图的形成

假想用一个或多个垂直于外墙轴线的铅垂剖切平面将房屋剖开，移去靠近观察者的部分，对留下部分所作的正投影图称为建筑剖面图。建筑剖面图是整幢建筑物的垂直剖面图。

剖面图的图名应与底层平面图上标注的剖切符号编号一致，如附录 1—1 剖面图。

10.5.2　建筑剖面图的作用

建筑剖面图主要用来表达房屋内部垂直方向的高度、楼层分层情况及简要的结构形式和构造方式。它与建筑平面图、立面图相配合，是建筑施工中不可缺少的重要图样之一。

10.5.3　建筑剖面图的表示方法

1. 剖面图图示内容

（1）重要承重构件的定位轴线及编号。

（2）表示建筑物各部位的高度。

（3）表明建筑主要承重构件的相互关系，指梁、板、 柱、墙的关系。

（4）剖面图中不能详细表达的地方，应引出索引号另画详图。

2. 剖面图表示方法

（1）比例。

建筑剖面图常选用比平面图、立面图较大的比例绘制，常用比例 1∶50、1∶100 等。

（2）定位轴线及图线。

定位轴线一般只画出两端的轴线及编号，以便与平面图对照。

室内外地坪线用特粗线表示；剖切到的墙身、楼板、屋面板、楼梯段、楼梯平台等轮廓线用粗实线表示；未剖切到的可见轮廓线用中粗线表示；门、窗扇及其分格线，水斗及雨水管等用细实线表示。

（3）剖切位置与数量选择。

剖切平面的位置应选择在较为复杂的部位（如楼梯间、门窗洞口等处），以此来表达楼梯、门窗洞口的高度和在竖直方向的位置和构造，以便施工。剖切数量视建筑物的复杂程度和实际情况而定，编号可用阿拉伯数字（如 1—1、2—2）、罗马数字或拉丁字母等命名。

（4）尺寸和标高。

剖面图上应标注垂直尺寸，一般注写三道：最外侧一道应注写室外地面以上的总尺寸；中间一道注写层高尺寸；里面一道注写门窗洞口及洞口间墙的高度尺寸。另外还应标注某些局部尺寸，如室内门窗洞口、窗台的高度。

剖面图上应注写的标高包括：室内外地面、各层楼面、楼梯平台面、檐口或女儿墙顶面、高出屋面的水箱顶面、烟囱顶面、楼梯间顶面等处。

（5）楼地面构造。

剖面图中一般引出线指向所说明的部分，按其构造层次顺序，逐层加以文字说明，以表示各层的构造做法。

（6）详图索引符号。

剖面图中应注写需画详图处的索引符号

10.5.4　建筑剖面图的识读

下面以（附录图 12）为例，说明剖面图的内容及识读步骤。

（1）了解图名及比例。

（2）了解剖面图与平面图的对应关系。

（3）了解房屋的结构形式。

（4）了解主要标高和尺寸。

（5）了解屋面、楼面、地面的构造层次及做法。

（6）了解屋面的排水方式。

（7）了解索引详图所在的位置及编号。

10.6　建筑详图

10.6.1　建筑详图的形成

由于画平面、立面、剖面图时所用的比例较小，房屋上许多细部的构造无法表示清楚。为了满足施工的需要，必须分别将这些部位的形状、尺寸、材料、做法等用较大的比例详细画出图样，这种图样称为建筑详图，简称详图。

10.6.2　建筑详图的特点及作用

（1）特点：一是比例大；二是图示内容详尽清楚；三是尺寸标注齐全、文字说明详尽。

（2）作用：建筑详图是建筑细部的施工图，是对建筑平面、立面、剖面图等基本图样的深化和补充，是建筑工程的细部施工、建筑构配件的制作及编制预算的依据。

10.6.3　建筑详图的种类

建筑详图可分为节点构造详图和构配件详图两类。

（1）凡表达房屋某一局部构造做法和材料组成的详图称为节点构造详图（如檐口、窗台、勒脚、明沟等）。

（2）凡表明构配件本身构造的详图，称为构件详图或配件详图（如门、窗、楼梯、花格、雨水管等）。

10.6.4　建筑详图的表示方法

详图的数量和图示内容与房屋的复杂程度及平面、立面、剖面图的内容和比例有关。

（1）对于套用标准图或通用图的建筑构配件和节点，只需注明所套用图集的名称、型号或页次，可不必另画详图。

（2）对于节点构造详图，应在详图上注出详图符号或名称，以便对照查阅。而对于构配件详图，可不注索引符号，只在详图上写明该构配件的名称或型号即可。

10.6.5　建筑详图的内容

一幢房屋施工图通常需绘制以下几种详图：外墙剖面详图、楼梯详图、门窗详图及室内外一些构配件的详图。各详图的主要内容有：

（1）图名（或详图符号）、比例。

（2）表达出构配件各部分的构造连接方法及相对位置关系。

（3）表达出各部位、各细部的详细尺寸。

（4）详细表达构配件或节点所用的各种材料及其规格。

（5）有关施工要求、构造层次及制作方法说明等。

10.6.6　外墙剖面详图

外墙剖面详图实质上是建筑剖面图中外墙部分的局部放大。外墙剖面详图一般采用 1∶20 的较大比例绘制，为节省图幅，通常采用折断画法，往往在窗洞中间处断开，成为几个节点详图的组合，如图 10.23 所示。

外墙剖面详图上标注尺寸和标高，与建筑剖面图基本相同，线型也与剖面图一样，剖到的轮廓线用粗实线，粉刷线则为细实线，断面轮廓线内应画上材料图例。现以图 10.23 为例，说明外墙剖面详图的内容。

外墙剖面详图采用的比例为 1∶10，从轴线符号可知为轴线外墙身。图中表明明沟、勒脚的做法。窗台为砖砌，挑出 60 mm，厚 60 mm。墙体采用普通砖砌筑，窗过梁、压顶、防潮层、天沟、楼板等均为钢筋混凝土制作。图中反映出楼板与墙体、天沟板与墙体、雨水管与墙体、过梁与墙体等相互间的位置关系。

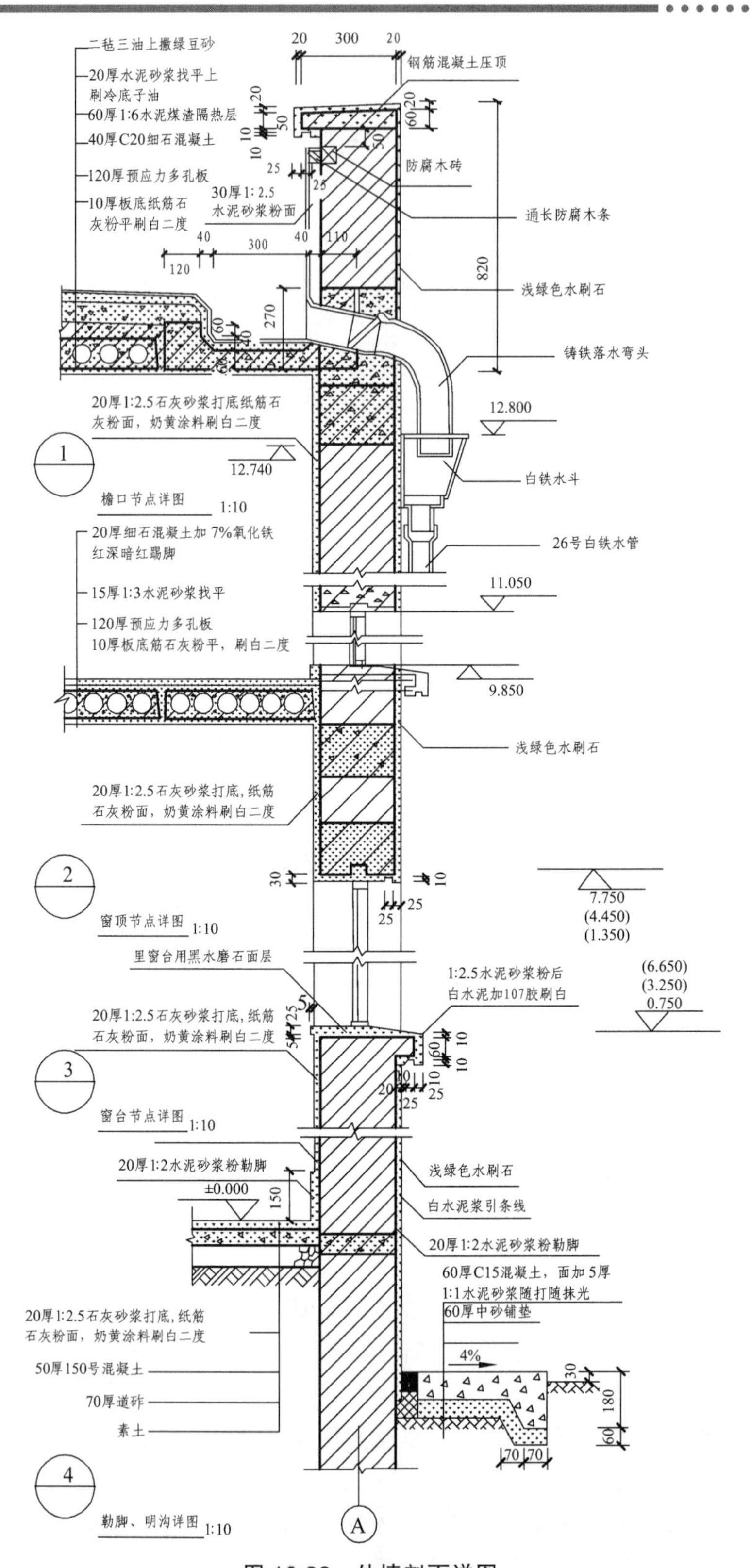

图 10.23　外墙剖面详图

10.6.7　楼梯详图

目前多采用预制或现浇钢筋混凝土楼梯。

楼梯由梯段（包括踏步和斜梁）、平台（包括平台板和平台梁）和栏板（或栏杆）等部分组成。

楼梯的构造比较复杂，一般需另画详图，以表示楼梯的类型、结构形式、各部位尺寸及装修做法，是楼梯施工放样的主要依据。

楼梯详图一般包括楼梯平面图、剖面图及踏步、栏杆、扶手等处的节点详图。

1. 楼梯平面图

楼梯平面图是楼梯某位置上的一个水平剖面图。剖切位置与建筑平面图的剖切位置相同。

楼梯平面图主要反映楼梯的外观、结构形式、楼梯中的平面尺寸及楼层和休息平台的标高等。

在一般情况下，楼梯平面图应绘制 3 张，即楼梯底层平面图，中间层平面图和顶层平面图，如图 10.24 所示。

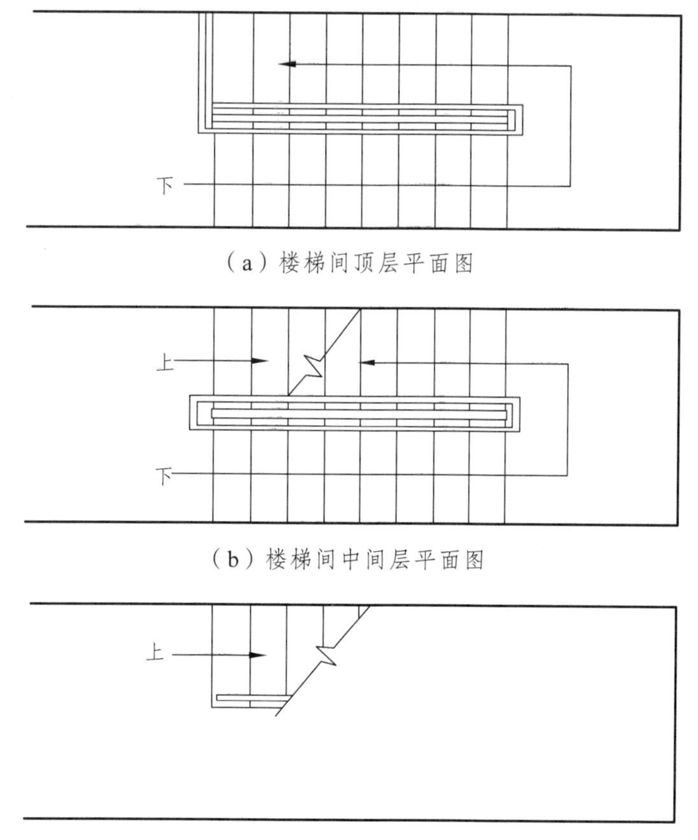

（a）楼梯间顶层平面图

（b）楼梯间中间层平面图

（c）楼梯间底层平面图

图 10.24　楼梯平面图

下面以图 10.25 为例，说明楼梯平面图的识读步骤：

（1）了解楼梯在建筑平面图中的位置及有关轴线的布置。

（2）了解楼梯的平面形式和踏步尺寸。

（3）了解楼梯间各楼层平台、休息平台面的标高。

（4）了解中间层平面图中三个不同梯段的投影。

（5）了解楼梯间墙、柱、门、窗的平面位置、编号和尺寸。

（6）了解楼梯剖面图在楼梯底层平面图中的剖切位置。

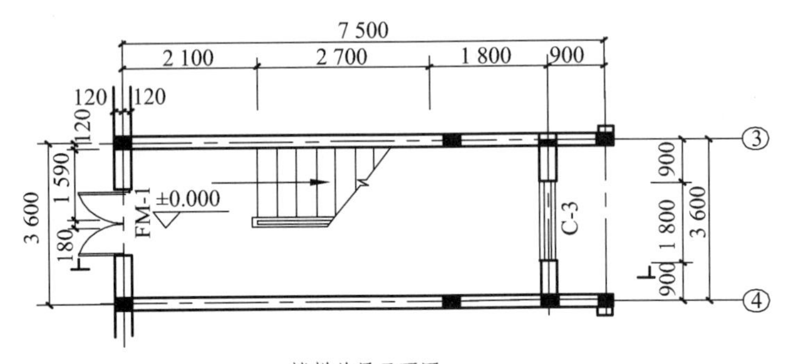

楼梯首层平面图 1:50

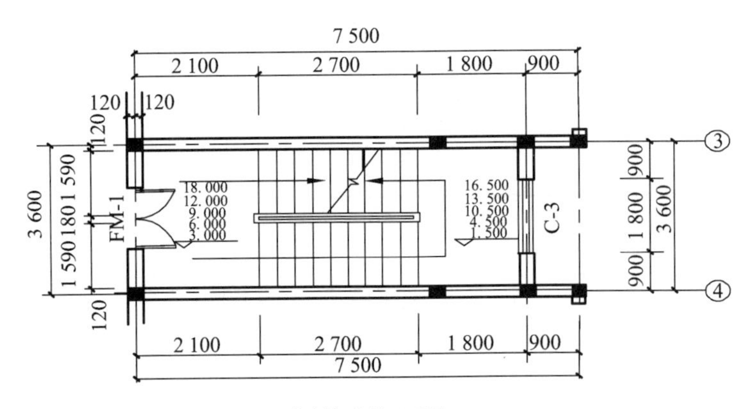

楼梯标准层平面图 1:50

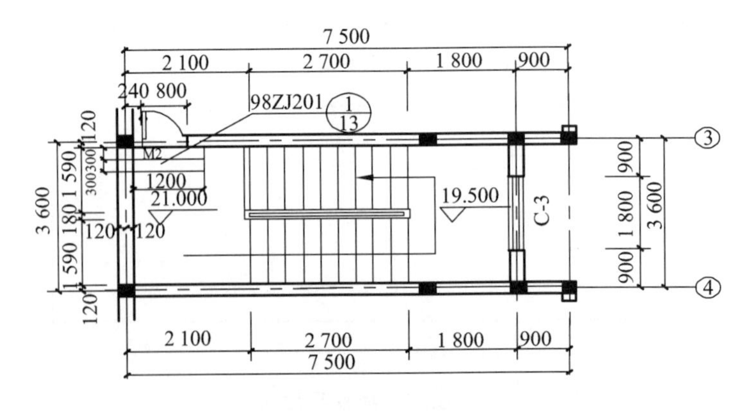

楼梯顶层平面图 1:50

图 10.25　楼梯各层平面详图

2. 楼梯剖面图

楼梯剖面图是楼梯垂直剖面图的简称，是过各层的一个梯段和门窗洞口，向另一未剖到的梯段方向投影所得到的剖面图，如图 10.26 所示。

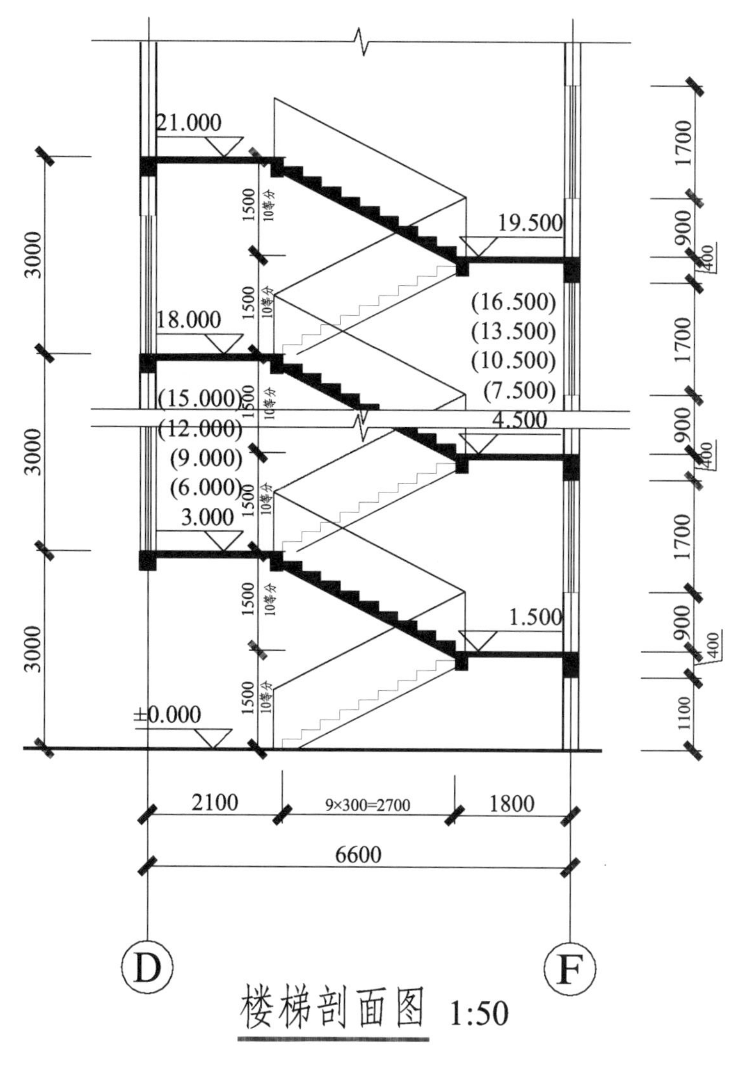

图 10.26　楼梯剖面图

楼梯剖面图主要表达楼梯的梯段数、踏步数、类型及结构形式，表示各梯段、平台、栏杆等的构造及它们的相互关系。

3. 楼梯节点详图

楼梯节点详图一般包括踏步、扶手、栏杆详图和梯段与平台处的节点构造详图。依据所画内容的不同，详图可采用不同的比例，以反映它们的断面形式、细部尺寸、所用材料、构件连接及面层装修做法等，如图 10.27 所示。

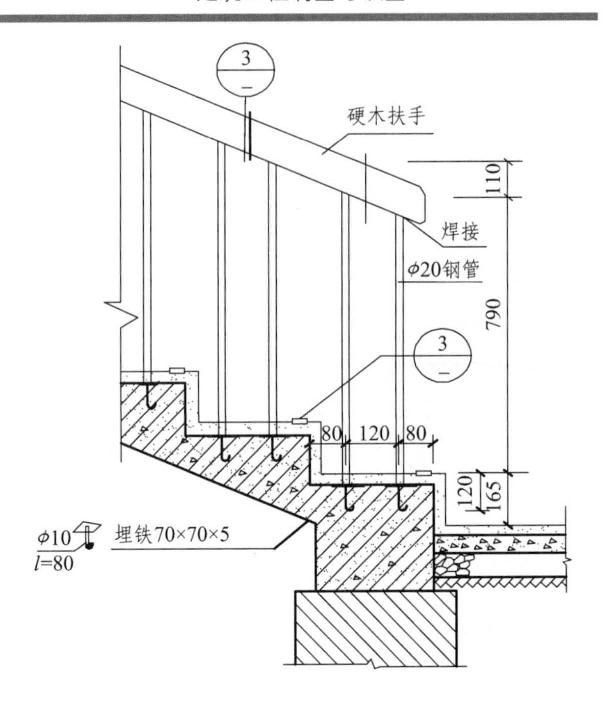

楼梯局部剖面图 1:10

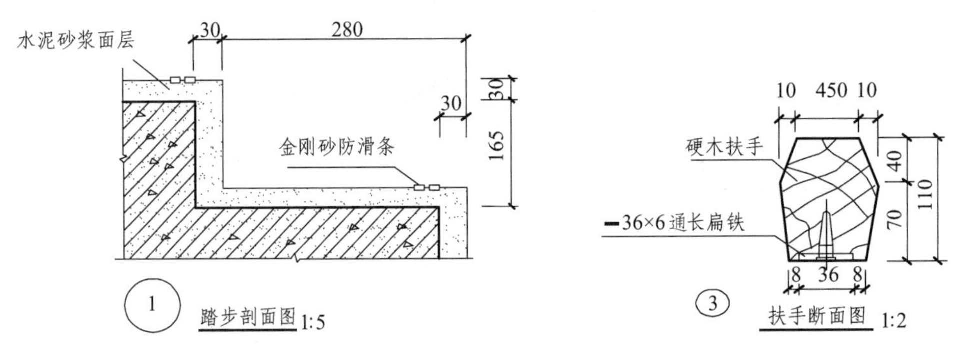

1 踏步剖面图 1:5

3 扶手断面图 1:2

图 10.27 楼梯节点详图

10.6.8 门窗详图

门窗各部分名称如图 10.28 所示。

1. 门窗详图的内容

门窗详图由门窗的立面图、门窗节点剖面图、门窗五金表及文字说明等组成。

门窗立面图表明门窗的组合形式、开启方式、主要尺寸及节点索引标志。

门窗的开启方式由开启线决定，开启线有实线和虚线之分。

门窗节点剖面图表示门窗某节点中各部件的用料和断面形状，还表示各部件的尺寸及其相互间的位置关系。

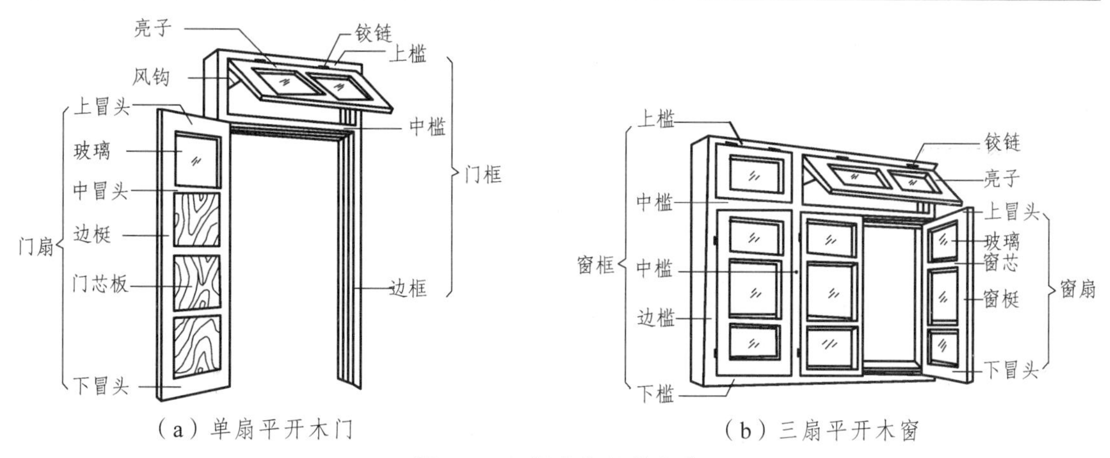

（a）单扇平开木门　　（b）三扇平开木窗

图 10.28　门窗各部分名称

2. 门窗详图的识读

现以图 10.29 为例，说明木窗详图的识读内容。

（1）从窗的立面图上了解窗的组合形式及开启方式。

（2）从窗的节点详图中还可了解到各节点窗框、窗扇的组合情况及各木料的用料、断面尺寸和形状。

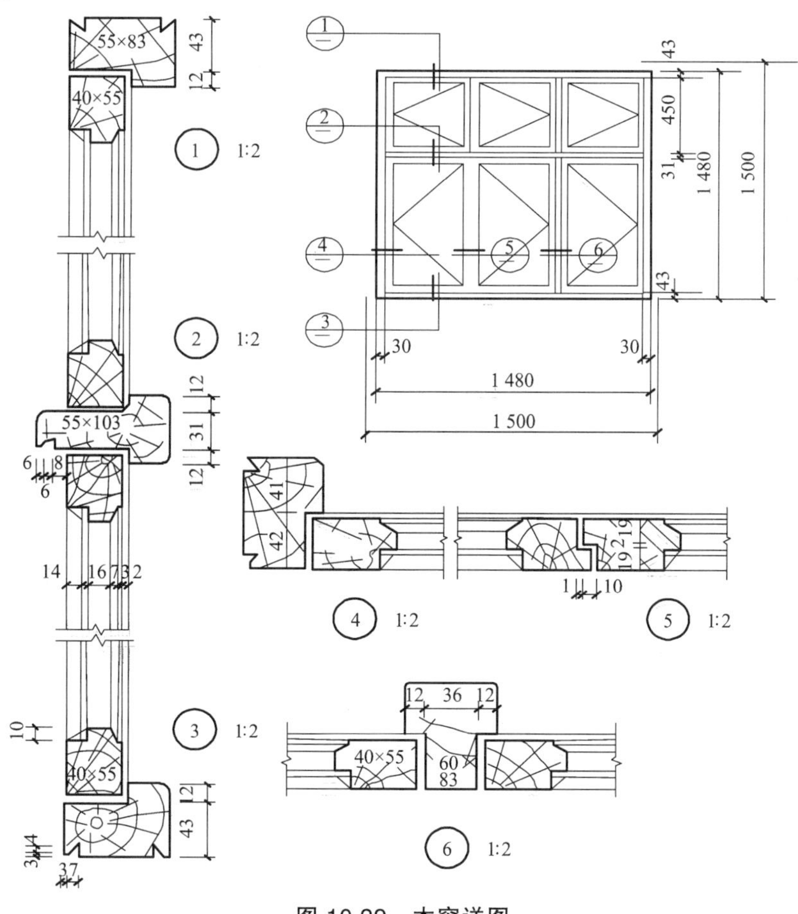

图 10.29　木窗详图

10.7　建筑施工图的绘制及编排顺序

10.7.1　绘制建筑施工图的目的和要求

学会绘制施工图，才能把房屋的内容及设计意图正确、清晰、明了地表达出来；同时，进一步认识房屋的构造，提高识读建筑施工图的能力。

绘制施工图时，要认真细致，做到投影正确、表达清楚、尺寸齐全、字体工整、图样布置紧凑、图面整洁清晰、符合制图规定。

10.7.2　绘制建筑施工图的步骤及方法

（1）绘图工具、图纸的准备。

（2）熟悉房屋的概况、确定图样比例和数量。

（3）合理布置图面。

（4）打底稿。

（5）检查加深。

（6）注写尺寸、图名、比例和各种符号。

（7）填写标题栏。

（8）清洁图面，擦去不必要的作图线和脏痕。

10.7.3　绘图中的习惯画法

（1）相同方向、相同线型尽可能一次画完，以免三角板、丁字尺来回移动。

（2）相等的尺寸尽可能一次量出。

（3）同一方向的尺寸一次量出。

（4）铅笔加深或描图上墨顺序：先画上部，后画下部；先画左边，后画右边；先画水平线，后画垂直线或倾斜线；先画曲线，后画直线。

10.7.4　建筑施工图的编排顺序

建筑施工图的编排顺序如图 10.30 所示。

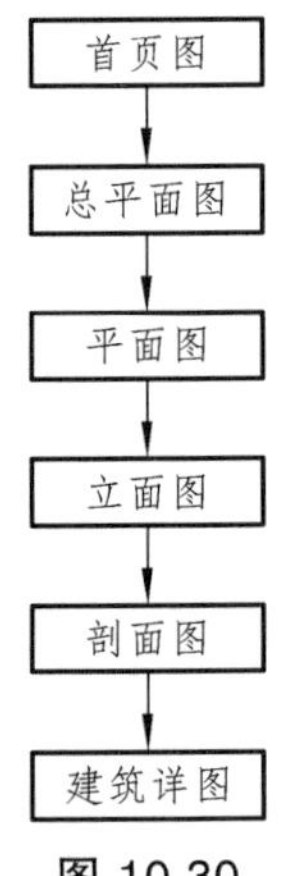

图 10.30

本章小结

本章是全书的重点之一，着重介绍了建筑总平面图、建筑平面图、建筑立面图、建筑详图等各类建筑施工图的图示方法和有关规定，并结合工程实例介绍了建筑施工图的图示内容、用途、绘制方法和识读技巧。

练习题

1. 构成房屋的主要部分及其作用？
2. 房屋建筑施工图用途和内容是什么？
3. 房屋建筑图的特点是什么？
4. 标高的符号是如何规定的？
5. 什么是绝对标高？什么是相对标高？各用在何处？
6. 建筑标高与结构标高的区别？
7. 简述建筑总平面图的作用、内容和图示方法？
8. 绘制常用建筑总平面图的常用图例。
9. 简述建筑立面图、剖面图的绘制步骤。
10. 建筑详图的作用是什么？主要表达哪些内容？常用的建筑详图有哪些？
11. 怎样识读房屋建筑图？

第 11 章　结构施工图

学习目标及能力要求：

通过本章的学习，学生应了解结构施工图的分类、内容和一般规定；了解钢筋混凝土的有关知识，掌握钢筋混凝土构件的图示方法和识读技巧；掌握基础平面布置图、结构平面布置图、结构构件详图的概念、图示方法、相关规定以及绘制方法和步骤；了解钢筋混凝土构件的平面整体表示法。

11.1　结构施工图的组成

结构施工图是表达房屋承重构件（如基础、梁、板、柱及其他构件）的布置、形状、大小、材料、构造及其相互关系的图样，主要用来作为施工放线、开挖基槽、支模板、绑扎钢筋、设置预埋件、浇捣混凝土和安装梁、板、柱等构件及编制预算和施工组织计划等的依据。

11.1.1　结构施工图的内容

1. 结构设计说明

结构设计说明是带全局性的文字说明，包括：选用材料的类型、规格、强度等级，地基情况，施工注意事项，选用标准图集等。

2. 结构平面布置图

结构平面布置图是表示房屋中各承重构件总体平面布置的图样。它包括：

（1）基础平面图。

（2）楼层结构布置平面图。

（3）屋盖结构平面图。

3. 构件详图

构件详图包括：

（1）梁、柱、板及基础结构详图。

（2）楼梯结构详图。

（3）屋架结构详图。

（4）其他详图，如天窗、雨篷、过梁等。

11.1.2　结构施工图中的有关规定

房屋建筑是由多种材料组成的结合体，目前房屋结构中采用较普遍的是混合结构和钢筋混凝土结构。

国家《建筑结构制图标准》对结构施工图的绘制有明确的规定，现将有关规定介绍如下。

1. 常用构件代号

常用构件代号用各构件名称汉语拼音的第一个字母表示，详见表 11.1。

表 11.1　常用构件代号

序号	名 称	代号	序号	名 称	代号	序号	名 称	代号
1	板	B	19	圈梁	QL	37	承台	CT
2	屋面板	WB	20	过梁	GL	38	设备基础	SJ
3	空心板	KB	21	连系梁	LL	39	桩	ZH
4	槽形板	CB	22	基础梁	JL	40	挡土墙	DQ
5	折板	ZB	23	楼梯梁	TL	41	地沟	DG
6	密肋板	MB	24	框架梁	KL	42	柱间支撑	ZC
7	楼梯板	TB	25	框支梁	KZL	43	垂直支撑	CC
8	盖板	GB	26	屋面框架梁	WKL	44	水平支撑	SC
9	挡雨板	YB	27	檩条	LT	45	梯	T
10	吊车安全走道板	DB	28	屋架	WJ	46	雨篷	YP
11	墙板	QB	29	托架	TJ	47	阳台	YT
12	天沟板	TGB	30	天窗架	CJ	48	梁垫	LD
13	梁	L	31	框架	KJ	49	预埋件	M
14	屋面梁	WL	32	钢架	GJ	50	天窗端壁	TD
15	吊车梁	DL	33	支架	ZJ	51	钢筋网	W
16	单轨吊车梁	DDL	34	柱	Z	52	钢筋骨架	G
17	轨道连接	DGL	35	框架柱	KZ	53	基础	J
18	车挡	CD	36	构造柱	GZ	54	暗柱	AZ

2. 常用钢筋符号

钢筋按其强度和品种分成不同的等级，并用不同的符号表示。

3. 一般钢筋图例

常用钢筋图例见表 11.2。

表 11.2　钢筋图例

序 号	名 称	图 例	说 明
1	钢筋横断面		
2	无弯钩的钢筋端部	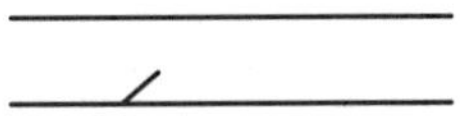	下图表示长、短钢筋投影重叠时，短钢筋的端部用45°斜画线表示
3	带半圆形弯钩的钢筋端部		
4	带直钩的钢筋端部	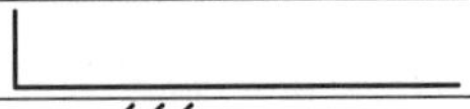	
5	带丝扣的钢筋端部	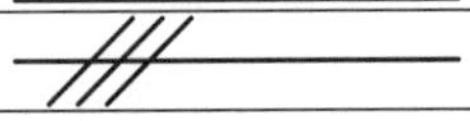	
6	无弯钩的钢筋搭接		
7	带半圆弯钩的钢筋搭接		
8	带直钩的钢筋搭接		
9	花篮螺丝钢筋接头	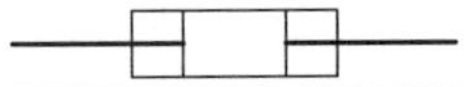	
10	机械连接的钢筋接头	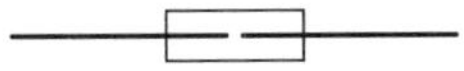	用文字说明机械连接的方式（或冷挤压或锥螺纹等）

4. 钢筋的画法

常用钢筋的画法，见表 11.3。

表 11.3　常用钢筋的画法

序号	说 明	图 例
1	在结构平面图中配置双层钢筋时，底层钢筋的弯钩应向上或向左，顶层钢筋的弯钩则下向或向右	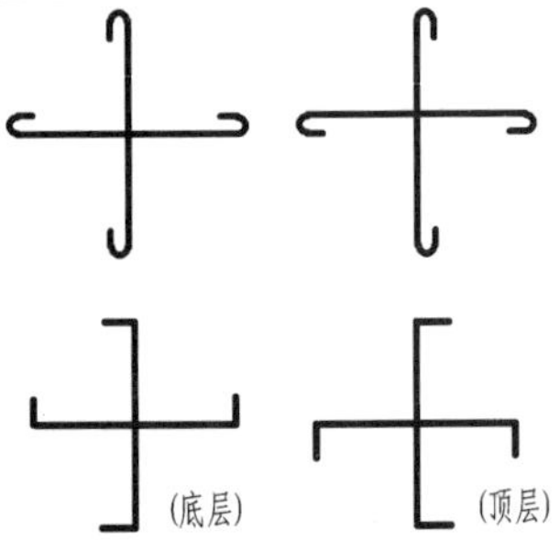 (底层) (顶层)
2	钢筋混凝土配双层钢筋时，在配筋立面图中，远面钢筋的弯钩应向上或向左，而近面钢筋的弯钩向下或向右	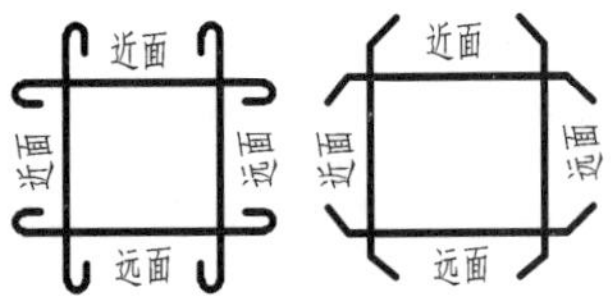 近面 远面 近面 远面
3	若在断面图中不能表达清楚的钢筋布置，应在断面图外增加钢筋大样图（如钢筋混凝土墙、楼梯等）	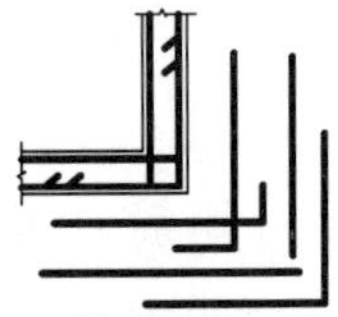
4	图中所表示的箍筋、环筋等若布置复杂时，可加画钢筋大样及说明	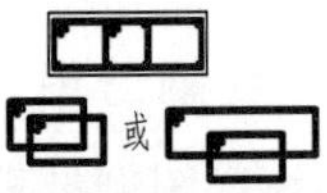 或

5. 保护层

钢筋外缘到构件表面的距离称为钢筋的保护层。其作用是保护钢筋免受锈蚀，提高钢筋与混凝土的黏结力。

6. 钢筋的标注

钢筋的直径、根数及相邻钢筋中心距在图样上一般采用引出线方式标注，其标注形式有下面两种：

（1）标注钢筋的根数和直径。

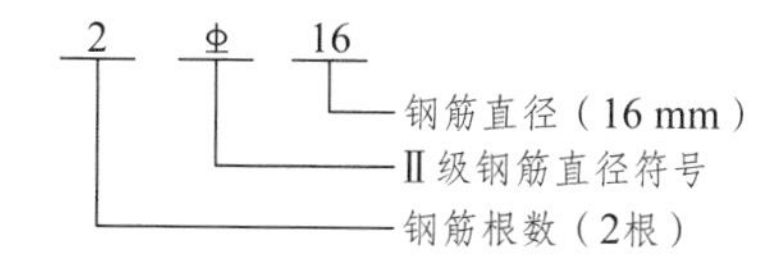

（2）标注钢筋的直径和相邻钢筋的中心距。

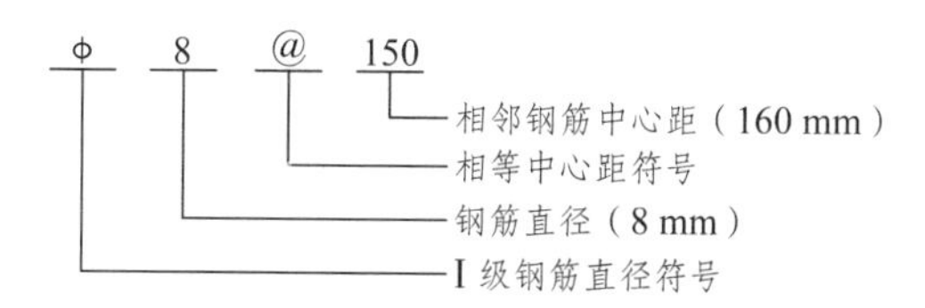

7. 钢筋混凝土构件图示方法

为了清楚地表明构件内部的钢筋，可假设混凝土为透明体，这样构件中的钢筋在施工图中便可看见。钢筋在结构图中其长度方向用单根粗实线表示，断面钢筋用圆黑点表示，构件的外形轮廓线用中实线绘制，如图 11.1 所示。

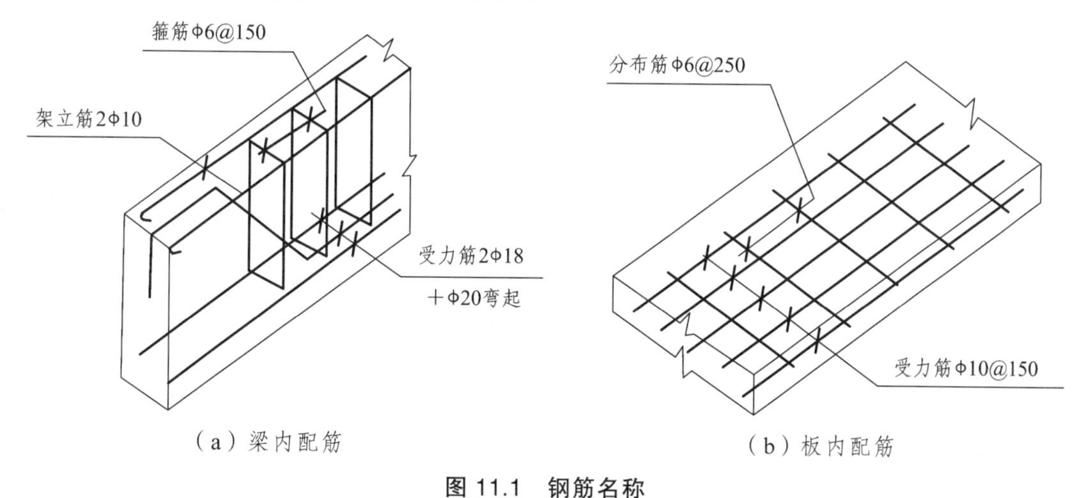

（a）梁内配筋　　（b）板内配筋

图 11.1　钢筋名称

11.2　基础平面布置图及基础详图

基础是建筑物地面以下承受房屋全部荷载的构件，基础的形式取决于上部承重结构的形式和地基情况。

在民用建筑中，基础常见的形式有条形基础（即墙基础）和独立基础（即柱基础），如图 11.2 所示。

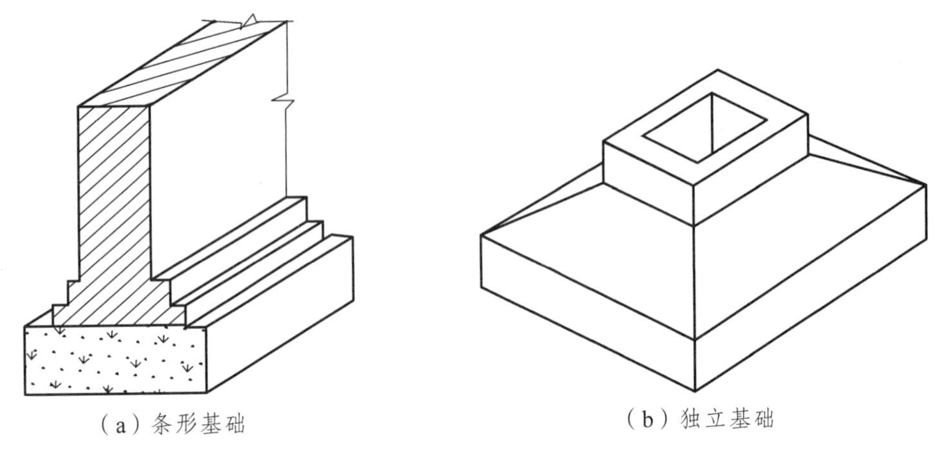

图 11.2　基础的形式

基础的组成部分：

（1）条形基础埋入地下的墙称为基础墙。

（2）当采用砖墙和砖基础时，在基础墙和垫层之间做成阶梯形的砌体，称为大放脚。

（3）基础底下天然的或经过加固的土壤叫地基。

（4）基坑（基槽）是为基础施工而在地面上开挖的土坑。

（5）坑底就是基础的底面，基坑边线就是放线的灰线。

（6）防潮层是防止地下水对墙体侵蚀而铺设的一层防潮材料。

基础的组成如图 11.3 所示。

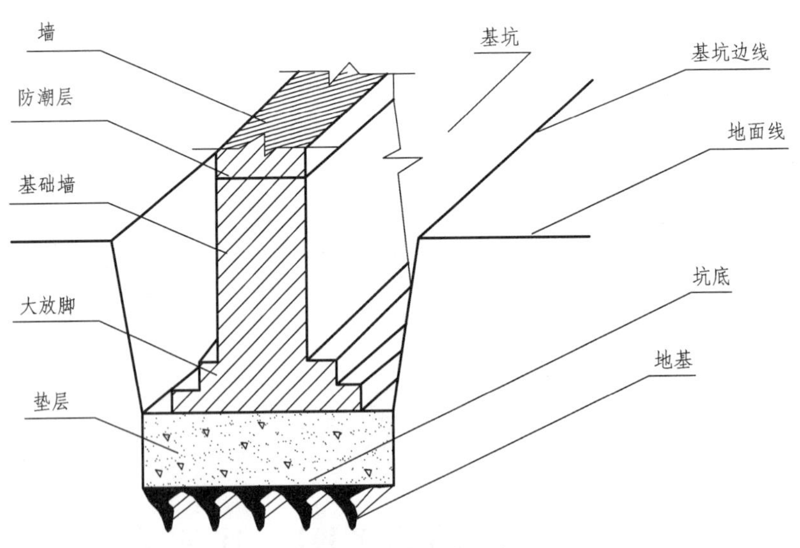

图 11.3　基础的组成

基础图主要是表示建筑物在相对标高 ± 0.000 以下基础结构的图纸，一般包括基础平面图和基础详图。它是施工时在地基上放灰线、开挖基槽、砌筑基础的依据。

11.2.1　基础平面图

1. 基础平面图的形成

基础平面图是假想用一个水平面沿房屋底层室内地面附近将整幢建筑物剖开后，移去上层的房屋和基础周围的泥土向下投影所得到的水平剖面图。

2. 基础平面图的表示方法

（1）在基础平面图中，只画出基础墙、柱及基础底面的轮廓线，基础的细部轮廓（如大放脚）可省略不画。

（2）凡被剖切到的基础墙、柱轮廓线，应画成中实线，基础底面的轮廓线应画成细实线。

（3）基础平面图中采用的比例及材料图例与建筑平面图相同。

（4）基础平面图应注出与建筑平面图相一致的定位轴线编号和轴线尺寸。

（5）当基础墙上留有管洞时，应用虚线表示其位置，具体做法及尺寸另用详图表示。

（6）当基础中设基础梁和地圈梁时，用粗单点长画线表示其中心线的位置。

3. 基础平面图的尺寸标注

基础平面图的尺寸标注分内部尺寸和外部尺寸两部分。

外部尺寸只标注定位轴线的间距和总尺寸。

内部尺寸应标注各道墙的厚度、柱的断面尺寸和基础底面的宽度等。

平面图中的轴线编号、轴线尺寸均应与建筑平面图相吻合，如附录图 16 所示。

4. 基础平面图的剖切符号

凡基础宽度、墙厚、大放脚、基底标高、管沟做法不同时，均以不同的断面图表示，所以在基础平面图中还应注出各断面图的剖切符号及编号，以便对照查阅，如附录图 16 中的基础详图 TJ-1、TJ-2 等。

5. 基础平面图的主要内容

（1）图名、比例。

（2）纵横向定位轴线及编号、轴线尺寸。

（3）基础墙、柱的平面布置，基础底面形状、大小及其与轴线的关系。

（4）基础梁的位置、代号。

（5）基础编号、基础断面图的剖切位置线及其编号。

（6）施工说明，即所用材料的强度等级、防潮层做法、设计依据以及施工注意事项等。

6. 基础平面图的识读

现以某住宅楼基础平面图为例，说明基础平面图的内容和图示要求（附录图 16）。

11.2.2　基础详图

1. 基础详图的形成

在基础的某一处用铅垂剖切平面切开基础所得到的断面图称为基础详图。

基础详图常用 1∶10、1∶20、1∶50 的比例绘制。基础详图表示了基础的断面形状、大小、材料、构造、埋深及主要部位的标高等，如附录图 16 中基础详图 TJ-1 等的画法。

2. 基础详图的数量

同一幢房屋，由于各处有不同的荷载和不同的地基承载力，下面就有不同的基础。对于每一种不同的基础，都要画出它的断面图，并在基础平面图上用 1—1、2—2、…或者以 TJ-1、TJ-2…剖切位置线表明该断面的位置。

3. 基础详图的表示方法

（1）基础断面形状的细部构造按正投影法绘制。

（2）基础断面除钢筋混凝土材料外，其他材料宜画出材料图例符号。

（3）钢筋混凝土独立基础除画出基础的断面图外，有时还要画出基础的平面图，并在平面图中采用局部剖面表达底板配筋，如图 11.4 所示。

（4）基础详图的轮廓线用中实线表示，钢筋符号用粗实线绘制（见图 11.4）。

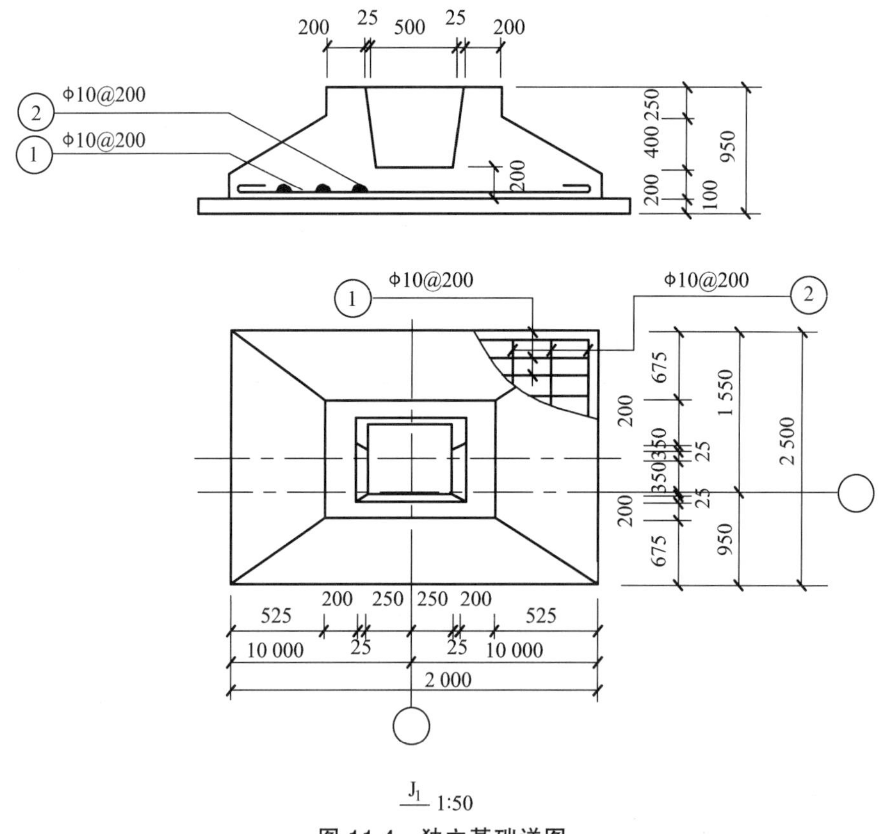

图 11.4　独立基础详图

4. 基础详图的主要内容

（1）图名、比例。

（2）轴线及其编号。

（3）基础断面形状、大小、材料以及配筋。

（4）基础断面的详细尺寸和室内外地面标高及基础底面的标高。

（5）防潮层的位置和做法。

（6）施工说明等。

5. 基础详图的识读

基础平面图及详图的绘制与建筑平面图、剖面图和详图基本相同。

现以图 11.5 所示基础详图为例，说明基础详图的内容和图示要求。

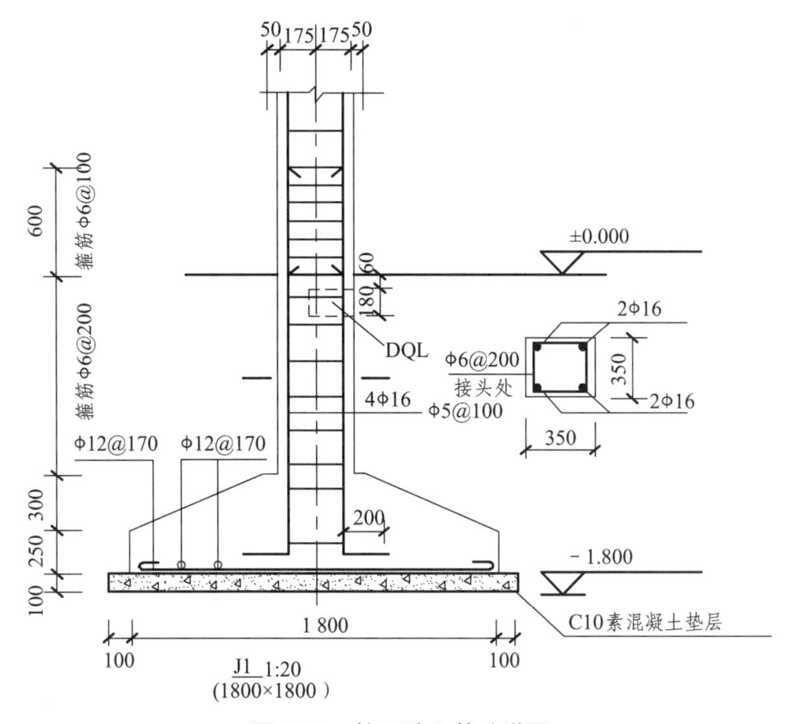

图 11.5　柱下独立基础详图

11.3　结构平面布置图

结构平面图是表示建筑物室外地面以上各层平面承重构件（如梁、板、柱、墙、门窗过梁、圈梁等）布置的图样，一般包括楼层结构平面图和屋顶结构平面图。

11.3.1　楼层结构平面图

1. 楼层结构平面图的形成

楼层结构平面图是假想用一个水平的剖切平面沿楼板面将房屋剖开后所作的楼层水平投影。它用来表示每层的梁、板、柱、墙等承重构件的平面布置，说明各构件在房屋中的位置，以及它们之间的构造关系，是现场安装或制作构件的施工依据。

2. 楼层结构平面图的表示方法

（1）对于多层建筑，一般应分层绘制楼层结构平面图。但如各层构件的类型、大小、数量、布置相同时，可只画出标准层的楼层结构平面图。

（2）如果平面对称，可采用对称画法，一半画屋顶结构平面图，另一半画楼层结构平面图。楼梯间和电梯间因另有详图，可在平面图上用相交对角线表示（见图 11.6）。

（3）当铺设预制楼板时，可用细实线分块画出板的铺设方向。

（4）当现浇板配筋简单时，直接在结构平面图中表明钢筋的弯曲及配置情况，注明编号、规格、直径、间距（见图 11.6）。当配筋复杂或不便表示时，用对角线表示现浇板的范围。

（5）梁一般用单点粗点画线表示其中心位置，并注明梁的代号，如图 11.6 所示。

（6）圈梁、门窗过梁等应编号注出，若结构平面图中不能表达清楚时，则需另绘其平面布置图。

（7）楼层、屋顶结构平面图的比例同建筑平面图，一般采用 1∶100 或 1∶200 的比例绘制。

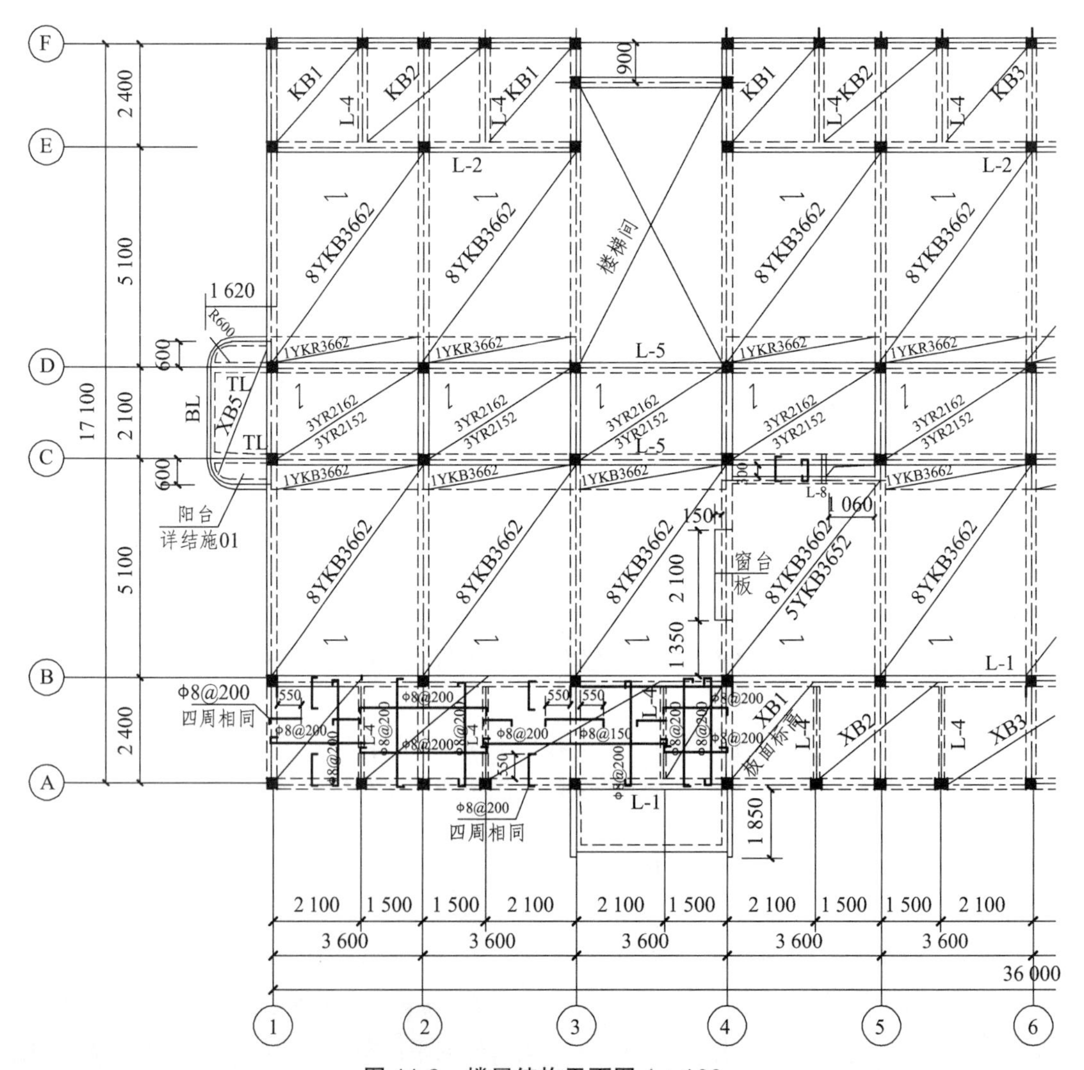

图 11.6　楼层结构平面图 1∶100

（8）楼层、屋顶结构平面图中一般用中实线表示剖切到或可见的构件轮廓线，图中虚线表示不可见构件的轮廓线。

（9）楼层结构平面图的尺寸，一般只注开间、进深、总尺寸及个别地方容易弄错的尺寸。定位轴线的画法、尺寸及编号应与建筑平面图一致。

3. 楼层结构平面图的主要内容

（1）图名、比例，与建筑平面图相一致的定位轴线及编号。

（2）墙、柱、梁、板等构件的位置及代号和编号。

（3）预制板的跨度方向、数量、型号或编号和预留洞的大小及位置。

（4）轴线尺寸及构件的定位尺寸。

（5）详图索引符号及剖切符号。

（6）文字说明。

4. 楼层结构平面图的识读

现以图 11.6 所示某建筑标准层结构平面布置图为例，说明结构平面图的内容和图示要求。空心板代号如表 11.4 所示。预应力空心板的编号（选自西南 G222《预应力钢筋混凝土空心板图集》)：

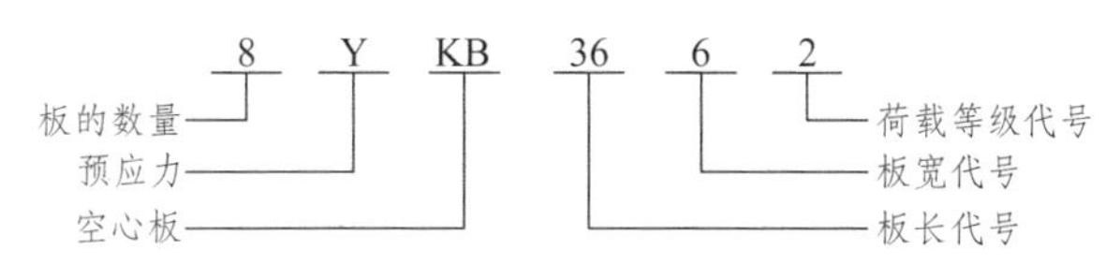

表 11.4　空心板代号意义

板长代号	板的标志长度（mm）	板宽代号	板的标志宽度（mm）	荷载等级代号	荷载允许设计值
24	2 400	5	500		
27	2 700	6	600	1	4.0 kN/m^2
30	3 000	7	700	2	7.0 kN/m^2
⋮	⋮	9	900	3	10.0 kN/m^2
42	4 200	12	1 200		

11.3.2　屋顶结构平面图

（1）屋顶结构平面图是表示屋面承重构件平面布置的图样，其图示内容和表达方法与楼层结构平面图基本相同。

（2）对于混合结构的房屋，根据抗震和整体刚度的需要，应在适当位置设置圈梁。圈梁用粗实线表示，并在适当位置画出断面的剖切符号，以便与圈梁断面图对照阅读。圈梁平面图的比例可小些（1∶200），图中要求注出定位轴线间的距离尺寸。

11.4 构件详图

11.4.1 钢筋混凝土基本知识

（1）混凝土是由水泥、砂、石子和水按一定比例拌和，经浇捣、养护硬化后而形成的一种人造材料。配有钢筋的混凝土称为钢筋混凝土；没有配置钢筋的混凝土称为素混凝土。

（2）用钢筋混凝土制成的梁、板、柱、基础等构件称为钢筋混凝土构件，它分定型构件和非定型构件两种。定型构件可直接引用标准图或通用图，只要在图纸上写明选用构件所在标准图集或通用图集的名称、代号即可。自行设计的非定型构件，则必须绘制其构件详图。

（3）钢筋混凝土构件还分现浇钢筋混凝土构件和预制钢筋混凝土构件、普通钢筋混凝土构件和预应力钢筋混凝土构件等。

11.4.2 钢筋混凝土构件详图的种类及表示方法

1. 钢筋混凝土构件详图的种类

在构件详图中，应详细表达构件的标高、截面尺寸、材料规格、数量和形状、构件的连接方式、材料用量等。钢筋混凝土构件详图是钢筋加工制作、安装模板、浇灌构件的依据。其图示内容包括：模板图、配筋图、钢筋明细表及文字说明。

（1）模板图。

模板图也称外形图，它主要表明钢筋混凝土构件的外形，预埋铁件、预留钢筋、预留孔洞的位置，各部位尺寸和标高、构件以及定位轴线的位置关系等。

（2）配筋图。

配筋图（钢筋布置图）包括立面图、断面图和钢筋详图，主要表示构件内部各种钢筋的位置、直径、形状和数量、级别和排放情况。对一般的钢筋混凝土构件，用注有钢筋编号、规格、直径等符号的配筋立（平）面图及若干配筋断面图就可清楚地表示构件中的钢筋情况了。

钢筋混凝土构件中的钢筋，按其作用可分为以下几种（见图 11.1）：

① 受力筋：在构件中起主要受力作用（受拉或受压），可分为直筋和弯筋两种。

② 箍筋：主要承受一部分剪力，并固定受力筋的位置，多用于梁、柱等构件。

③ 架立筋：用于固定箍筋位置，将纵向受力筋与箍筋连成钢筋骨架。

④ 分布筋：用于板内，与板内受力筋垂直布置，其作用是将板承受的荷载均匀地传递给受力筋，并固定受力筋的位置。此外，分布筋还能抵抗因混凝土的收缩和外界温度变化在垂直于板跨方向的变形。

⑤ 构造筋：由于构件的构造要求和施工安装需要而设置的钢筋，如吊筋、拉结筋、预埋锚固筋等。

在构件中，钢筋骨架的外边有一定厚度的混凝土，叫混凝土保护层。保护层主要起防止钢筋外露被锈蚀以及防火的作用，同时还使钢筋与混凝土之间有足够的黏结锚固，保证其整体共同工作。保护层的厚度视不同的构件而不同，如梁、板、柱就各不相同，又如梁、柱钢筋的最小保护层为 20 mm，但板的最小保护层厚度为 15 mm。

（3）钢筋表。

为便于编制预算，统计钢筋用料，对配筋较复杂的钢筋混凝土构件应列出钢筋表，以计算钢筋用量（见表 11.5）。要说明的是在钢筋明细表中简图里所注钢筋长度是未包括钢筋弯钩长度的，而在“长度”一栏内的数字则是加了弯钩长度的。在钢筋加工时的实际下料长度另有计算方法。

表 11.5　钢筋表

构件名称	构件数	钢筋编号	钢筋规格	简图	长度（mm）	每件肢数	总肢数	累计质量（kg）
L1	1	1	Φ12	3 640	3 790	2	2	7.41
		2	Φ12	200 275 282 2 686 282 275 200	4 200	1	1	4.45
		3	Φ12		3 490	2	2	1.55
		4	Φ12	100 200	650	18	18	2.60

2. 钢筋混凝土构件详图的表示方法

采用正投影并视构件混凝土为透明体，以重点表示钢筋的配置情况，如图 11.7 所示。

断面图的数量应根据钢筋的配置而定，凡是钢筋排列有变化的地方，都应画出其断面图。

为防止混淆，方便看图，构件中的钢筋都要统一编号，在立面图和断面图中要注出一致的钢筋编号、直径、数量、间距等。单根钢筋详图按由上而下，用同一比例排列在梁立面图的下方，与之对齐，如图 11.7 所示。

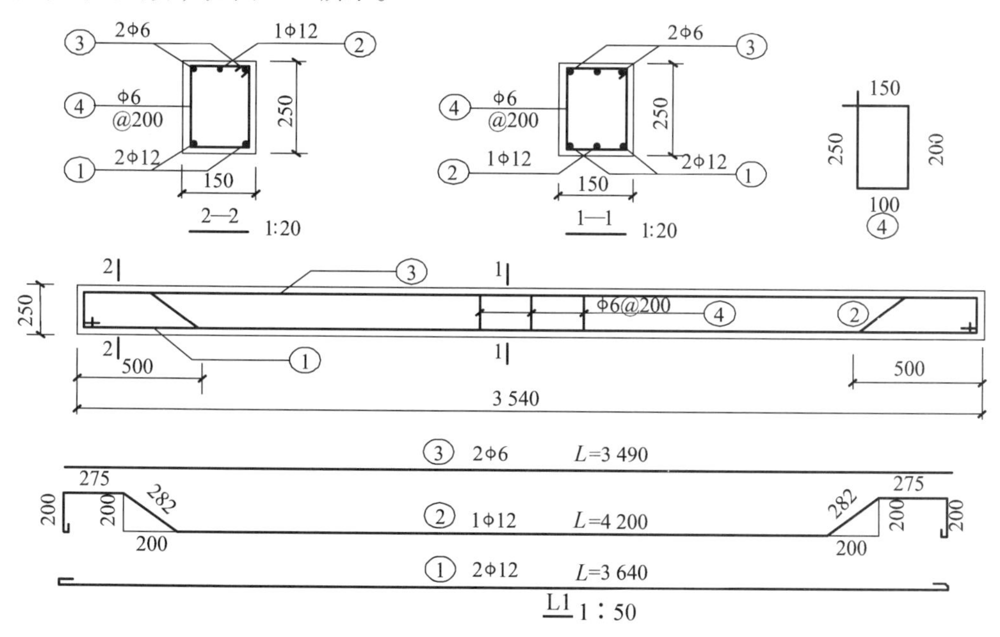

图 11.7　钢筋混凝土梁结构详图

11.4.3　钢筋混凝土构件详图的内容

（1）构件名称或代号、比例。

（2）构件的定位轴线及其编号。

（3）构件的形状、尺寸和预埋件代号及布置。

（4）构件内部钢筋的布置。

（5）构件的外形尺寸、钢筋规格、构造尺寸以及构件底面标高。

（6）施工说明。

11.4.4 钢筋混凝土构件详图的识读

1. 钢筋混凝土梁

梁是房屋结构中的主要承重构件，常见的有过梁、圈梁、楼板梁、框架梁、楼梯梁、雨篷梁等。梁的结构详图由配筋图和钢筋表组成，现以图 11.7 中 L1 梁为例，说明梁的结构详图内容。

2. 钢筋混凝土柱

钢筋混凝土柱构件详图主要包括立面图和断面图。如果柱的外形变化复杂或有预埋件，则还应增画模板图。模板图即构件的外形图，一般用细实线绘制。现以图 11.8 中现浇钢筋混凝土柱的立面图和断面图为例，说明钢筋混凝土柱的图示内容。

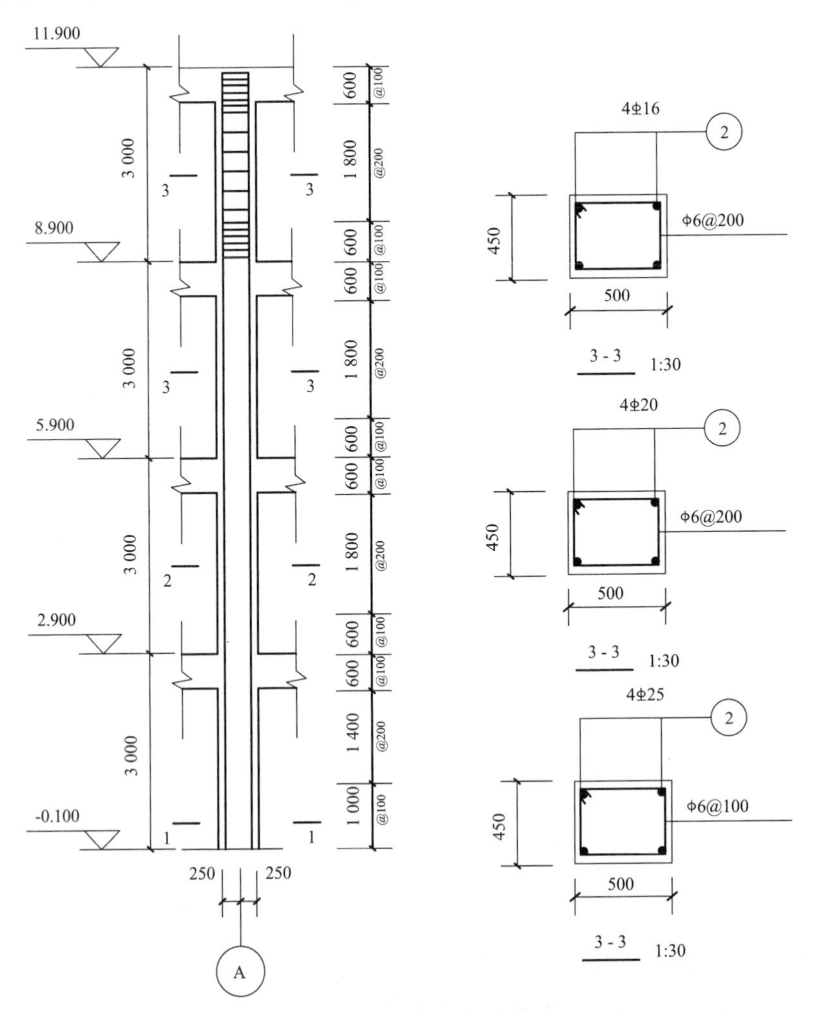

图 11.8 现浇钢筋混凝土柱的结构图

3. 钢筋混凝土板

钢筋混凝土板分现浇和预制两种。钢筋混凝土板详图一般由平面图和节点断面图组成。平面图主要表示钢筋混凝土板的形状和板中钢筋的布置、定位轴线及尺寸、断面图的剖切位置等。

钢筋混凝土雨篷大样图如图 11.9 所示。

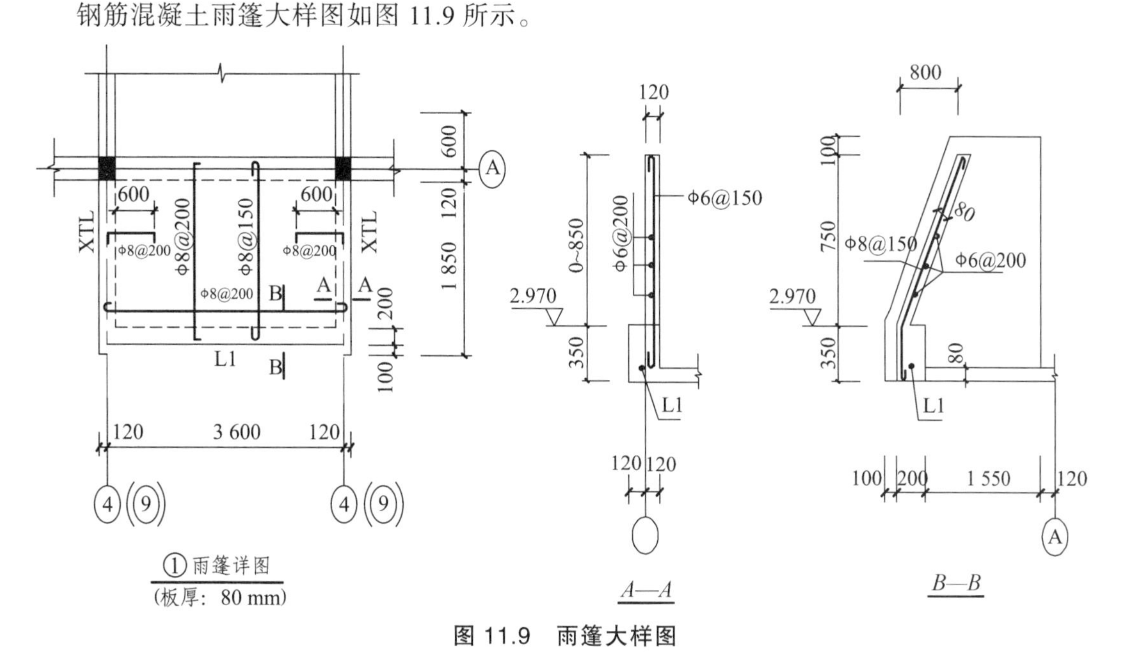

图 11.9　雨篷大样图

11.5　现浇钢筋混凝土构件平面整体设计方法（平法）简介

11.5.1　平法设计的意义及构成

平法的表达形式，概括来讲，是把结构构件的尺寸和配筋等，按照平面整体表示方法的制图规则，整体直接表达在各类构件的结构平面布置图上，再与标准构造详图相配合，即构成一套新型完整的结构设计。

按平法设计绘制的施工图，一般由各类结构构件的平法施工图和标准构造详图两大部分构成。

平法施工图由结构设计者绘制，其系在分构件类型绘制的结构平面布路图上，直接按制图规则标注每个构件的集合尺寸和配筋。在平法施工图之前，还应有结构设计总说明。

标准构造详图由建设主管部门统一颁发，图中提供的是平法施工图中未表达的节点构造和构件本体构造等类不需结构设计工程师绘制的内容。

“标准构造设计”以《国家建筑标准设计》的形式向全国结构工程界出版发行。平法标准构造详图与平法施工图有对应互补关系，是不可或缺的指令性设计文件，如果不具备平法标准构造详图，单独的平法施工图设计文件就不完整。

11.5.2 平法设计的注写方式

在平面布置图上表示各构件尺寸和配筋的方式，分平面注写方式、列表注写方式和截面注写方式三种。

按平法设计绘制结构施工图时，应将所有柱、墙、梁构件进行编号，并用表格或其他方式注明各结构层楼（地）面标高、结构层高及相应的结构层号。

11.5.3 柱平法施工图的制图规则及示例

柱平法施工图系在柱平面布置图上采用列表方式或截面注写方式表达。

（1）截面注写方式系在分标准层绘制的柱平面布置图上，分别在同一编号的柱中选择一个截面，并将此截面在原位放大，以直接注写截面尺寸和配筋具体数值。

（2）列表方式系在柱平面布置图上（一般只需采用适当比例绘制一张柱平面图，包括框架柱、框支柱、梁上柱和剪力墙上柱）分别在同一编号的柱中选择一个（有时需要选择几个）截面标注几何参数代号，在柱表中注写柱编号、柱段起止标高、几何尺寸（包含截面对轴线的偏心情况）与配筋的具体数值，并配以各种柱截面形状及其箍筋类型图的方式，来表达柱平法施工图。

以图 11.10 为例，说明采用截面注写方式表达柱平法施工图的内容。

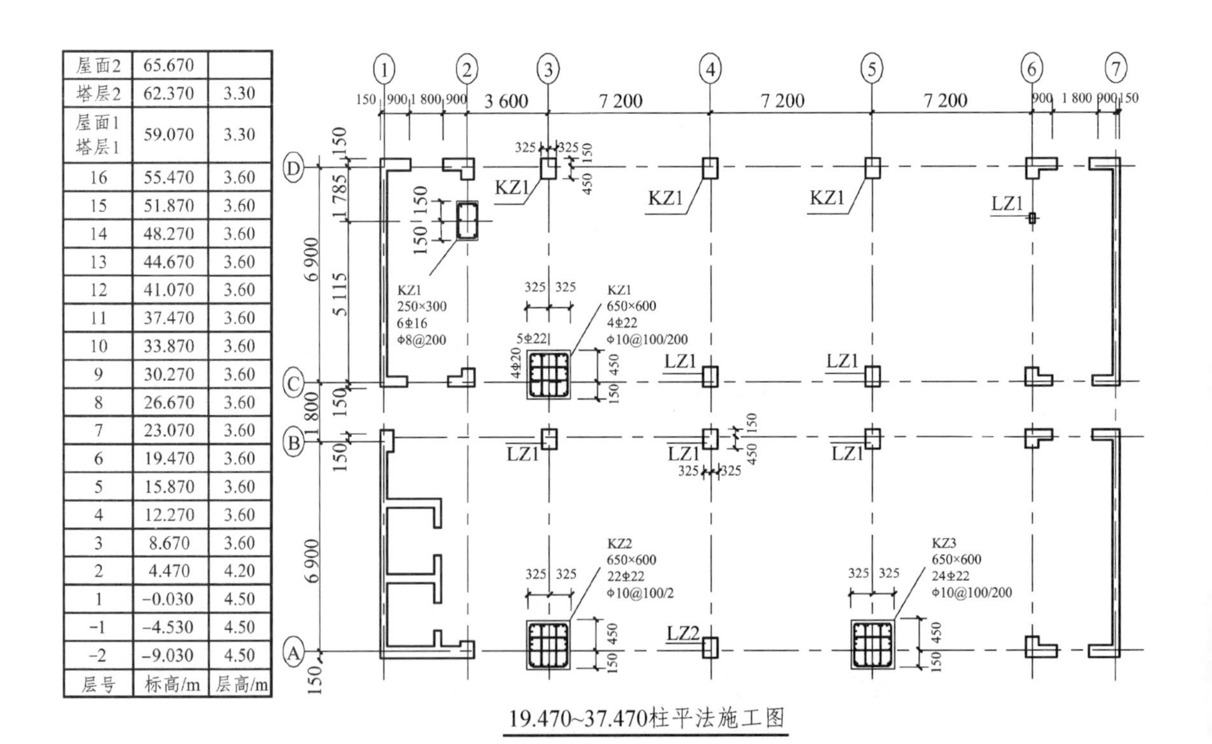

层号	标高/m	层高/m
屋面2	65.670	
塔层2	62.370	3.30
屋面1 塔层1	59.070	3.30
16	55.470	3.60
15	51.870	3.60
14	48.270	3.60
13	44.670	3.60
12	41.070	3.60
11	37.470	3.60
10	33.870	3.60
9	30.270	3.60
8	26.670	3.60
7	23.070	3.60
6	19.470	3.60
5	15.870	3.60
4	12.270	3.60
3	8.670	3.60
2	4.470	4.20
1	-0.030	4.50
-1	-4.530	4.50
-2	-9.030	4.50

图 11.10 柱平法施工图截面注写方式示例

以图 11.11 为例，说明采用列表注写方式表达柱平法施工图的内容。

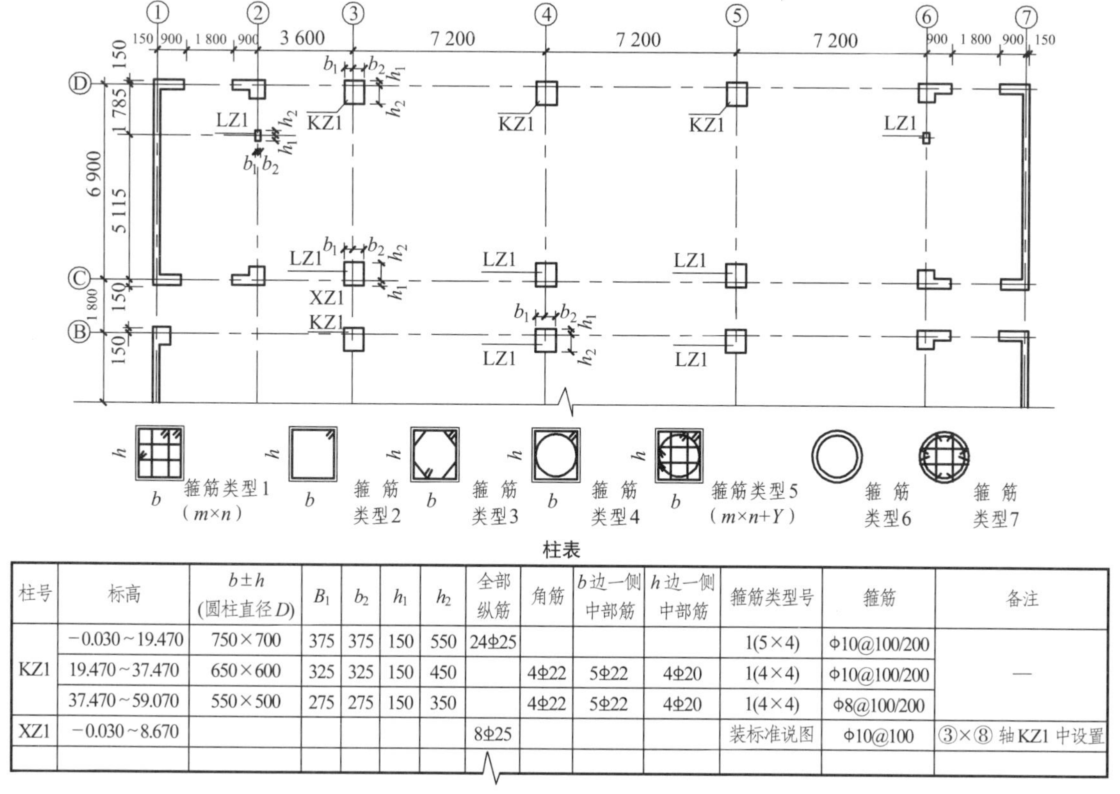

柱表

柱号	标高	b×h (圆柱直径D)	B_1	b_2	h_1	h_2	全部纵筋	角筋	b边一侧中部筋	h边一侧中部筋	箍筋类型号	箍筋	备注
KZ1	−0.030～19.470	750×700	375	375	150	550	24Φ25				1(5×4)	Φ10@100/200	—
	19.470～37.470	650×600	325	325	150	450		4Φ22	5Φ22	4Φ20	1(4×4)	Φ10@100/200	
	37.470～59.070	550×500	275	275	150	350		4Φ22	5Φ22	4Φ20	1(4×4)	Φ8@100/200	
XZ1	−0.030～8.670						8Φ25				装标准说图	Φ10@100	③×⑧ 轴 KZ1 中设置

图 11.11　－0.030～59.070 柱平法施工图（局部）

10.5.4 梁平法施工图的制图规则及示例

梁平法施工图系在梁平面布置图上采用平面注写方式或截面注写方式表达。

1. 平面注写方式

平面注写方式系在梁平面布置图上，分别在不同编号的梁中各选一根梁，以在其上注写截面尺寸和配筋具体数值的方式来表达梁平法施工图。

平面注写包括集中标注和原位标注，集中标注表达梁的通用数值，原位标注表达梁的特殊数值，如图 11.12 所示。

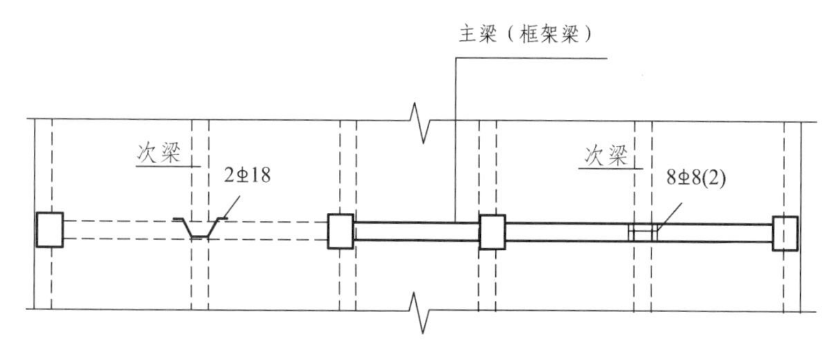

图 11.12　梁平面注写方式示例

梁编号由梁类型代号、序号、跨数及有无悬挑代号几项组成，应符合表 11.6 的规定。

表 11.6　梁编号

梁类型	代号	序号	跨数及是否带有悬挑
楼层框架梁	KL	××	（××）、（××A）或（××B）
层面框架梁	WKL	××	（××）、（××A）或（××B）
框支架	KZL	××	（××）、（××A）或（××B）
非框架梁	L	××	（××）、（××A）或（××B）
悬挑梁	XL	××	
井字梁	JZL	××	（××）、（××A）或（××B）

（1）梁集中标注。

梁集中标注的内容，有五项必注值及一项选注值，规定如下：

第一项：梁编号。

第二项：梁截面尺寸 $b \times h$（宽×高）。

第三项：梁箍筋，包括钢筋级别、直径、加密区与非加密区间距及肢数。

第四项：梁上部通长筋或架立筋。

第五项：梁侧面纵向构造钢筋或受扭钢筋。

第六项：梁顶面标高高差。

（2）梁原位标注。

① 梁支座上部纵筋。

当上部纵筋多于一排时，用斜线“/”将各排纵筋自上而下分开；

当同排纵筋有两种直径时，用加号“+”将两种直径相连，注写时将角部纵筋写在前面；

当梁中间支座两边的上部纵筋不同时，须在支座两边分别标注。

② 梁下部纵筋。

下部纵筋多于一排时，用斜线“/”将各排纵筋自上而下分开；

当同排纵筋有两种直径时，用加号“+”将两种直径的纵筋相连，注写时角筋写在前面；

当梁下部纵筋不全部伸入支座时，将梁支座下部纵筋减少的数量写在括号内；

当已按规定注写了梁上部和下部均为通长的纵筋值时，则不需在梁下部重复做原位标注。

③ 附加箍筋或吊筋。

附加箍筋和吊筋可直接画在平面图中的主梁上，用线引注总配筋值（见图 11.13）。当多数附加箍筋或吊筋相同时，可在梁平法施工图上统一注明，少数与统一注明值不同时，再原位引注。

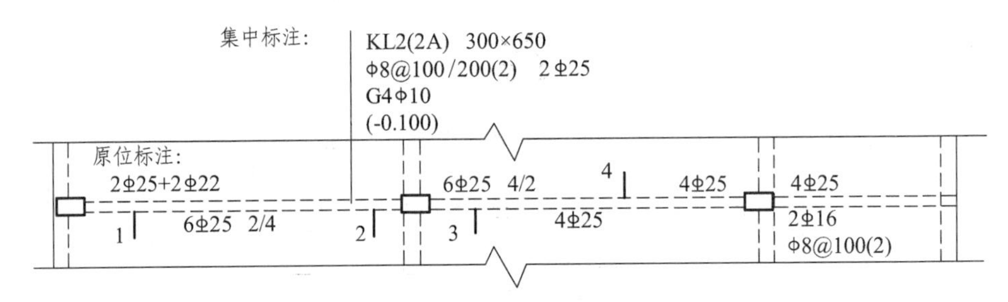

图 11.13　梁的标注注写位置及注写内容

④ 当在梁上集中标注的内容不适用于某跨或某悬挑部分时，则将其不同数值原位标注在该跨或该悬挑部位，施工时应按原位标注数值取用。

梁的原位标注和集中标注的注写位置及内容见图 11.13。梁平法施工图平面注写方式示例见图 11.14。

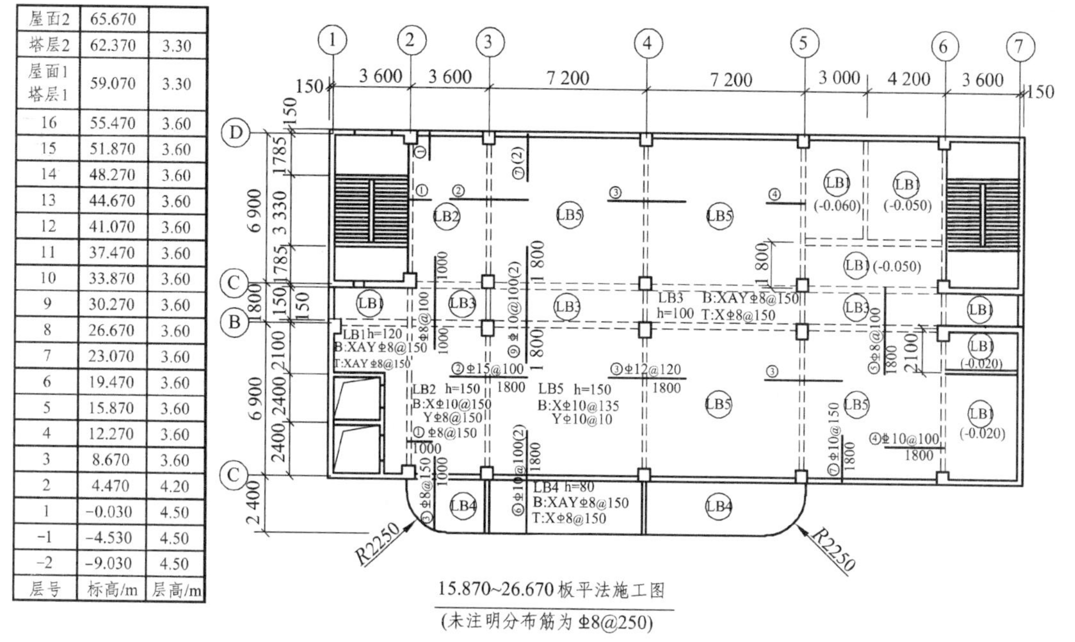

层号	标高/m	层高/m
屋面2	65.670	
塔层2	62.370	3.30
屋面1 塔层1	59.070	3.30
16	55.470	3.60
15	51.870	3.60
14	48.270	3.60
13	44.670	3.60
12	41.070	3.60
11	37.470	3.60
10	33.870	3.60
9	30.270	3.60
8	26.670	3.60
7	23.070	3.60
6	19.470	3.60
5	15.870	3.60
4	12.270	3.60
3	8.670	3.60
2	4.470	4.20
1	-0.030	4.50
-1	-4.530	4.50
-2	-9.030	4.50

图 11.14　梁平法施工图平面注写方式

2. 截面注写方式

截面注写方式系在标准层绘制的梁平面布置图上，分别在不同编号的梁中各选一根梁用剖面号引出配筋图，并用在其上注写截面尺寸和配筋具体数值的方式来表达平法施工图，如图 11.15 所示。

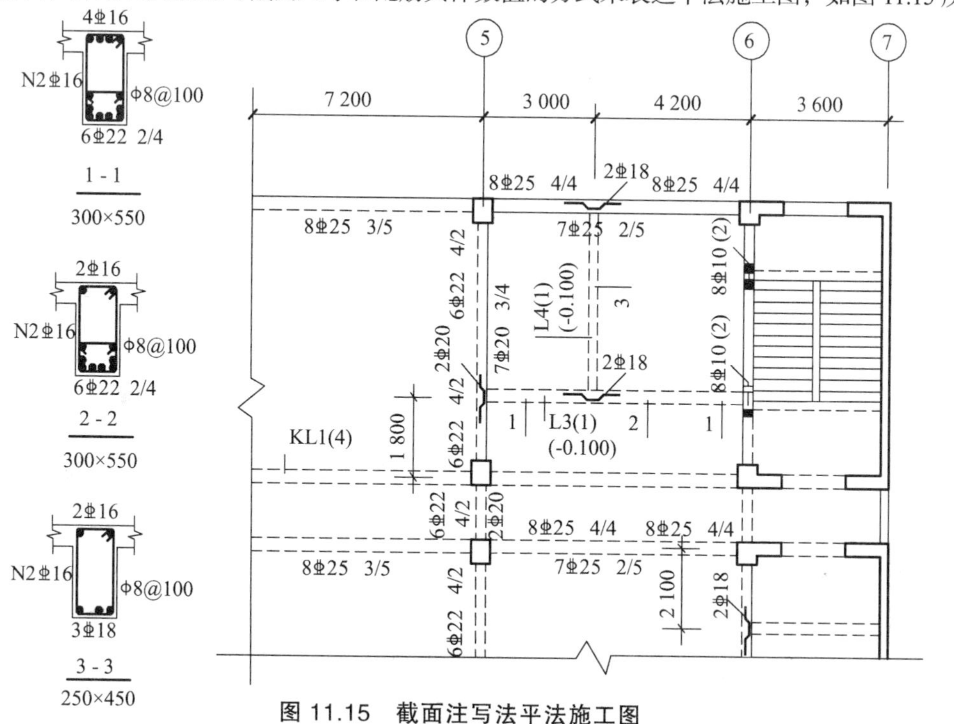

图 11.15　截面注写法平法施工图

注：截面注写方式既可以单独使用，也可以与平面注写方式结合使用，如图 11.16 所示。

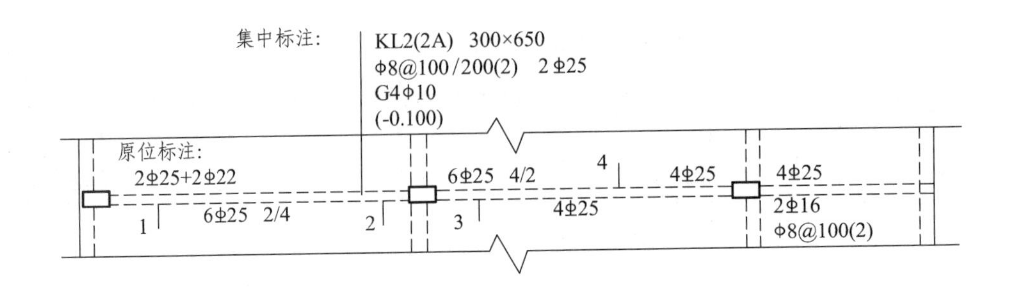

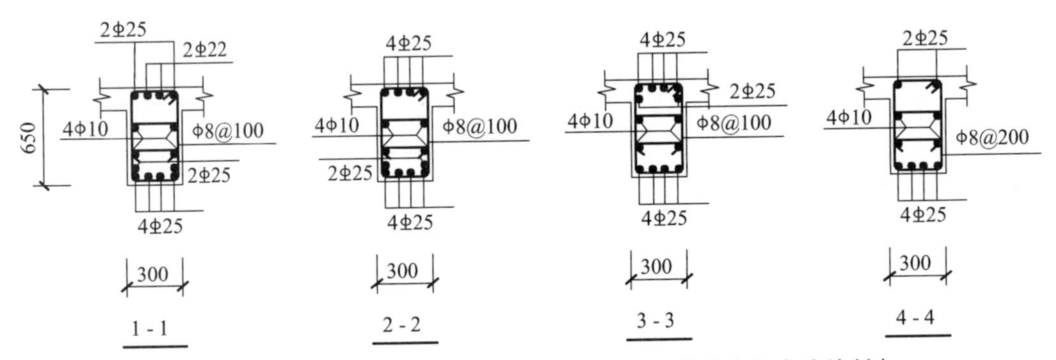

图 11.16 梁的截面配筋图（四个梁截面系采用传统表示方法绘制）

11.6 结构施工图的识读方法及编排顺序

11.6.1 结构施工图的识读要领

在阅读结构施工图前，必须先阅读建筑施工图，由此建立起建筑物的轮廓，并且在识读结构施工图期间，还应反复查核对结构与建筑对同一部位的表示，这样才能准确地理解结构图中所表示的内容。

识读结构施工图也是一个由浅入深、由粗到细的渐进过程。结构施工图用粗线条表示要突出的重点内容，为了使图面清晰常常利用代号代表所表示的构件和做法。

11.6.2 结构施工图的识读步骤

结构施工图的识图步骤如图 11.7 所示。

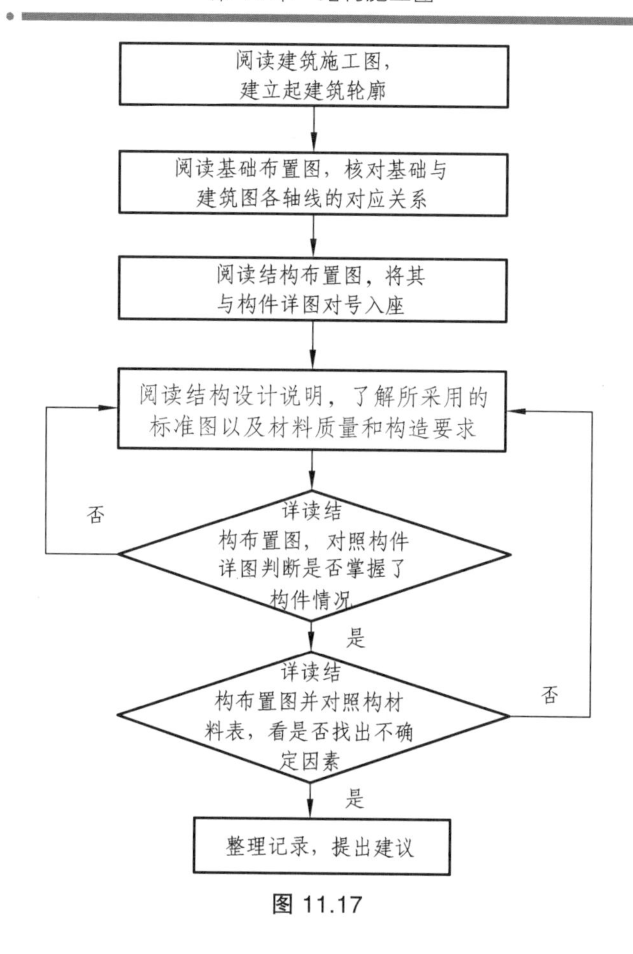

图 11.17

1. 结构设计说明的阅读

了解对结构的特殊要求，了解说明中强调的内容，掌握材料、质量以及要采取的技术措施的内容，了解所采用的技术标准和构造，了解所采用的标准图。

2. 基础布置图的识读

要注意基础的标高和定位轴线的数值，了解基础的形式和区别，注意其他工种在基础上的预埋件和留洞。

（1）查阅建筑图，核对所有的轴线是否和基础一一对应，了解是否有的墙下无基础而用基础梁替代，基础的形式有无变化，有无设备基础。

（2）对照基础的平面和剖面，了解基底标高和基础顶面标高有无变化，有变化时是如何处理的。

（3）了解基础中预留洞和预埋件的平面位置、标高、数量。

（4）了解基础的形式和做法。

（5）了解各个部位的尺寸和配筋。

（6）反复以上的过程，解决没有看清楚的问题。对遗留问题整理好记录。

3. 结构布置图的识读

结构布置图，由结构平面图和剖面图或标准图组成。

（1）了解结构的类型，了解主要构件的平面位置与标高，并与建筑图结合了解各构件的位置和标高的对应情况。

（2）结合剖面图、标准图和详图对主要构件进行分类，了解它们的相同之处和不同点。

（3）了解各构件节点构造与预埋件的相同之处和不同点。

（4）了解整个平面内，洞口、预埋件的做法与相关专业的连接要求。

（5）了解各主要构件的细部要求和做法，反复以上步骤，逐步深入了解，遇到不清楚的地方在记录中标出，进一步详细查找相关的图纸，并结合结构设计说明认定核实。

（6）了解其他构件的细部要求和做法，反复以上步骤，消除记录中的疑问，确定存在的问题，整理、汇总、提出图纸中存在的遗漏和施工中存在的困难，为技术交底或会审图纸提供资料。

4. 结构详图的识读

（1）首先应将构件对号入座，即：核对结构平面上，构件的位置、标高、数量是否与详图相吻合，有无标高、位置和尺寸的矛盾。

（2）了解构件与主要构件的连接方法，看能否保证其位置或标高，是否存在与其他构件相抵触的情况。

（3）了解构件中配件或钢筋的细部情况，掌握其主要内容。

（4）结合材料表核实以上内容。

11.6.3 结构施工图的编排顺序

结构施工图的编排顺序如图 11.18 所示。

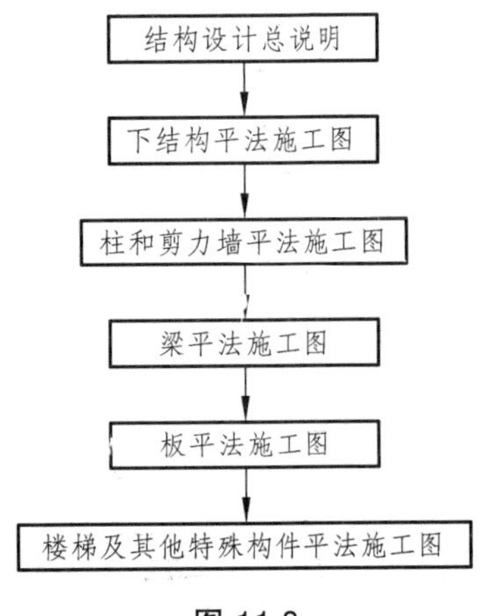

图 11.8

本章小结

（1）结构施工图是建筑工程上所运用的一种能十分准确表达建筑物外形轮廓、尺寸、结构构造和材料做法的图样。建筑物的实体建造离不开结构施工图。

（2）通过本章的学习，了解了结构施工图的内容和看图方法、绘图步骤。通过举例，具体学习了钢筋混凝土构件、基础图、结构平面图的识读方法。特别针对目前结构施工图普遍采用的平法标注形式做了重点说明。

练习题

1. 结构施工图包含哪几部分？

2. 结构平面图包括什么内容？

3. 结构详图主要分为哪几类？

4. 钢筋混凝土构件的钢筋，按其作用可分为哪几种？各自的作用是什么？

5. 在梁平法施工图中任意找出一个梁，画出次梁构件的配筋图（立面图、断面图、钢筋表）。

第 12 章　设备施工图及装饰施工图

学习目标及能力要求：

了解室内给排水施工图的特点、内容，掌握给排水施工图的识读方法；了解室内采暖、供暖施工图的读图方法；了解室内电气施工图的组成和识读方法；掌握装饰施工图的识读方法。

能够识读简单的室内给排水施工图，室内装饰施工图；能够看懂室内采暖、供暖施工图和室内电气施工图。

12.1　室内给排水施工图

12.1.1　建筑室内给排水施工图的内容和识读

建筑室内给排水施工图在识读前应注意以下几个问题：

（1）熟悉室内给水排水施工图图例。

（2）系统图的绘制方法——斜等轴测图，如图 12.1 所示。

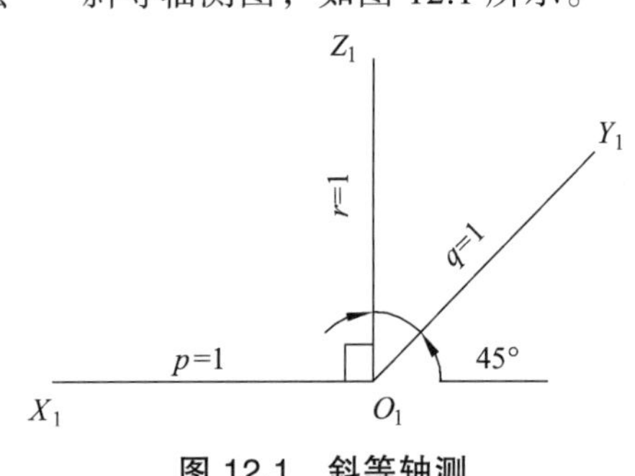

图 12.1　斜等轴测

（3）给排水施工图与建筑施工图有密切的关系，留洞、预埋件、管沟等对土建的要求应在图纸上明确标注。

1. 建筑室内给排水施工图的内容

（1）图线。

建筑给排水施工图的线宽 b 应根据图纸的类别、比例和复杂程度确定。一般线宽 b 宜为 0.7 mm 或 1.0 mm。常用的线型应符合 GB/T 50106—2010 中的规定。

（2）标高、管径及编号。

室内工程应标注相对标高；室外工程应标注绝对标高，当无绝对标高资料时，可标注相对标高，但应与总图专业一致。

下列部位应标注标高：沟渠和重力流管道的起讫点、转角点、连接点、变尺寸（管径）点及交叉点；压力流管道中的标高控制点；管道穿外墙、剪力墙和构筑物的壁及底板等处；不同水位线处；构筑物和土建部分的相关标高。压力管道应标注管中心标高，沟渠和重力流管道宜标注沟（管）内底标高。

标高的标注方法应符合下列规定：

① 平面图中，管道标高应按图 12.2 所示的方式标注；

② 平面图中，沟渠标高应按图 12.3 所示的方式标注；

③ 剖面图中，管道及水位的标高应按图 12.4 所示的方式标注；

④ 轴测图中，管道标高应按图 12.5 所示的方式标注。

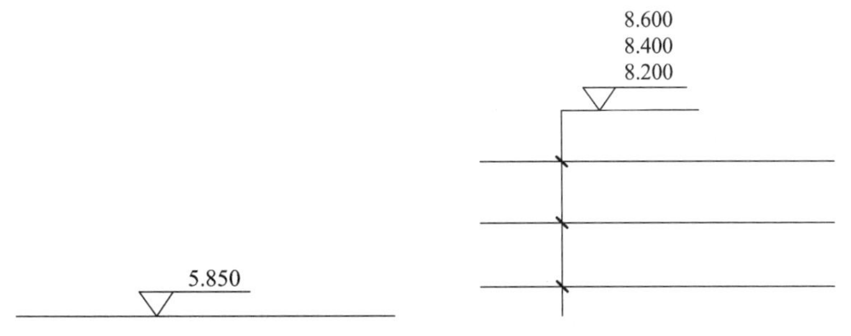

图 12.2　平面图中管道标高标注法

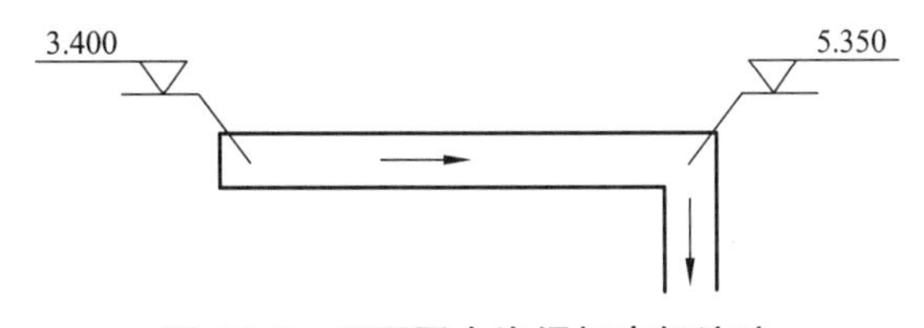

图 12.3　平面图中沟渠标高标注法

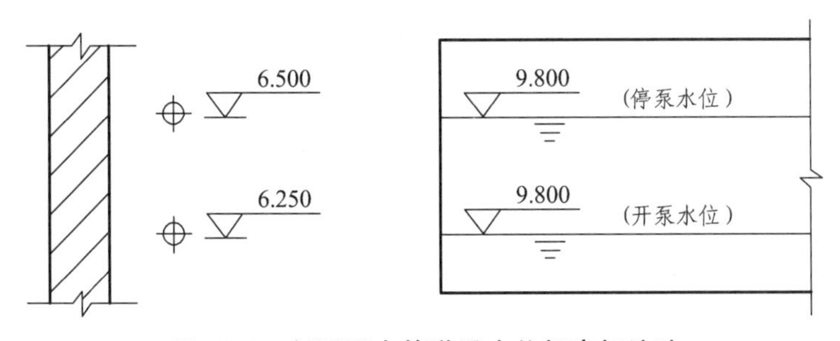

图 12.4　剖面图中管道及水位标高标注法

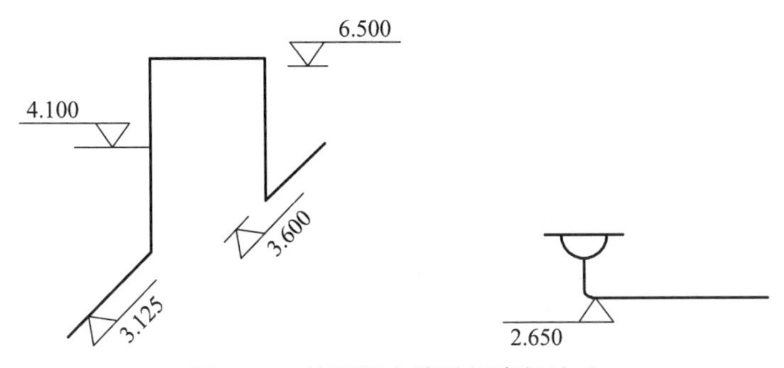

图 12.5　轴测图中管道标高标注法

管径应以毫米为单位。水煤气输送钢管（镀锌或非镀锌）、铸铁管等管材，管径宜以公称直径 *DN* 表示（如 *DN*15、*DN*50）；无缝钢管、焊接钢管（直缝或螺旋缝）、铜管、不锈钢管等管材，管径宜以外径 *D*×壁厚表示（如 *D*108×4、*D*159×4.5 等）；钢筋混凝土（或混凝土）管、陶土管、耐酸陶瓷管、缸瓦管等管材，管径宜以内径 *d* 表示（如 *d*230、*d*380 等）；塑料管材，管径宜按产品标准的方法表示。当设计均用公称直径 *DN* 表示管径时，应用公称直径 *DN* 与相应产品规格对照表。

管径的标注方法应符合下列规定：

① 单根管道时，管径应按图 12.6 所示的方式标注；

② 多根管道时，管径应按图 12.7 所示的方式标注。

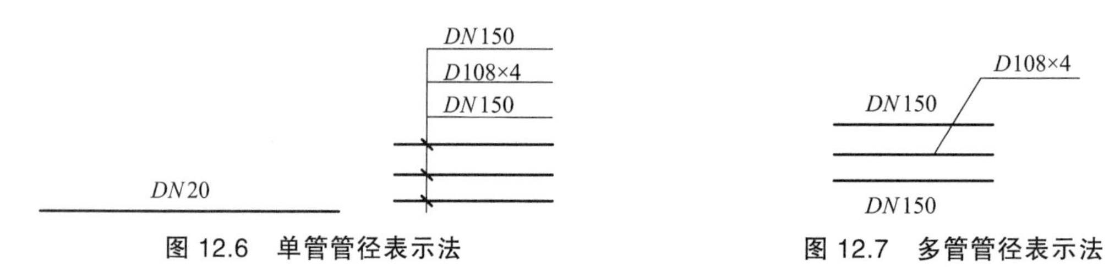

图 12.6　单管管径表示法　　图 12.7　多管管径表示法

当建筑物的给水引入管或排水排出管的数量超过 1 根时，宜进行编号，编号宜按图 12.8 所示的方法表示。

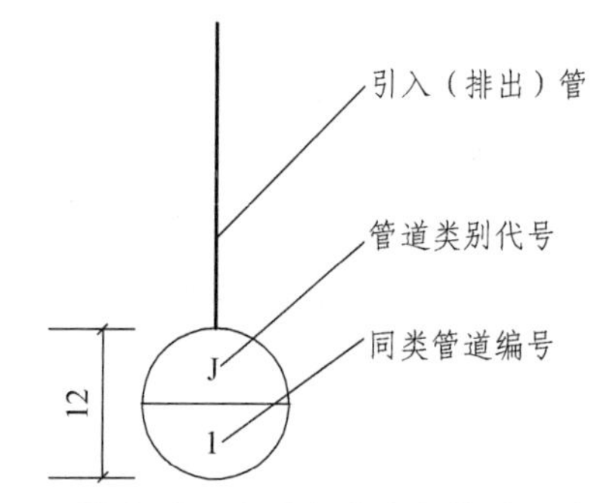

图 12.8　给水引入（排水排出）管编号表示方法

建筑物穿越楼层的立管，其数量超过 1 根时宜进行编号，编号宜按图 12.9 所示的方法表示。

图 12.9　立管编号表示方法

在总平面图中，当给排水附属构筑物的数量超过 1 个时，宜进行编号。编号方法为：构筑物代号-编号。给水构筑物的编号顺序宜为：从水源到干管，再从干管到支管，最后到用户。排水构筑物的编号顺序宜为：从上游到下游，先干管后支管。

当给排水机电设备的数量超过 1 台时，宜进行编号，并应有设备编号与设备名称对照表。

（3）常用给排水图例。

建筑给排水图纸上的管道、卫生器具、设备等均按照《给水排水制图标准》（GB/T 50106—2010）使用统一的图例来表示。在《给水排水制图标准》中列出了管道、管道附件、管道连接、管件、阀门、给水配件、消防设施、卫生设备及水池、小型给水排水构筑物、给水排水设备、仪表等共 11 类图例。这里仅给出一些常用图例供参考，见表 12.1。

表 12.1

图　例	名　称	图　例	名　称	图　例	名　称
J	生活给水管		存水弯		污水池
W	污水管		圆形地		蹲式大便器
	管道交叉	DN≥50　DN＜50	截止阀		坐式大便器
	三通连接		放水龙头		浴盆
	四通连接		水表		洗脸盆
XL-1 平面　XL-1 系统	管道立管				

2. 建筑给排水施工图的主要内容

建筑给排水施工图一般由图纸目录、主要设备材料表、设计说明、图例、平面图、系统图（轴测图）、施工详图等组成。室外小区给排水工程，根据工程内容还应包括管道断面图、给排水节点图等。

各部分的主要内容包括：

（1）平面布置图。

给水、排水平面图应表达给水、排水管线和设备的平面布置情况。根据建筑规划，在设计图纸中，用水设备的种类、数量、位置，均要作出给水和排水平面布置；各种功能管道、管道附件、卫生器具、用水设备，如消火栓箱、喷头等，均应用各种图例表示；各种横干管、立管、支管的管径、坡度等，均应标出。平面图上管道都用单线绘出，沿墙敷设时不注管道距墙面的距离。

一张平面图上可以绘制几种类型的管道，一般来说给水和排水管道可以在一起绘制。若图纸管线复杂，也可以分别绘制，以图纸能清楚地表达设计意图而图纸数量又很少为原则。

建筑内部给排水，以选用的给水方式来确定平面布置图的张数。底层及地下室必绘；顶层若有高位水箱等设备，也必须单独绘出。建筑中间各层，如卫生设备或用水设备的种类、数量和位置都相同，绘一张标准层平面布置图即可；否则，应逐层绘制。

在各层平面布置图上，各种管道、立管应编号标明。

（2）系统图。

系统图，也称“轴测图”，其绘法取水平、轴测、垂直方向，完全与平面布置图比例相同。系统图上应标明管道的管径、坡度，标出支管与立管的连接处，以及管道各种附件的安装标高，标高的 ± 0.00 应与建筑图一致。系统图上各种立管的编号应与平面布置图相一致。系统图均应按给水、排水、热水等各系统单独绘制，以便于施工安装和概预算应用。

统图中对用水设备及卫生器具的种类、数量和位置完全相同的支管、立管，可不重复完全绘出，但应用文字标明。当系统图立管、支管在轴测方向重复交叉影响识图时，可断开移到图面空白处绘制。

建筑居住小区给排水管道一般不绘系统图，但应绘管道纵断面图。

（3）施工详图。

凡平面布置图、系统图中局部构造因受图面比例限制而表达不完善或无法表达的，为使施工概预算及施工不出现失误，必须绘出施工详图。通用施工详图系列，如卫生器具安装、排水检查井、雨水检查井、阀门井、水表井、局部污水处理构筑物等，均有各种施工标准图，施工详图宜首先采用标准图。

绘制施工详图的比例以能清楚绘出构造为根据选用。施工详图应尽量详细注明尺寸，不应以比例代替尺寸。

（4）设计施工说明及主要材料设备表。

用工程绘图无法表达清楚的给水、排水、热水供应、雨水系统等管材、防腐、防冻、防露的做法，或难以表达的诸如管道连接、固定、竣工验收要求、施工中特殊情况技术处理措施，或施工方法要求严格必须遵守的技术规程、规定等，可在图纸中用文字写出设计施工说明。工程选用的主要材料及设备表，应列明材料类别、规格、数量，设备品种、规格和主要尺寸。此外，施工图还应绘出工程图所用图例。

所有图纸及施工说明等应编排有序，写出图纸目录。

3. 建筑室内给排水施工图的识读

（1）室内给排水施工图的识读方法。

阅读主要图纸之前，应当先看说明和设备材料表，然后以系统图为线索深入阅读平面图、系统图及详图。

阅读时，三种图应相互对照来看。先看系统图，对各系统做到大致了解。看给水系统图时，可由建筑的给水引入管开始，沿水流方向经干管、立管、支管到用水设备；看排水系统图时，可由排水设备开始，沿排水方向经支管、横管、立管、干管到排出管。

（2）平面图的识读。

室内给排水管道平面图是施工图纸中最基本和最重要的图纸，常用的比例是 1∶100 和 1∶50 两种。它主要表明建筑物内给排水管道及卫生器具和用水设备的平面布置。图上的线条都是示意性的，同时管材配件如活接头、补心、管箍等也不画出来，因此在识读图纸时还必须熟悉给排水管道的施工工艺。

在识读管道平面图时，应该掌握的主要内容和注意事项如下：

① 查明卫生器具、用水设备和升压设备的类型、数量、安装位置、定位尺寸。

② 弄清给水引入管和污水排出管的平面位置、走向、定位尺寸、与室外给排水管网的

连接形式、管径及坡度等。

③ 查明给排水干管、立管、支管的平面位置与走向、管径尺寸及立管编号。从平面图上可清楚地查明是明装还是暗装，以确定施工方法。

④ 消防给水管道要查明消火栓的布置、口径大小及消防箱的形式与位置。

⑤ 在给水管道上设置水表时，必须查明水表的型号、安装位置以及水表前后阀门的设置情况。

⑥ 对于室内排水管道，还要查明清通设备的布置情况，清扫口和检查口的型号和位置。

（3）系统图的识读。

给排水管道系统图主要表明管道系统的立体走向。

在给水系统图上，卫生器具不画出来，只需画出水龙头、淋浴器莲蓬头、冲洗水箱等符号；用水设备如锅炉、热交换器、水箱等则画出示意性的立体图，并在旁边注以文字说明。

在排水系统图上也只画出相应的卫生器具的存水弯或器具排水管。

在识读系统图时，应掌握的主要内容和注意事项如下：

① 查明给水管道系统的具体走向，干管的布置方式，管径尺寸及其变化情况，阀门的设置，引入管、干管及各支管的标高。

② 查明排水管道的具体走向、管路分支情况、管径尺寸与横管坡度、管道各部分标高、存水弯的形式、清通设备的设置情况、弯头及三通的选用等。识读排水管道系统图时，一般按卫生器具或排水设备的存水弯、器具排水管、横支管、立管、排出管的顺序进行。

③ 系统图上对各楼层标高都有注明，识读时可据此分清管路是属于哪一层的。

（4）详图的识读。

室内给排水工程的详图包括节点图、大样图、标准图，主要是管道节点、水表、消火栓、水加热器、开水炉、卫生器具、套管、排水设备、管道支架等的安装图及卫生间大样图等。

这些图都是根据实物用正投影法画出来的，图上都有详细尺寸，可供安装时直接使用。

12.1.2　室内给排水施工图的识读实例

这里以图 12.10 ~ 图 12.13 所示的给排水施工图中左单元左边住户为例介绍其识读过程。

1. 施工说明

本工程施工说明如下：

（1）图中尺寸标高以米计，其余均以毫米计。本住宅楼日用水量为 13.4 t。

（2）给水管采用 PPR 管材与管件连接；排水管采用 UPVC 塑料管，承插黏接。出屋顶的排水管采用铸铁管，并刷防锈漆、银粉各两道。给水管 D_e16 及 D_e20 管壁厚为 2.0 mm，D_e25 管壁厚为 2.5 mm。

（3）给排水支吊架安装见 98S10，地漏采用高水封地漏。

（4）坐便器安装见 98S1-85，洗脸盆安装见 98S1-41，住宅洗涤盆安装见 98S1-9，拖布池安装见 98S1-8，浴盆安装见 98S1-73。

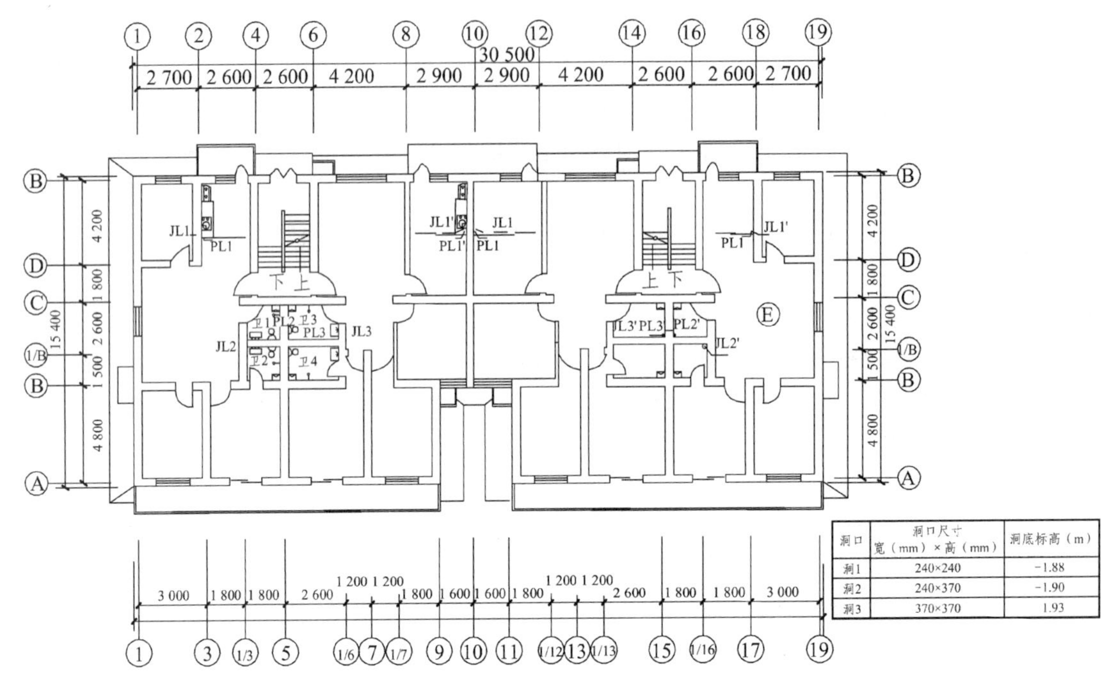

洞口	洞口尺寸 宽（mm）×高（mm）	洞底标高（m）
洞1	240×240	-1.88
洞2	240×370	-1.90
洞3	370×370	1.93

图 12.10　给排水水平干管平面图

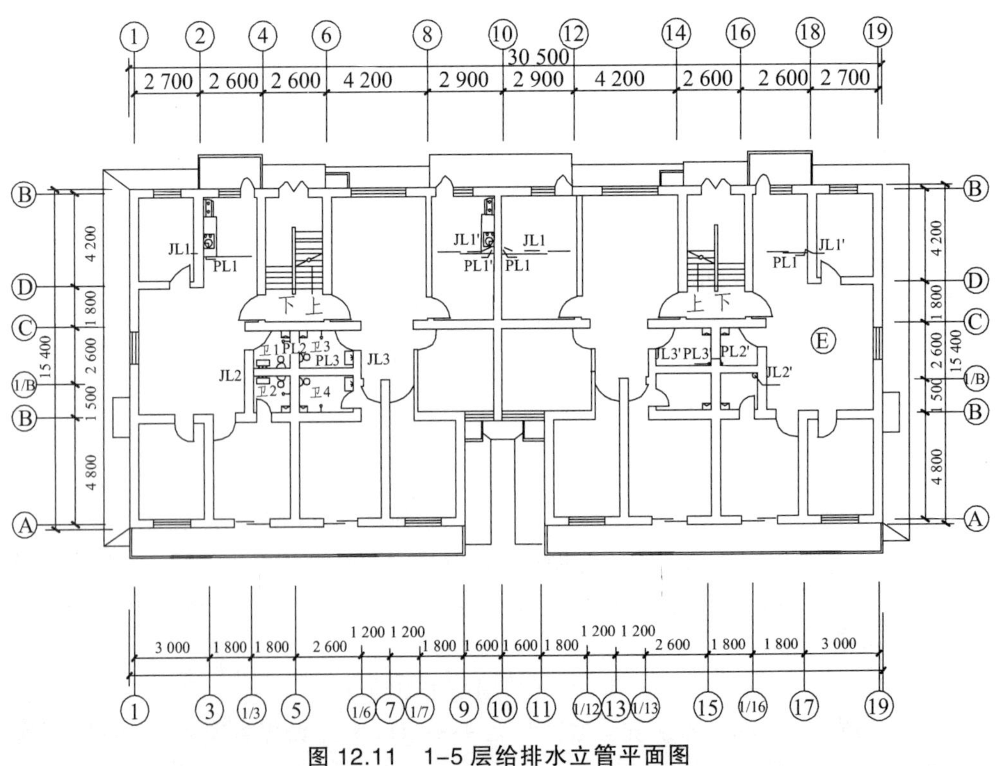

图 12.11　1-5 层给排水立管平面图

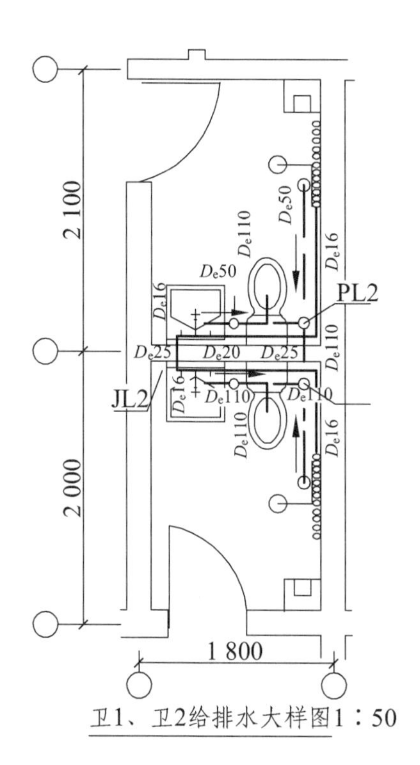

卫1、卫2给排水大样图1：50

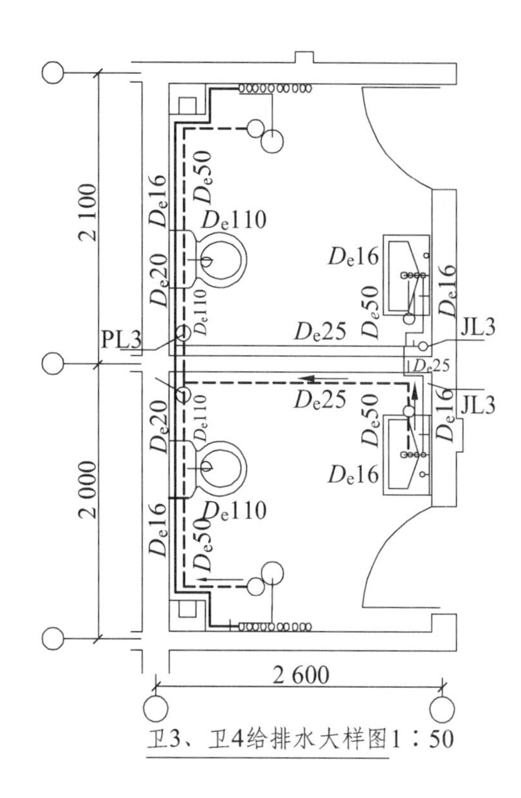

卫3、卫4给排水大样图1：50

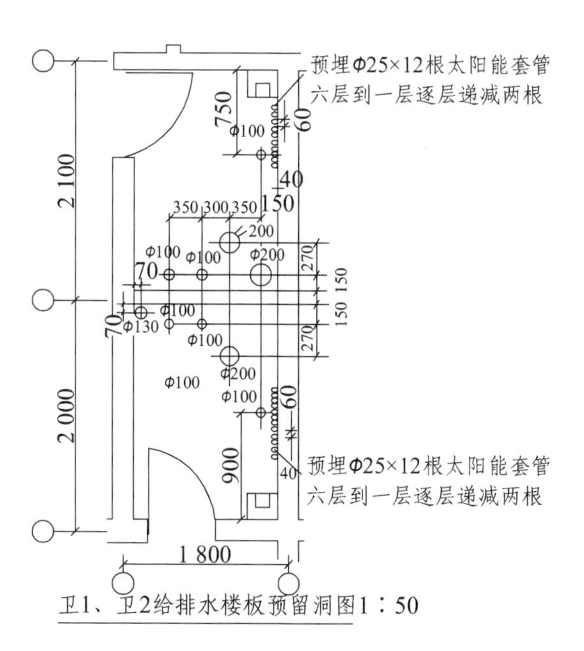

卫1、卫2给排水楼板预留洞图1：50

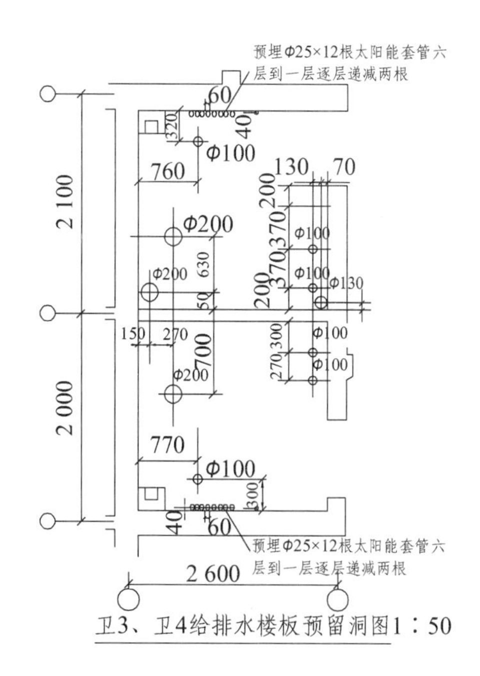

卫3、卫4给排水楼板预留洞图1：50

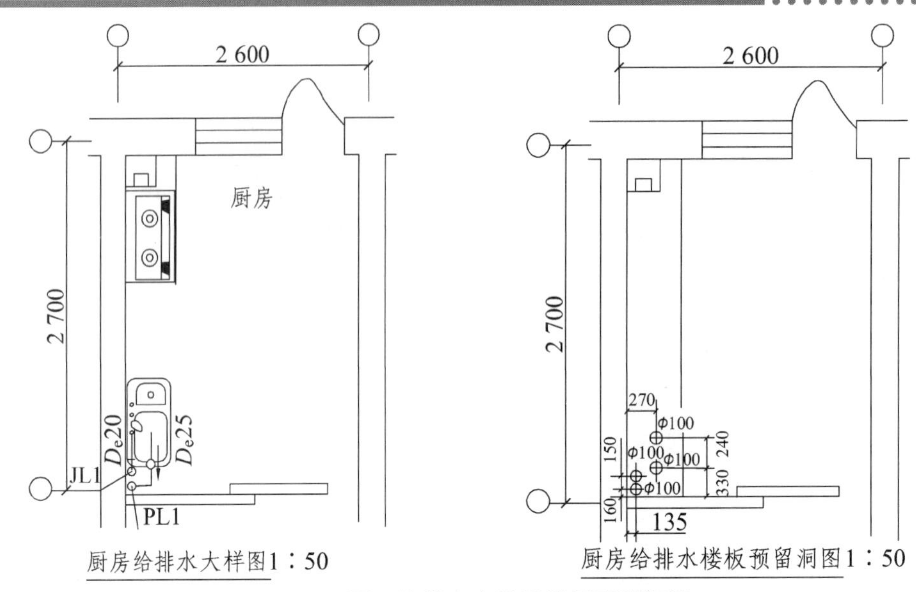

图 12.12 厨卫给排水大样及楼板预留洞图

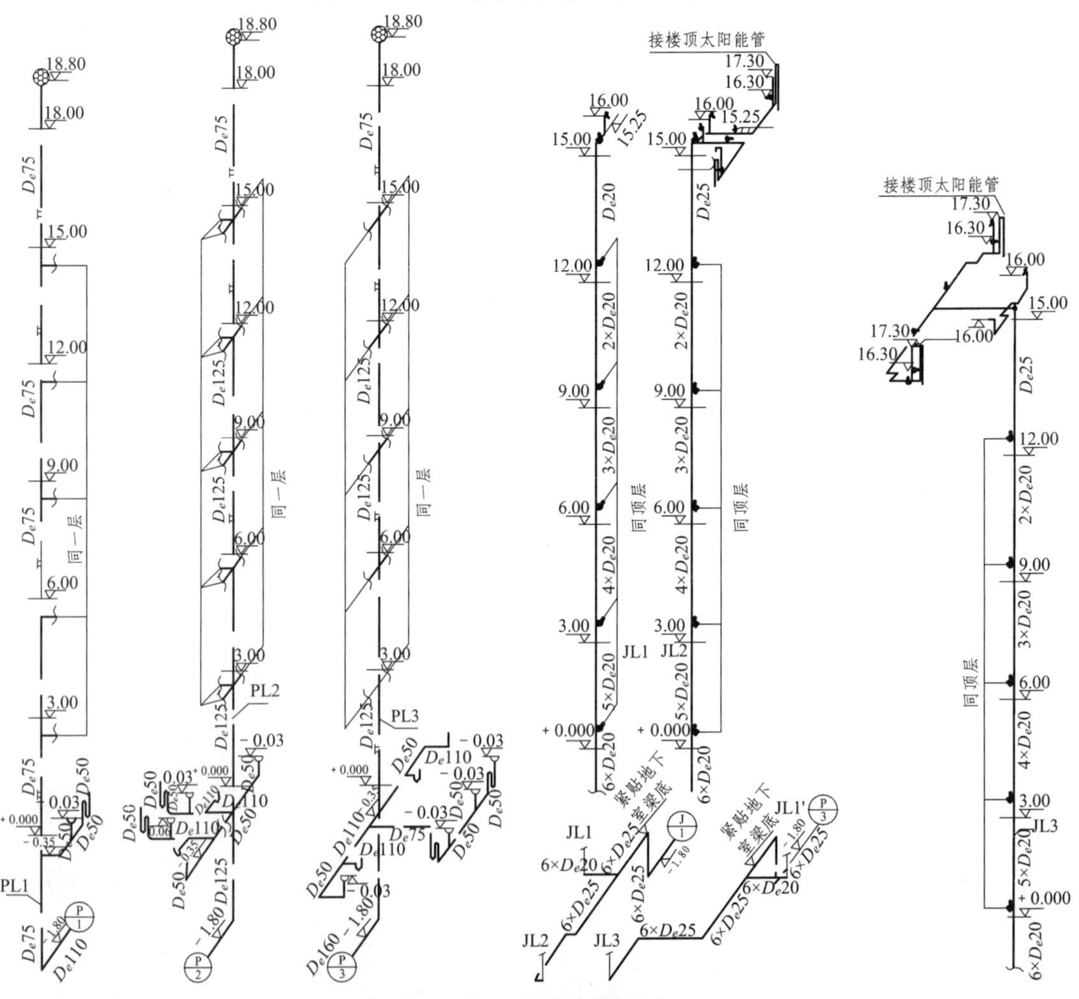

图 12.13 给排水系统图

（5）给水采用一户一表出户安装，安装详见××市供水公司图集 XSB-01。所有给水阀门均采用铜质阀门。

（6）排水立管在每层标高 250 mm 处设伸缩节，伸缩节作法见 98S1-156～98S1-158。

（7）排水横管坡度采用 0.026。

（8）凡是外露与非采暖房间给排水管道均采用 40 mm 厚聚氨酯保温。

（9）卫生器具采用优质陶瓷产品，其规格型号由甲方定。

（10）安装完毕进行水压试验，试验工作严格按现行规范要求进行。

（11）说明未详尽之处均严格按现行规范及 98S1 规定施工及验收。

2. 图　例

本工程图例如表 12.1 所示。

3. 给水排水平面图识读

给水排水平面图的识读一般从底层开始，逐层阅读。

（1）给水系统。

（2）排水系统。

4. 给排水系统图识读

（1）给水系统。

（2）排水系统。

12.2　室内采暖施工图

12.2.1　室内采暖施工图的组成

供暖施工图一般分为室外和室内两部分。

室外部分表示一个区域的供暖管网，包括总平面图、管道横纵剖面图、详图及设计施工说明。

室内部分表示一幢建筑物的供暖工程，包括供暖系统平面图、轴测图、详图及设计、施工说明。

供暖系统施工图图例：看设计说明，常用的要记住。

室内采暖系统施工图由施工说明、施工平面图、采暖系统图和采暖施工详图及大样图组成。

我们识读施工图，要先看施工说明，从文字说明中主要了解几方面的内容：① 散热器的型号；② 管道的材料及管道的连接方式；③ 管道、支架、设备的刷油和保温做法；④ 施工图中使用的标准图和通用图。再看室内采暖施工平面图。采暖平面图是室内采暖系统工程的最基本和最重要的图，它主要表明采暖管道和散热器等的平面布置和平面位置。要注意以下几点：① 散热器的位置和片数；② 供、回水干管的布置方式及干管上的阀门、固定支架、伸缩器的平面位置；③ 膨胀水箱、集气罐等设施的位置；④ 管子在哪些地方走地沟。

采暖系统图主要表示采暖系统管道在空间的走向。在识读采暖管道系统图时，要注意以下几点：① 弄清采暖管道的来龙去脉，包括管道的空间走向和空间位置，管道直径及管道变径点的位置；② 管道上阀门的位置、规格；③ 散热器与管道的连接方式；④ 和平面图对照，看哪些管道是明装，哪些管道是暗装。最后看采暖施工图详图及大样图。在采暖平面图和系统图中表示不清楚又无法用文字说明的地方，一般可用详图表示。采暖系统施工图的详图包括：① 地沟内支架的安装大样图；② 地沟入口处详图，即热力入口详图；③ 膨胀水箱间安装详图等。

12.2.2 室内供暖施工图的组成

1. 供暖平面图

首层平面图包括：① 供热总管和回水总管的进出口，并注明管径、标高及回水干管的位置，管径坡度、固定支架位置等；② 立管的位置及编号；③ 散热器的位置及每组散热器的片数，散热器的安装与立、支管的连接方式，如图 12.14 所示。

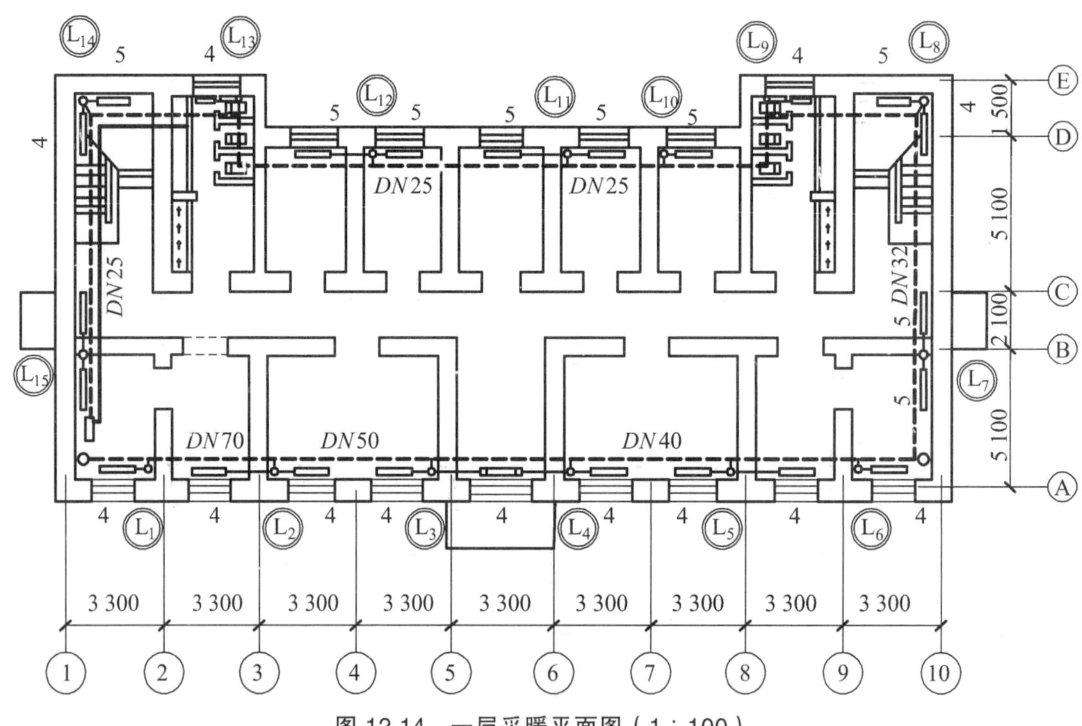

图 12.14　一层采暖平面图（1：100）

楼层平面图（即中间层平面图）包括：① 立管的位置及编号；② 散热器的位置及每组散热器的片数，散热器的安装与立、支管的连接方式，如图 12.15 所示。

顶层平面图包括：① 供热干管的位置、管径、坡度、固定支架位置等；② 管道最高处集气罐、放风装置、膨胀水箱的位置、标高、型号等；③ 立管的位置及编号；④ 散热器的位置及每组散热器的片数，散热器的安装与立、支管的连接方式。

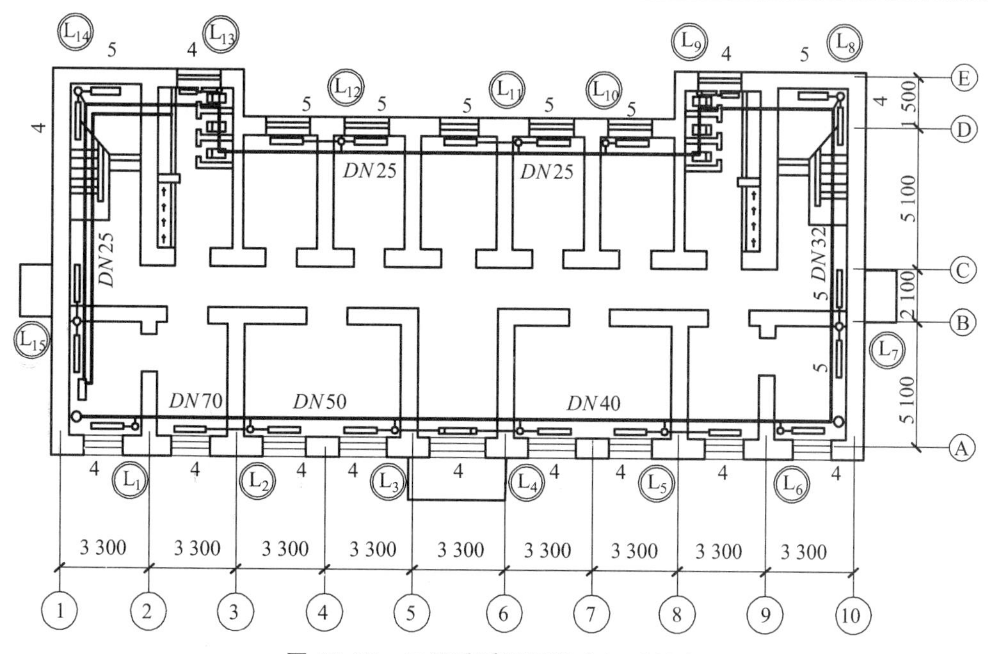

图 12.15　二层采暖平面图（1：100）

2. 采暖系统轴测图

采暖系统轴测图表示整个建筑内采暖管道系统的空间关系，管道的走向及其标高、坡度，立管及散热器等各种设备配件的位置等。轴测图中的比例、标注必须与平面图一一对应，如图 12.16 所示。

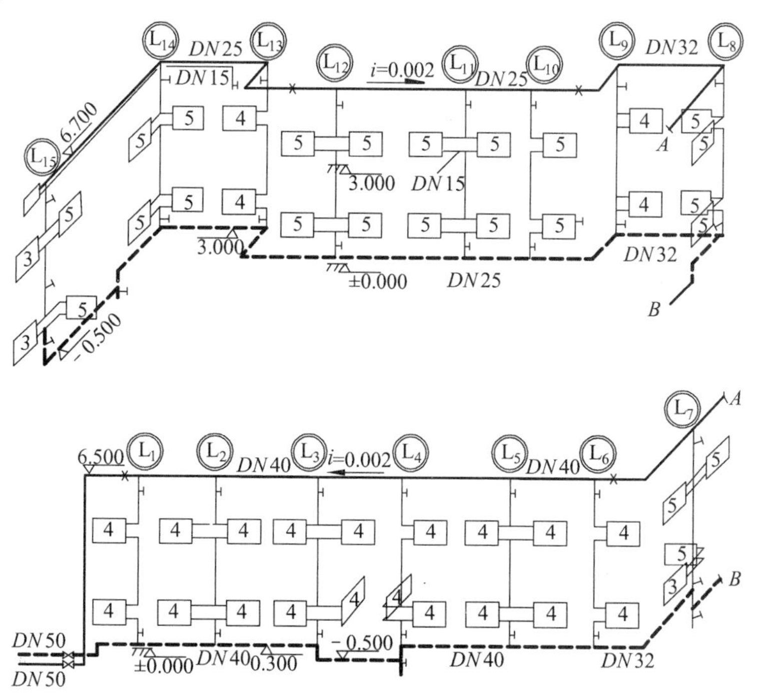

图 12.16　采暖系统轴测图（1：100）

3. 详　图

详图主要表明供暖平面图和系统轴测图中复杂节点的详细构造及设备安装方法。

采暖施工图中的详图有散热器安装详图，集气罐的构造、管道的连接详图，补偿器、疏水器的构造详图，图 12.17 所示为散热器安装详图。

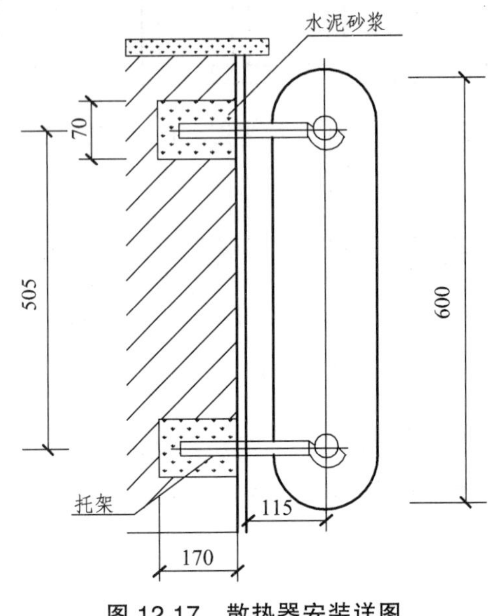

图 12.17　散热器安装详图

12.3　室内电气施工图

12.3.1　电气施工图的组成

在现代建筑装饰装修工程中，都要安装许多电气设施。每一项电气工程或设施，都需要经过专门设计表达在图纸上，与这些有关的图纸就是电气施工图。

电气施工图所表达的内容有两个：一是供电、配电线路的规格与敷设方式；二是各类电气设备及配件的选型、规格及安装方式。导线、各种电气设备及配件等本身，均是用国际规定的图例、符号及文字表示，标绘在按比例绘制的建筑物各种投影图中的（系统图除外），这是电气施工图的一个特点。一般一项工程的电气施工图可由以下几部分组成：

（1）首页。首页内容包括电气工程图纸目录、图例、设备明细表、设计说明。图例一般是列出本套图纸涉及的一些特殊图例。设备明细表只列出该项电气工程的一些主要电气设备的名称、型号、规格和数量等。设计说明主要阐述该电气工程设计的依据、基本指导思想与原则，图纸中未能表明工程特点、安装方法、工艺要求、特殊设备的使用方法及其他使用与维护注意事项等。

（2）电气系统图。它不是投影图，而是用图例的符号表示整个工程或其中某一项目的供电方式和电能输送的关系，并可表示某一装置各主要组成部分的关系。

（3）平面图。平面图是表现各种电气设备与线路平面布置的图纸，是进行电气安装的重要依据。在图中画出各种设备线路的走向、型号、数量、敷设位置及方法，配电箱、开关等设备位置的布置。

平面图包括外电总平面图和各专业平面图。对建筑装饰装修工程来说，主要以室内电气专业平面图为主，它分为动力平面图、照明平面图、变电所平面图、防雷与接地平面图等。这种平面图由于采用较大的缩小比例，因此不能表现电气设备的具体位置，只能反映设备之间的相对位置。

（4）电路图（接线图）。电路图是表现某一具体设备或系统电气工作原理的图纸，一般多用在二次回路中用以指导系统的接线、调试、安装使用与维护，如水泵电气控制原理图、风机电气控制原理图等。

（5）设备布置图。设备布置图是表现各种电气设备平面与空间的位置、安装方式及其引线关系的图纸，通常由平面图、立面图、断面图、剖面图及各种构件详图组成。

（6）大样图。大样图是表示电气工程中某一分项或某一部件具体安装要求和做法的图纸，一般有国家标准图的可选用标准图，无标准图的由设计部门另行设计。

本章主要介绍室内电气平面图及系统图的图示内容及施工图识读方法。

12.3.2　电气施工图识读

1. 电气工程图中的图例符号及文字符号

在电气工程图中，元件、设备、装置、线路及安装方法等，都是借用图形符号和文字来表达的。

（1）图例符号。在建筑装饰装修工程中，电气工程施工图中常用的电器图形符号见表 12.2。开关、线路及插座的布置如图 12.18 ~ 图 12.20 所示。

表 12.2　电气工程中常用电器图例

图　例	名　称	说　明	图　例	名　称	说　明
	接地一般符号			插座，一般符号	1P 单相照装插座 3P 三相明装插座 1C 单相暗装插座 3C 三相暗装插座
	交流配电线路	三根导线	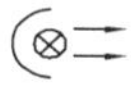	带保护接点插座	
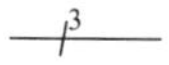	交流配电线路	三根导线		带保护板的插座	
	交流配电线路	中性线		带单极开关的插座	
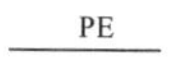 PE	交流配电线路	保护接地线		开关一般符号	C—暗装开关 EX—防暴开关 EB—密闭开关

续表 12.2

图 例	名 称	说 明	图 例	名 称	说 明
	接地线			荧光灯一般符号	EX—防暴灯 EN—密闭灯
	接地装置	带接地极		三管荧光灯	
	配电柜、箱、台	AP 动力配电箱 APE 应急电力配电箱 AL 照明配电箱 ALE 应急照明配电箱		双管荧光灯	
	电气箱（框）	AC 控制箱 AT 电源自动切换箱 AX 插座箱 AW 电度表箱		灯具一般符号	
	投光灯一般符号			负荷开关 （负荷隔离开关）	
	聚光灯			熔断器式开关	
	泛光灯			熔断器式负荷开关	
	自带电源的事故照明灯具			电铃	
	壁灯			蜂鸣器	
E	吸顶灯（天棚灯）			报警器	
E	电磁阀			断路器	
	钥匙开关		±	风机盘管	
	电动阀			窗式空调器	
	大吊灯			镜前灯	
	射灯			吸顶灯	
	小吊灯			浴霸	

（2）文字符号。电气工程图中的文字符号是用来标明系统图和原理图中设备、装置、元（部）件及线路的名称、性能、作用、位置和安装方式的。

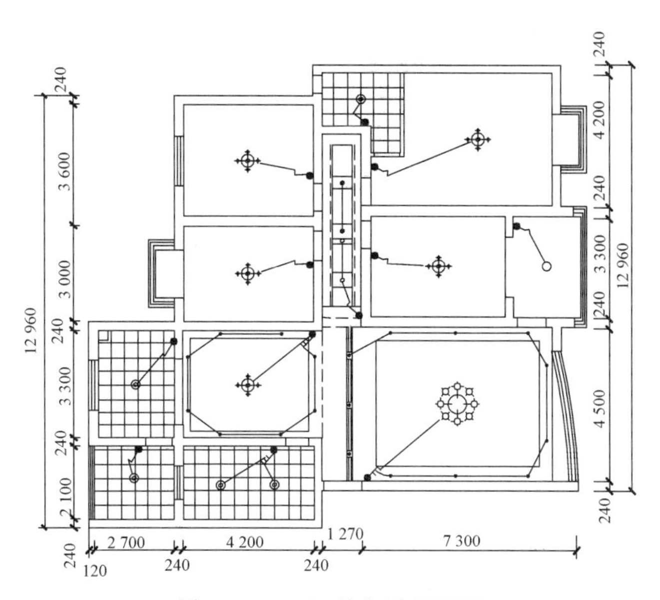

图 12.18　开关布置顶面图

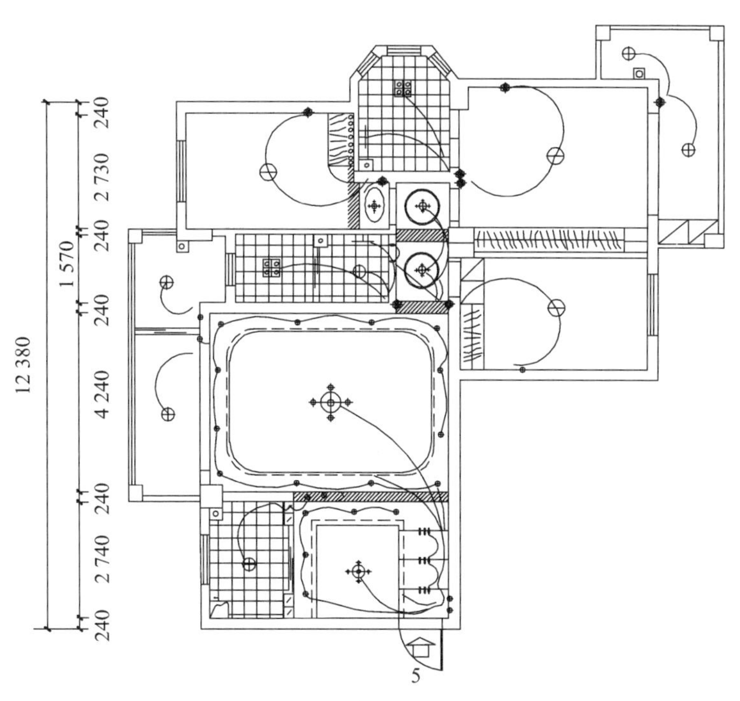

图 12.19　线路布置顶面图

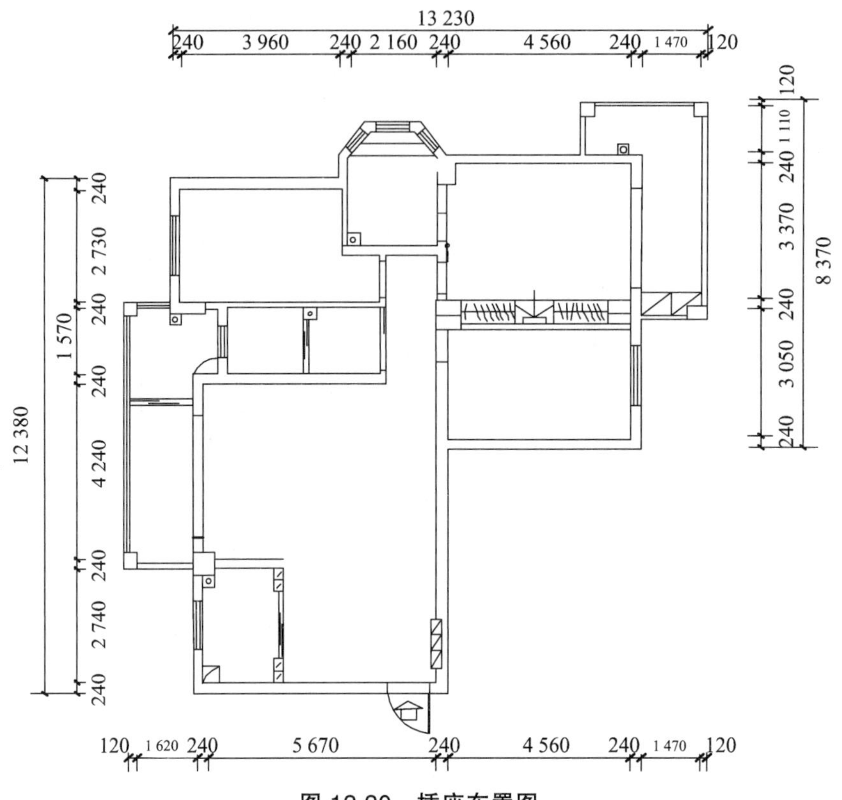

图 12.20　插座布置图

建筑装饰装修工程中电气工程图的常用文字符号有以下两种：

① 配电线路的标注。

线路的标注方式为：$ab-c\ (d\times e+f\times g)\ i-jh$

a——线缆编号；

b——型号（不需要可省略）；

c——线缆根数；

d——电缆线芯数；

e——线芯截面（mm^2）；

f——PE、N 线芯数；

g——线芯截面（mm^2）；

i——线缆敷设方式；

j——线缆敷设部位；

h——线缆敷设安装高度（m）。

上述字母无内容则省略该部分。

表达线路敷设方式的标注有：

SC——穿焊接钢管敷设；

MT——穿电线管敷设；

PC——穿硬塑料管敷设；

FPC——穿阻燃半硬聚氯乙烯管敷设；

CT——电缆桥架敷设；
MR——金属线槽敷设；
PR——塑料线槽敷设；
M——用钢索敷设；
KPC——穿聚氯乙烯塑料波纹电线管敷设；
CP——穿金属软管敷设；
DB——直接埋设；
TC——电缆沟敷设；
CE——混凝土排管敷设。
表达线路敷设部位的标注有：
AB——沿或跨梁（屋架）敷设；
BC——暗敷在梁内；
AC——沿或跨柱敷设；
CLC——暗敷在柱内；
WS——沿墙面敷设；
WC——暗敷设在墙内；
CE——沿天棚或顶板面敷设；
CC——暗敷在屋面或顶板内；
SCE——吊顶内敷设；
F——地板或地面下敷设。

例如，在施工图中，某配电线路上有这样的写法：5.BV－（3×10+1×6）CT-SCE，5 表明第 5 回路，BV 是铜芯胶质导线，有 3 根 10 mm^2 加 1 根 6 mm^2 截面导线，CT 为电缆桥架内敷设，SCE 是吊顶内安装。

② 照明灯具的标注为：

$$a-b\frac{c\times d\times L}{e}f$$

a——灯具数量；
b——型号或编号（无则省略）；
c——每盏照明灯具的灯泡数；
d——灯泡安装容量；
e——灯泡安装高度（m）；
“－”表示吸顶安装；
f——安装方式；
L——光源种类。
灯具安装方式的标注：
SW——线吊式自在器；
CS——链吊式；
DS——管吊式；

W——壁装式；
C——吸顶式；
R——嵌入式；
CR——顶棚内安装
WR——墙壁内安装；
S——支架上安装
CL——柱上安装；
HM——座装。
例如：

$$4\text{-}8\text{YS}80\frac{2\times40\times\text{FL}}{3.5}\text{CS}$$

表示4盏BYS-80型灯具，灯管为2根40 W荧光灯管，灯具为链吊安装，安装高度距地3.5 m。

2. 电气施工图识读

电气工程一般是指某一工程的供、配电工程，根据工程的内容和施工范围划分，主要有以下项目：

（1）内线工程。主要为室内动力、照明线路的安装敷设，建筑装饰装修工程中的电气施工大多数为此部分工作。

（2）外线工程。室外电源供电线路，包括架空电力线路和电缆电力线路，此部分大多为电力部门施工，建筑装饰装修工程电气施工中较少接触。

（3）动力及照明工程。包括风机、水泵、照明灯具、开关、插座、配电箱及其他电气装置的安装，其施工内容就是对设备进行安装。建筑装饰装修工程中的电气设备安装就包括以上这些内容。

（4）变配电及变电工程。此部分在建筑装饰装修工程中可不作介绍。

（5）弱电工程。包括电话、广播、闭路电视、安全报警、计算机网络等系统的弱电信号线路和设备。在建筑装饰装修工程中着重介绍弱电线路的管线敷设。

（6）防雷接地工程。包括建筑物和电气装置的防雷设施，各种电气设备的保护接地、工作接地及防静电接地装置的安装和施工。

建筑装饰装修工程电气施工，主要着重于室内动力照明线路的敷设和电气设备的安装，因而在识读电气施工图时，应将电气系统图与平面电气布置图对照阅读，其识图要点为：

① 弄清主干线回路、支干线回路的来龙去脉、安装方法、敷设方式、导线规格型号。

② 认真阅读各种箱、盘、柜的配电图，弄清箱内电气设备配置、回路数、回路编号。

③ 熟悉施工图中各种电气符号、代号的意义及标注方法，各种电气设备的安装方式、标高、坐标及设计要求。

④ 结合有关施工规范、技术规程及标准图册，认真归纳整理，做好相关要点记录摘要。

3. 电气施工图审图与图纸会审

电气设计图是施工的主要依据，施工前应认真熟悉图纸和相关技术资料，弄清设计意图和对施工的各项技术质量要求，弄清各个部位的尺寸及相关的标高、位置。在此基础上与其他的有关专业工种进行图纸会审。

（1）审图要点。

① 正确掌握电气施工图的原理，准确地识别各种图形、代号的表示方法及意义，弄清它们之间的相互关系。

② 对电气设备的安装，应详细了解其安装说明书、各项技术参数、施工方法、技术要求和施工质量验收标准。

③ 对电源的引入，配电方式、导线型号规格，通过哪些电气设备，分配到哪些用电系统等应详细对照电气系统图、平面图逐一认真审图。对比较复杂的电气控制线路图，要先弄懂系统原理接线图，了解系统内由哪些设备组成，有多少回路，每个回路的作用原理，各个电气元件和设备的安装位置，电线、电缆的敷设方式等。同时，还要反复熟悉施工图说明书，逐条逐句领会设计意图。

④ 电气管线敷设与土建、装修、管道之间有无矛盾，彼此间距与敷设方式能否满足有关规范要求。

⑤ 现有的施工能力和技术水平能否满足设计要求。

（2）施工图会审。

图纸会审由建设单位统一组织设计、安装、装饰装修，土建及其他有关施工单位共同参加。

图纸会审的目的，主要是解决各专业在审图中发现的问题，并协调安装、装修、土建等诸多专业之间的相互配合问题，以达到消除隐患，使设计更合理、施工配合更顺利、经济效益得以显著提高和保证提高施工质量。

图纸会审要点：

① 设计图纸是否符合国家有关经济、技术政策，是否经济合理、方便安装施工和使用。

② 设计上有无影响安全施工的因素。

③ 设计是否符合施工企业技术装备条件。

④ 电气设备安装与建筑结构、装饰装修之间有无重大矛盾。

⑤ 电气安装与各专业之间、安装工序之间是否需要协调，有无颠倒施工程序的地方。

⑥ 图纸和安装说明书等技术资料是否齐全、清楚，各个部位的尺寸、标高、坐标等有无差错。

图纸会审应以“图纸会审纪要”的形式，正式行文并加盖参加单位公章，作为与设计图纸同时使用的技术文件。如在“图纸会审纪要”内不能充分说明修改后的方案时，设计单位应另出修订变更图纸。

在施工过程中，如有施工图与实际不符之处，或由于其他原因需对施工图做局部修改时，则应执行设计变更签证制度。设计变更应由施工单位填写相关技术问题签证单，经建设单位、监理部门或设计单位同意后，方可进行施工。

12.4　装饰施工图

装饰施工图是按照装饰设计方案确定的空间尺度、构造做法、材料选用、施工工艺等，并遵照建筑及装饰设计规范所规定的要求编制的用于指导装饰施工生产的技术文件。装饰工程施工图同时也是进行造价管理、工程监理等工作的主要技术文件。装饰施工图与建筑施工图用的都是正投影原理及形体表达方法。建筑施工图表达的是建筑物建造中的技术内容，而装饰施工图表达的则是建造完的建筑物室内外环境的进一步美化或者改造的技术内容。建筑施工图是装饰施工图的重要基础，装饰施工图又是建筑施工图的延续和深化。装饰工程施工图按施工范围分为室内装饰施工图和室外装饰施工图。

装饰工程施工图一般由装饰设计说明、平面布置图、楼地面布置图、顶棚平面图、室内立面图、墙（柱）剖面图、装饰详图等图样组成，其中设计说明、平面布置图、楼地面平面图、顶棚平面图、室内立面图为基本图样，表明装饰工程内容的基本要求和主要做法；墙（柱）面剖面图、装饰详图为装饰施工的详细图样，用于表明细部尺寸、凹凸变化、工艺做法等。图纸的编排也可以按此顺序排列。

12.4.1 装饰施工图的识读

1. 装饰施工图的内容

（1）装饰设计说明。

在装饰施工图中，设计说明一般应将工程概况、设计风格、材料选用、施工工艺、做法及注意事项，以及施工图中不易表达或者设计者认为重要的其他内容写入设计说明中。

（2）平面布置图。

平面布置图是假想用一水平的剖切平面，沿需装饰的房间的门窗洞口处作水平全剖切，移去上面部分，对剩下部分所作的水平正投影图。平面布置图的比例一般采用 1∶100、1∶50，内容比较多时采用 1∶200。剖切到的墙、柱等结构体的轮廓用粗实线表示，其他内容均用细实线表示，见图 12.21。

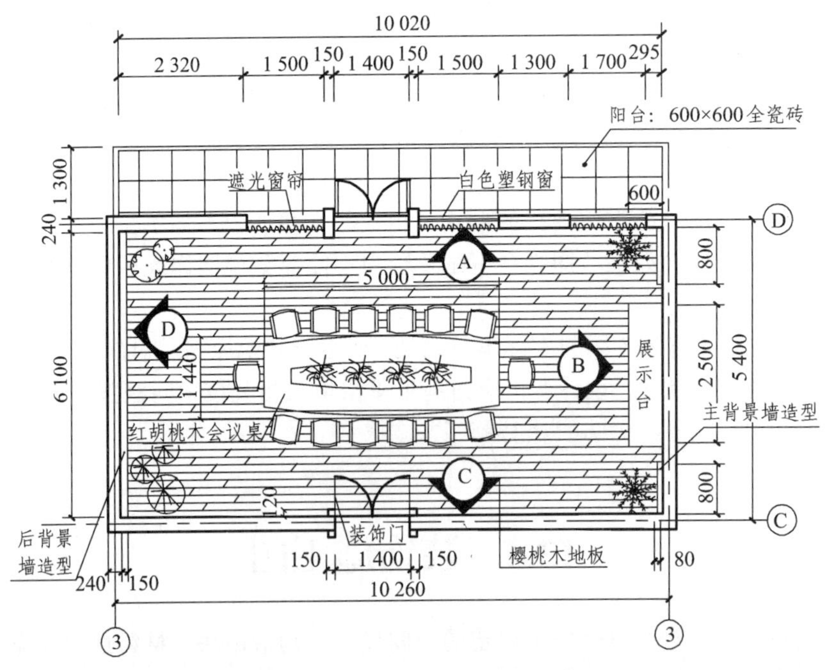

图 12.21　某会议室平面布置图

平面布置图的内容包括尺寸、装饰结构的布置、门窗的开启方式及尺寸等。图上尺寸内容有三种：一是建筑结构体的尺寸；二是装饰布局和装饰结构的尺寸；三是家具、设备等尺寸。同时表明装饰结构的平面布置、具体形状及尺寸，表明饰面的材料和工艺要求，室内家具、设备、陈设、织物、绿化的摆放位置及说明。要画出各面墙的立面投影符号（或剖切符号）。

（3）顶棚布置图。

用一个假想的水平剖切平面，沿需装饰房间的门窗洞口处作水平全剖切，移去下面部分，对剩余的上面部分所作的镜像投影，就是顶棚平面图。顶棚平面图用于反映房间顶面的形状、装饰做法及所属设备的位置、尺寸等内容。反映顶棚范围内的装饰造型及尺寸、顶棚所用的材料规格、灯具灯饰、空调风口、消防报警、装饰内容及设备的位置等，见图 12.22。

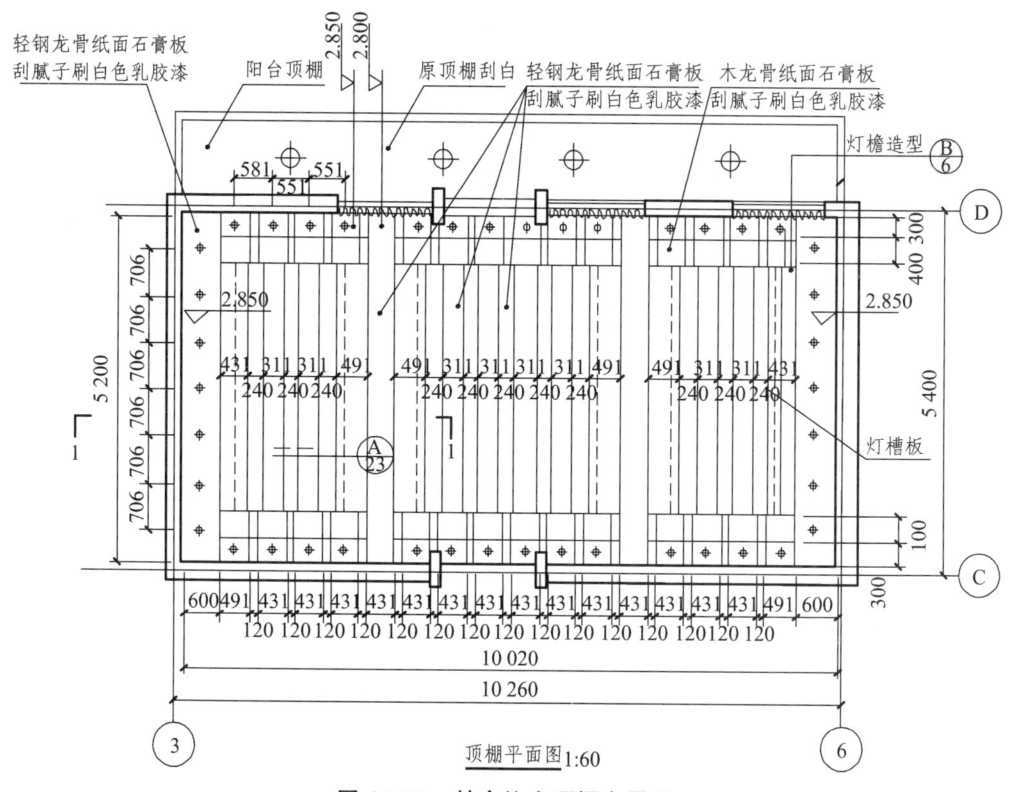

图 12.22　某会议室顶棚布置图

（4）立面图。

将建筑物装饰的外观墙面或内部墙面向铅直的投影面所作的正投影图就是装饰立面图，见图 12.23。图上主要反映墙面的装饰造型、饰面处理，以及剖切到的顶棚的断面形状、投影到的灯具或风管等内容。装饰立面图所用比例为 1∶100、1∶50 或 1∶25。室内墙面的装饰立面图一般选用较大比例，为 1∶80。

立面图的图示是用粗实线绘制该空间的周边一圈断面轮廓线，即内墙面、地面、顶棚等的轮廓；用细实线绘制室内家具、陈设、壁挂等的立面轮廓；标注该空间相关轴线、尺寸、标高和文字说明。

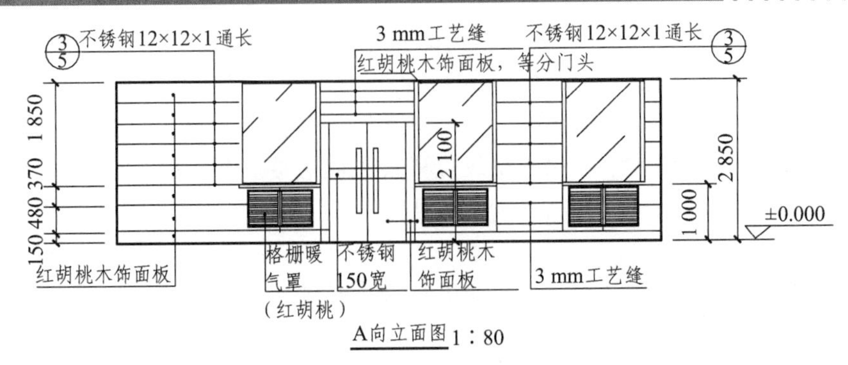

图 12.23　某会议室立面图

在图中用相对于表现本层地面的标高标注地台、踏步等的位置尺寸，顶棚面的距地标高及其叠级（凸出或凹进）造型的相关尺寸，墙面造型的样式及饰面的处理，墙面与顶棚面相交处的收边做法，门窗的位置、形式及墙面、顶棚面上的灯具及其他设备，固定家具、壁灯、挂画等在墙面中的位置、立面形式和主要尺寸，建筑结构的主要轮廓及材料图例，墙面装饰的长度及范围，以及相应的定位轴线符号、剖切符号等，见图 12.24。

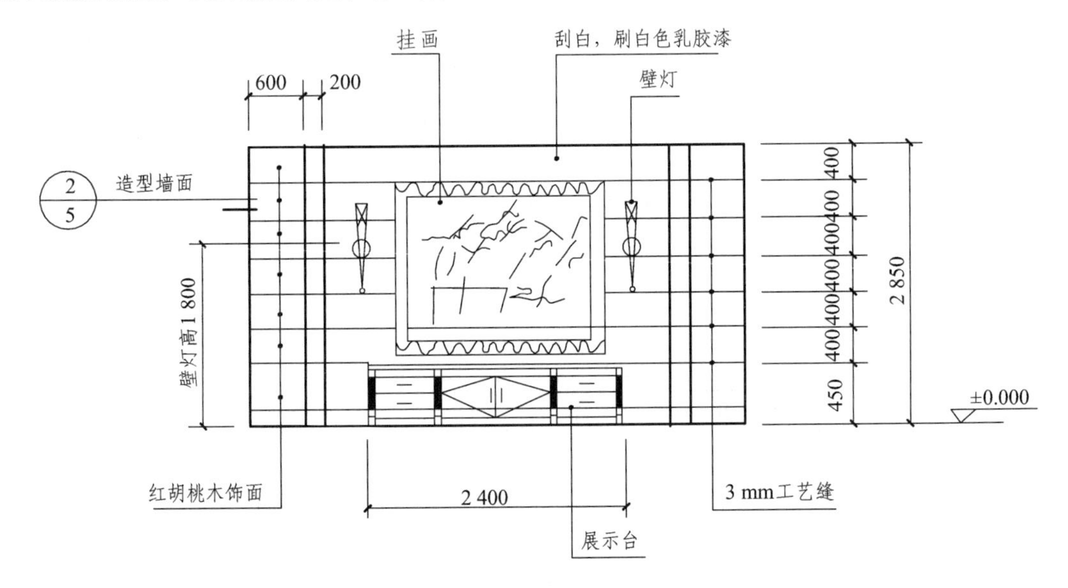

图 12.24　电视墙立面图

2. 装饰施工图的识读步骤

第 1 步：识读图名、比例，与装饰平面图进行对照，明确视图投影关系和视图位置。

第 2 步：与装饰平面图进行对照识读，了解室内家具、陈设、壁挂等的立面造型。

第 3 步：根据图中尺寸、文字说明，了解室内家具、陈设、壁挂等规格尺寸、位置尺寸、装饰材料和工艺要求。

第 4 步：了解内墙面装饰造型的式样、饰面材料、色彩和工艺要求。

第 5 步：了解吊顶顶棚的断面形式和高度尺寸。

第 6 步：注意详图索引符号。

12.4.2　展开立面图的识读

为了能让人们通过一个图样就能了解一个房间所有墙面的装饰内容，可以绘制内墙展开立面图。绘制内墙展开立面图时，用粗实线绘制连续的墙面外轮廓、面与面转折的阴角线、内墙面、地面、顶棚等的轮廓，然后用细实线绘制室内家具、陈设、壁挂等的立面轮廓；为了区别墙面位置，在图的两端和墙阴角处标注与平面图一致的轴线编号；另外还标注相关的尺寸、标高和文字说明，见图 12.25。

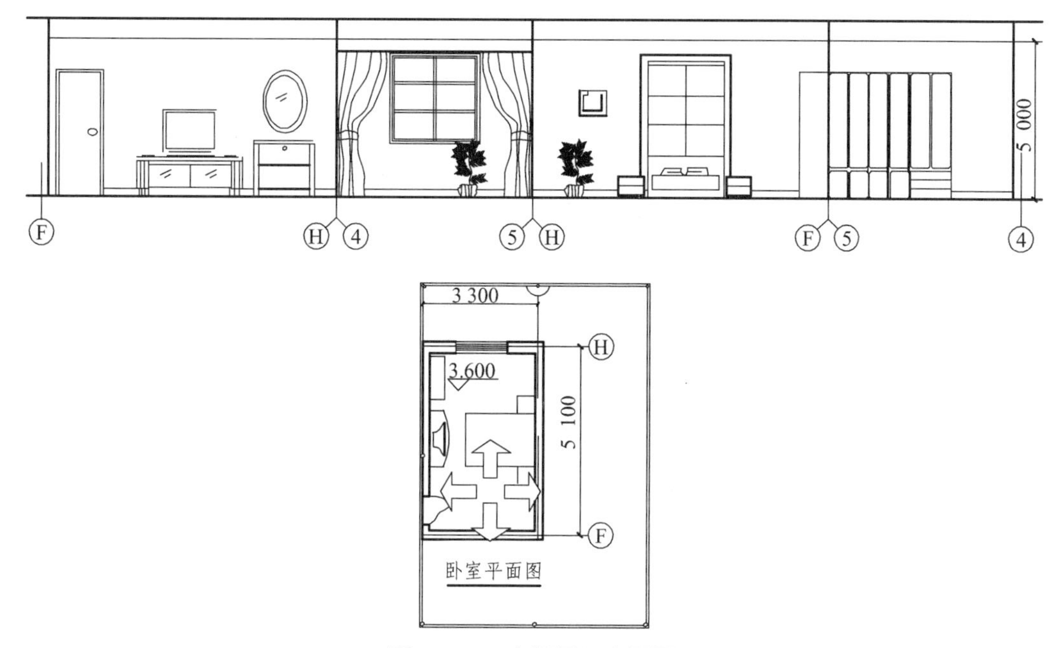

图 12.25　房间展开立面图

12.4.3　装饰详图的识读

在前面的装饰平面图、顶棚图和内墙立面图识读完之后，有一些装饰内容仍然未表达清楚，因此根据情况，还需绘制剖面图与节点图。详图通常以剖面图或局部节点大样图来表达。剖面图是将装饰面整个剖切或局部剖切，以表达它内部构造和装饰面与建筑结构的相互关系的图样；节点大样是将在平面图、立面图和剖面图中未表达清楚的部分，以大比例绘制的图样。

装饰剖面图是将装饰面（或装饰体）整体剖开（或局部剖开）后，得到的反映内部装饰结构与饰面材料之间关系的正投影图。一般采用 1∶5 ~ 1∶50 的比例，有时也画出主要轮廓、尺寸及做法。

节点详图是前面所述各种图样中未明之处，用较大的比例画出的用于施工图的图样（也称作大样图），见图 12.26 ~ 图 12.28。

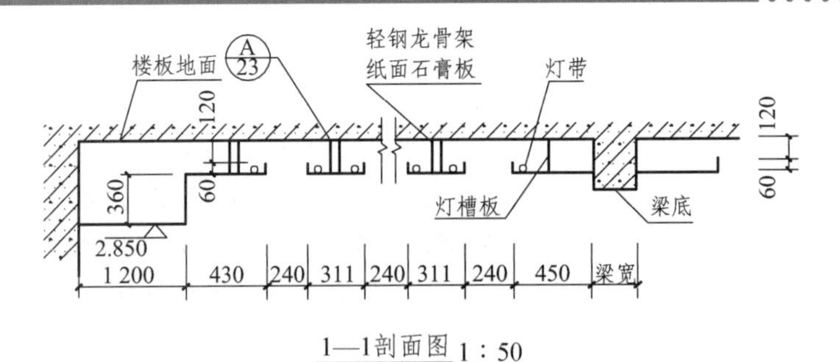

1—1剖面图 1∶50

图 12.26　顶棚剖面图

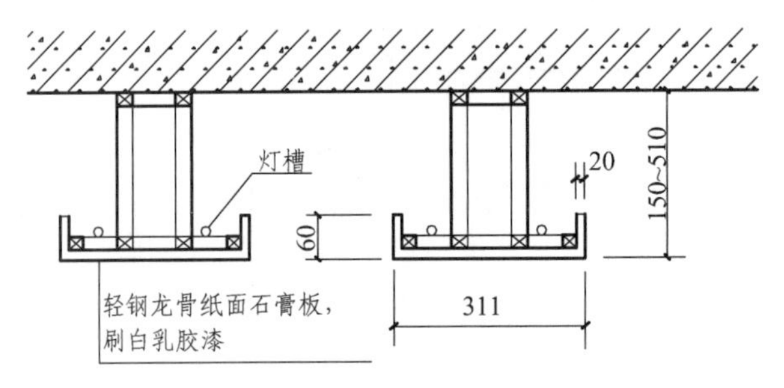

图 12.27　顶棚节点图

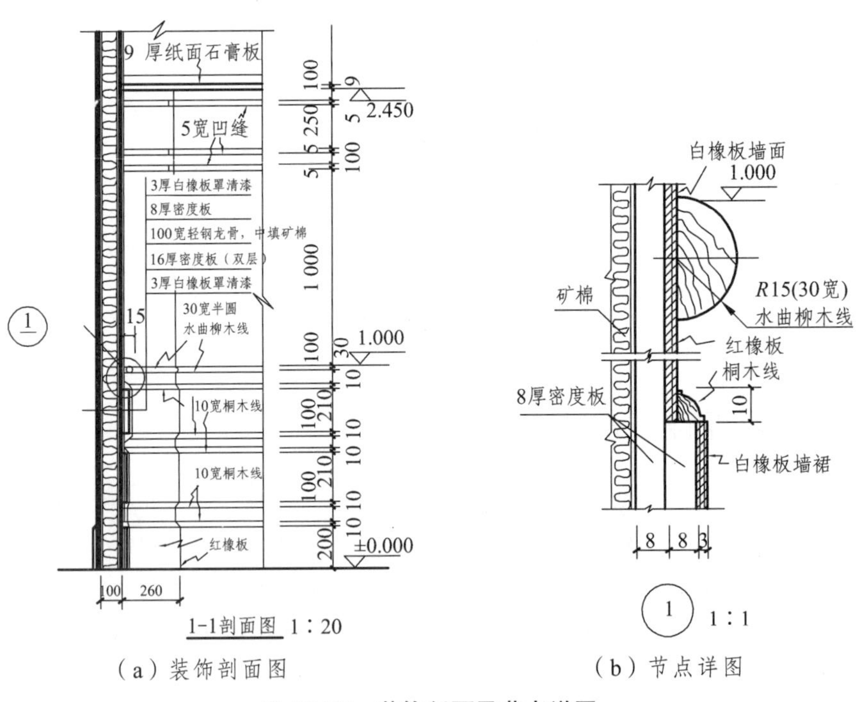

（a）装饰剖面图　　（b）节点详图

图 12.28　装饰剖面及节点详图

本章主要介绍了室内给排水施工图的特点、内容及其识读方法；室内采暖施工图的特点、

内容及其识读方法；室内电气施工图的特点、内容及其识读方法；装饰施工图的特点、内容及其识读方法。这几部分看似独立又相互关联，识读上具有一致性，在以后的学习和工作中遇到类似图形，要根据制图规范，按照相应的读图顺序，仔细读图。

练习题

1. 根据下列所给房屋平面图，对房屋进行平面装饰布置，再根据自己所绘制的平面装饰布置图绘制相对应的顶棚布置图。

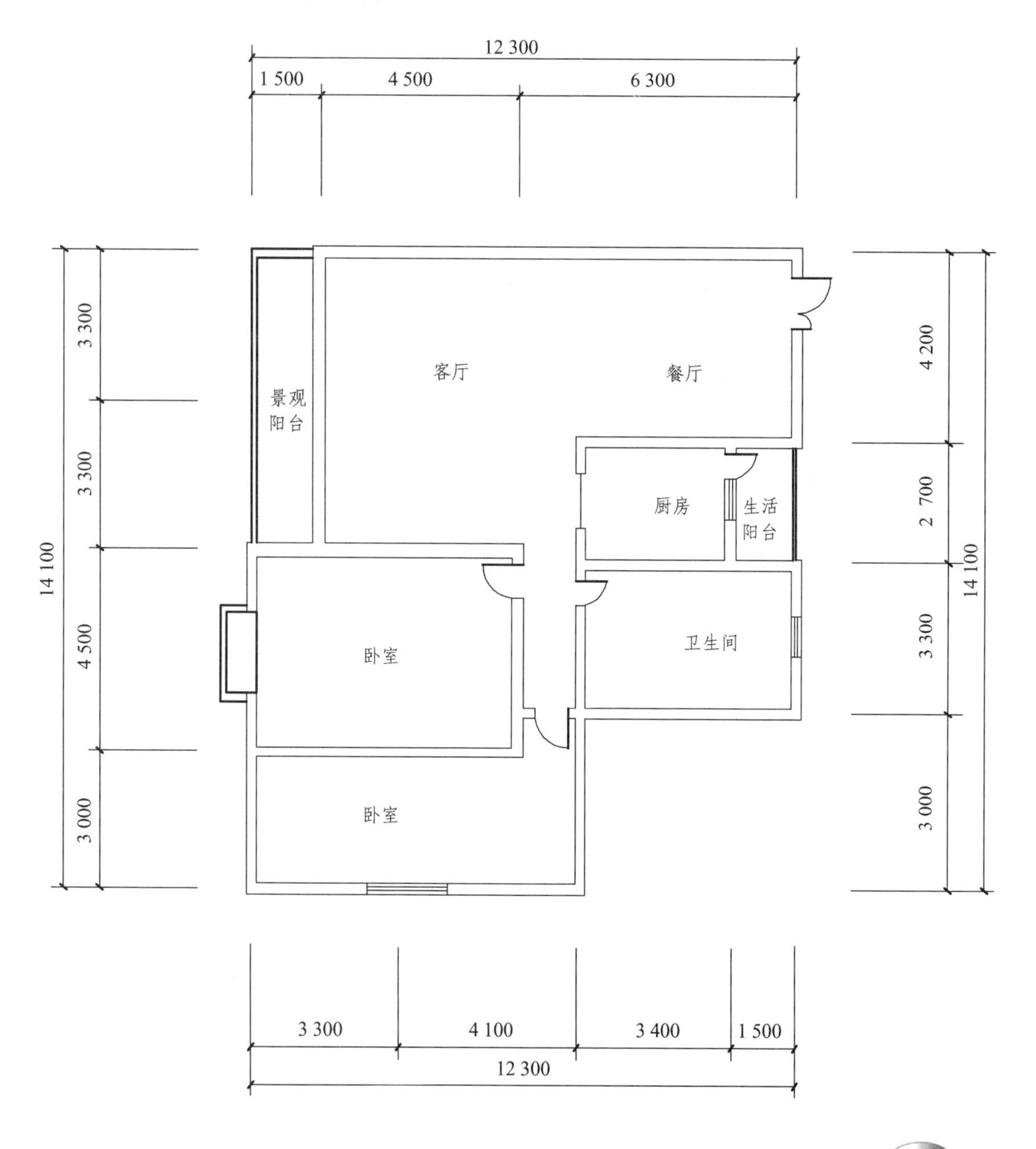

2. 根据已有的户型平面布置图，绘制相应的顶棚图和冷热水管线图。

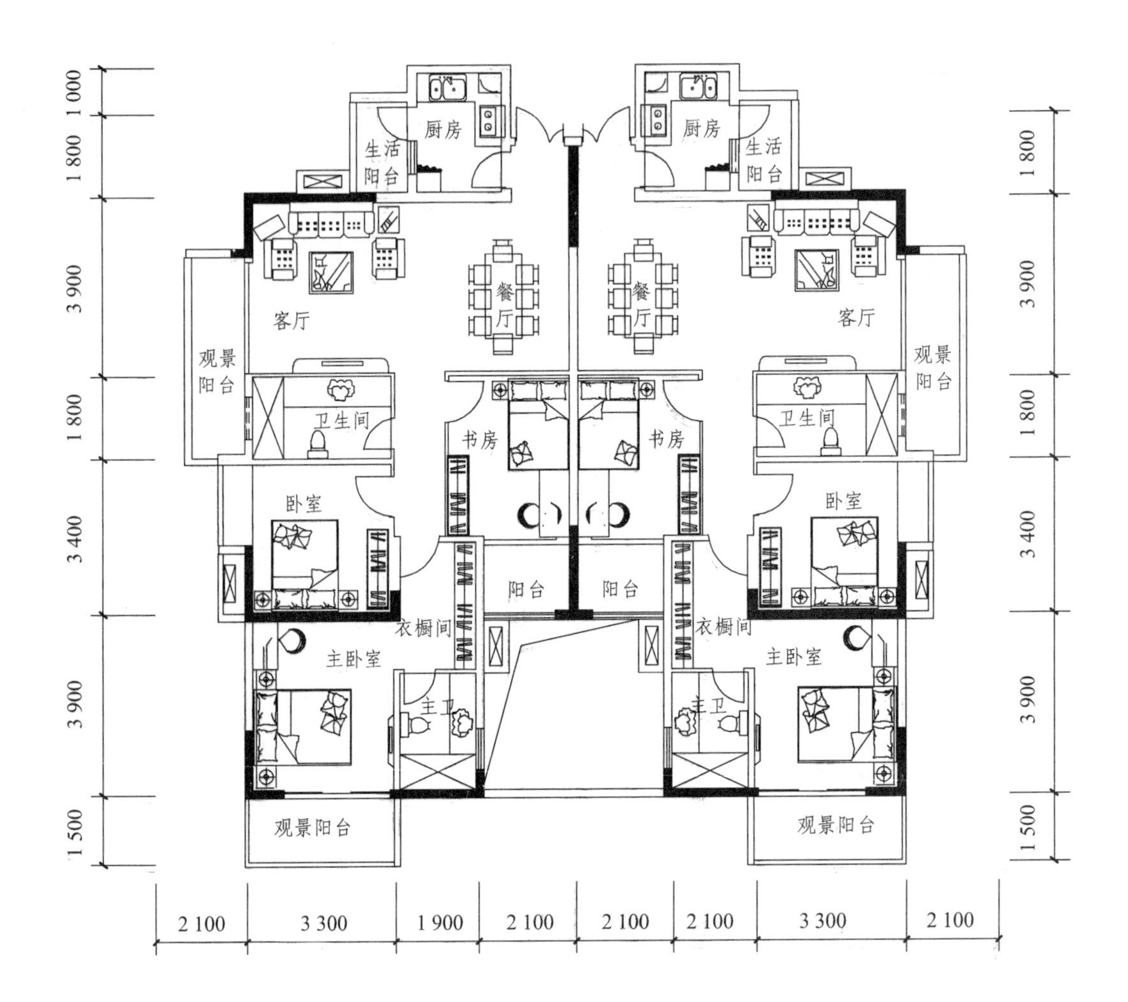

附录

河东天亿小区5#住宅楼

土建施工图

山东省城镇建筑设计院

图纸目录

第页 共页

设计号		工程名称	河东天亿居住组团5#住宅楼			单项名称	5#住宅楼
工种		设计阶段	施工图	结构类别	砖混结构	完成日期	200年 月 9

序号	图别	图号	图纸名称	图纸规格	备注
01	规施	01	总平面	A2	
02	建施	02	建筑施工图设计说明	A2	
03	建施	03	建筑做法说明　门窗表	A2	
04	建施	04	储藏室层平面图	A2	
05	建施	05	一层平面图	A2	
06	建施	06	标准层平面图	A2	
07	建施	07	五层平面图	A2	
08	建施	08	轻钢结构屋顶平面图	A2	
09	建施	09	①—㉓立面图	A2	
10	建施	10	㉓—①立面图	A2	
11	建施	11	Ⓐ—Ⓔ立面图　Ⓔ—Ⓐ立面图	A2	
12	建施	12	1-1剖面图　2-2剖面图	A2	
13	建施	13	单元大样图　大样图	A2	
14	建施	14	单元大样图　大样图	A2	
15	结施	01	结构设计总说明	A1	
16	结施	02	基础平面布置图	A1	
17	结施	03	2.900 层结构平面图	A1	
18	结施	04	5.800,8.700,11.600,14.500,17.400 层结构平面图	A1	
19	结施	05	2.900板配筋图	A1	
20	结施	06	5.800,8.700,11.600,14.500,17.400 板配筋图	A1	
21	结施	07	结构详图	A1	

项目负责人		归档接手人	
审定		归档日期	年 月 日

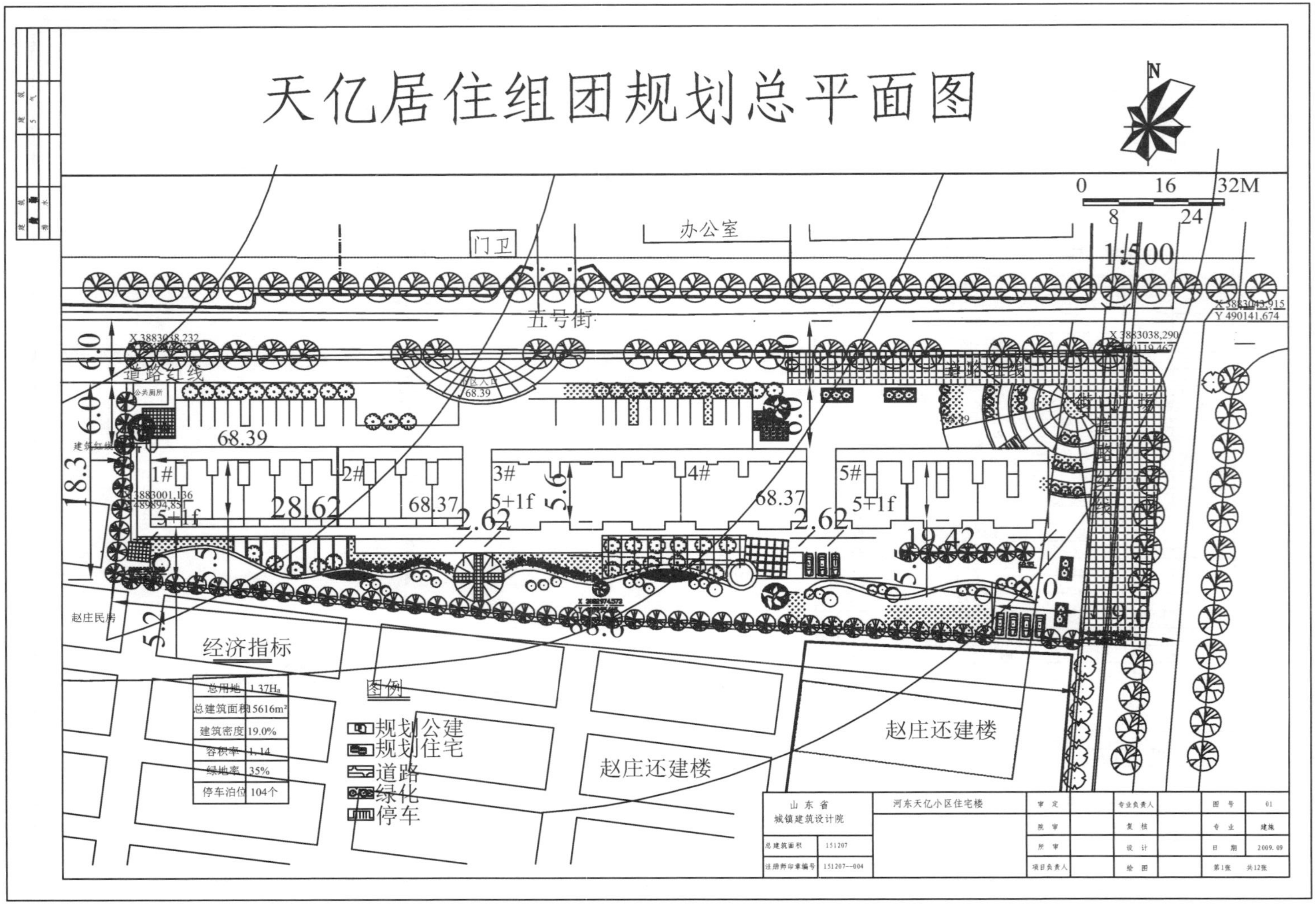
天亿居住组团规划总平面图
N
0 8 16 24 32M
1:500
门卫
办公室
五号街
道路红线
建筑红线
公共厕所
小区入口
68.39
1# 2# 3# 4# 5#
5+1f
28.62
68.37
2.62
19.42
18.3
6.0
5.6
5.2
X 3883043.915
Y 490141.674
X 3883038.290
X 3883038.232
X 3883001.136
赵庄民房
经济指标
总用地 1.37Ha
总建筑面积 5616m²
建筑密度 19.0%
容积率 1.14
绿地率 35%
停车泊位 104个
图例
规划公建
规划住宅
道路
绿化
停车
赵庄还建楼
赵庄还建楼
山东省
城镇建筑设计院
河东天亿小区住宅楼
总建筑面积 151207
注册师印章编号 151207—004
审定
院审
所审
项目负责人
专业负责人
复核
设计
绘图
图号 01
专业 建施
日期 2009.09
第1张 共12张

图 1

建筑施工图设计说明

1 设计依据

1.1 本工程的建设审批单位对初步设计或方案设计的批复;

1.2 城市建设规划管理部门对本工程初步设计或方案设计的审批意见;

1.3 经批准的本工程初步设计或方案设计文件，建设方的意见;

1.4 现行的国家有关建筑设计规范、规程和规定

《建筑内部装修设计防火规范》	(GB50222-95)(2001年版)
《屋面工程技术规范》	(GB50345-2004)
《民用建筑设计通则》	(GB50352-2005)
《建筑地面设计规范》	(GB50037-2005)
《住宅设计规范》	(GB50096-99(2003))
《建筑地面工程施工质量验收规范》	(GB50209-2002)
《建筑设计防火规范》	(GB50016-2006)
《住宅建筑技术经济评价标准》	(JGJ47-88)
《住宅建筑规范》	(GB50368-2005)
《建筑抗震设防分类标准》	(GB50223-2008)
《寒冷地区居住建筑节能设计标准》	(DBJ14-037-2006)

2 项目概况

2.1 工程名称：河东天亿居住组团5#住宅楼

2.2 建设地点：临沂市河东区

2.3 本工程总建筑面积：4321.04M² 建筑占地：908.84m²

2.4 建筑层数、高度：底层为车库和储藏室，一至五层为住宅 建筑高度为 19.700m

2.5 建筑结构形式为砖混结构，建筑结构的安全等级为二级，设计耐久年限为50年，抗震设防烈度为7度；屋面防水等级Ⅲ级;

2.6 防火设计耐火等级为二级;

3 设计总则

3.1 图中所注尺寸以毫米为单位，标高以米为单位.

3.2 凡施工及验收规范（如屋面、砌体、地面、门窗等）已对建筑物所用材料、规格、施工要求及验收等有规定者，本说明不再重复，均按有关现行规范执行.

3.3 设计中采用标准图、通用图，均应按照该图集及各图纸说明和要求，全面配合施工.

3.4 所有与工艺、设备有关的预埋件、预留空洞等施工时必须与相关专业图纸配合施工.

3.5 凡本说明所规定各项，在设计图中另有具体设计和说明时，应按具体设计图的要求施工.

4 建筑物位置及设计标高

4.1 本建筑物所在位置按总平面图内坐标位置确定.

4.2 本工程所注 ±0.000标高，由现场确定. 室内外高差为 0.300

4.3 门顶及窗洞高为结构预留洞口标高. 所注标高除屋面为结构标高外，其余均为建筑标高.

5 墙体工程

5.1 墙体的基础部分见结施;

5.2 墙体采用页岩多孔砖其构造和技术要求详见建筑工程技术措施；厚度详平面图.

5.3 墙体上 300X300 以下的留洞本图均不表示，施工前应配合其它专业图纸,

6 楼地面工程

6.1 室内外回填土必须分层夯实，压实系数不小于 0.97，并按规范要求控制含水量;

6.2 室内地面的混凝土垫层，均应设纵横向伸缩缝，纵向伸缩缝应采用平头缝或企口缝，间距为 3-6m，横向伸缩缝宜采用假缝，间距为 6-12m，假缝的宽度为 5-20mm，高度为垫层厚度的1/3，缝内填水泥砂浆. 有特殊要求的，见具体设计.

6.3 所有卫生间、厨房地面标高均低于相邻房间及走道的楼地面标高20mm.

6.4 所有卫生间、厨房等设置地漏的地面均做1%排水，坡向地漏.

7 屋面工程

7.1 本工程的屋面防水等级为Ⅲ级，防水层合理使用年限为 10 年，设防做法参建筑做法说明;

7.2 平屋顶坡度为 2%，建筑找坡使用水泥珍珠岩，最薄起始厚度为60mm.

7.3 卷材防水屋面，卷材采用自粘橡胶沥青防水卷材，厚度 2mm，所用嵌缝胶、保护层应与所选卷材匹配. 连接处以及基层的转角处均应做成圆弧. 屋面天沟纵向排水坡度为1%，泛水及落水管处均附加防水卷材一层.

7.4 外落水管采用 UPVC 管，公称外径为 100mm.

7.5 屋面做法见建筑详图. 避雷做法详见电气施工图.

8 门窗工程

8.1 门窗表中所示洞口尺寸为结构尺寸，门窗樘与洞口间隙应满足安装固定的实际需要，由门窗制作单位确定，确保配合无误.

8.2 外门窗与四周墙体连接处应严格按照有关技术规程施工，做到密闭防渗.

8.3 外窗采用铝合金保温中空玻璃窗 建筑外门窗抗风压性能分级为3，气密性能分级为4，水密性能分级为 4，保温性能分级为8，隔声性能分级为5

8.4 砌体的门窗过梁，如无集中荷载，除结构有特殊交待外，其余均做钢筋混凝土过梁.

8.5 门窗洞口紧贴钢筋混凝土柱或墙一侧时，必须在柱或墙的洞顶标高处预埋与过梁相对应的钢筋，埋入及外露长度均为35d，钢筋搭接范围用 ø6@100 钢筋箍.

9 装修工程

9.1 内装修工程执行《建筑内部装修设计防火规范》(GB50222-95(2001 年版)).

9.2 地面构造交接处和地坪高度变化处，除注明外均位于齐平门扇开启处.

9.3 室内墙、柱、门窗洞口等阳角均做 20 厚 1:2 水泥砂浆护角线，其高度不低于 2m，每侧宽度不小于 50mm，内窗台除特殊注明外均做1:2.5 水泥砂浆粉面，并做护角线.

9.4 雨篷、压顶等除具体设计有要求外，均在上面做流水坡度，下面做滴水，滴水线的宽度不小于 10mm，且整齐平滑.

9.5 除特殊注明外，所有钢制构件、配件不露明部分须刷防锈底漆两度，露明部分经除锈后刷防锈底漆两度，面漆两度. 所用面漆为调和漆，底漆与面漆应匹配.

9.6 木制构件、配件均刷亚光清漆两度，不露明木制品与砌体接触部分均满涂防腐油.

9.7 外装修设计和做法索引见立面图及外墙详图.

9.8 建筑物及构件的色彩均由施工单位根据设计要求预先制作样板，并同建设方及设计单位研究确定，才能大面积施工.

9.9 本工程的二次装修部分不在本次设计范围，其内部装修需另行设计，内装设计应与本工程建筑、结构及设备的设计图纸协调配合，如对本工程有改动应及时通知并征得原设计人员的同意.

10 防火设计

10.1 所有墙壁留洞穿管后应用非燃烧材料堵塞，楼面用细石砼，墙身用与周边标高相同的材料.

10.2 设备防火要求按各专业施工图施工.

10.3 所有露明木件均做防火处理

10.4 管道穿过隔墙、楼板时，应采用不燃烧材料将其周围的缝隙填塞密实

11 室外工程（室外设施）

外挑檐、雨篷、坡道、散水等详见建施和建筑做法说明.

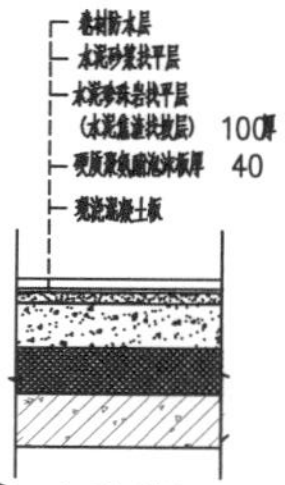

卷材防水层
水泥砂浆找平层
水泥珍珠岩找平层（水泥焦渣找坡层） 100厚
硬质聚氨酯泡沫板厚 40
现浇混凝土板

① 屋顶保温做法 1:25

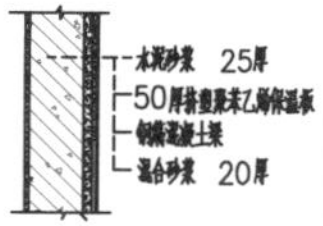

水泥砂浆 25厚
50厚挤塑聚苯乙烯保温板
钢筋混凝土梁
混合砂浆 20厚

② 砼梁，柱热桥处保温详图 1:25

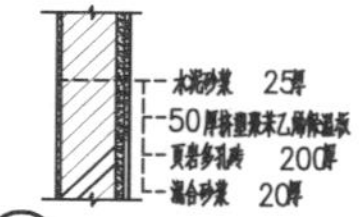

水泥砂浆 25厚
50厚挤塑聚苯乙烯保温板
页岩多孔砖 200厚
混合砂浆 20厚

③ 外墙保温详图 1:25

本工程为多层民用建筑，主体6层，局部凸起为7层，耐火等级为二级. 各构建耐火等级见下表

应用部位	建筑用料及其结构厚度或者截面最小尺寸(mm)	耐火极限(h)	是否满足
楼梯间内墙	240厚页岩多孔砖	8.0	是
疏散走道两侧的墙	240厚页岩多孔砖	8.0	是
房间隔墙	240厚页岩多孔砖	8.0	是
疏散楼梯	现浇整体楼梯120mm厚，保护层厚度为15mm	2.50	是
柱	钢筋混凝土柱500×500	>5.0	是
梁	简支非预应力钢筋混凝土梁(保护层厚25mm)	2.0	是
楼板	现浇整体楼板120mm厚，保护层厚度为15mm	2.50	是
吊顶	难燃体	0.25	是

山东省城镇建筑设计院	河东天亿居住组团5#住宅楼	审定		专业负责人		图号	02
	建筑设计总说明	院审		复核		专业	建施
资质证书编号		所审		设计		日期	
注册师印章编号		项目负责人		绘图		第02张	共14张

图 2

居住建筑节能设计表

除注明外本节能做法均选用图集L07J109

部位名称		节能做法		K[W/(m²·K)] 规定值	计算值
屋顶		屋面（挤塑板55厚）(21/23)		0.55	0.488
外墙	主体墙	M型砖墙（聚苯板60厚）L07J110 (7/14)		0.63	0.592
窗（包括阳台门透明部分）		中空玻璃（铝合金框）		2.80	2.50
不采暖楼梯间	户门	金属多功能门		2.00	2.00
楼板	接触室外空气楼板	混凝土板（挤塑板55厚）(21/23)		0.50	0.488
	与不采暖空间相邻的楼板	混凝土板（挤塑板20厚）(22/23)		0.65	0.593
地面	周边地面			0.52	
	非周边地面			0.30	
飘窗	顶板	混凝土板（挤塑板55厚）(21/23)		0.50	0.488
	底板	混凝土板（挤塑板55厚）(21/23)		0.50	0.488
层间楼板					
热计量方式	分户计量	窗墙面积比	北	0.28	0.26
采暖方式	暖气片		东、西	0.28	0.10
体形系数	0.26		南	0.49	0.46
其他		建筑物耗热量指标			
建筑节能设计判定方法		☑ 直接判定法	☐ 指标判定法	☐ 对比判定法	

注：经直接判定法判定本工程建筑施工设计符合节能标准要求。

门 窗 表

门窗类别	编号	洞口尺寸 宽	高	数量 总数	储藏室	1~4F	5F	选用图	备注
门	M1	2700	2600	6	6			厂家提供	成品卷帘门
	M2	1800	2600	2	5			厂家提供	成品卷帘门
	M3	2500	2600	9	9			厂家提供	成品卷帘门
	M4	1500	2600	3				厂家提供	成品保温防盗门
	M5	1000	2000	13	13			参L92J601	夹板木门
	M6	1000	2100	30		6*4=24	6	厂家提供	成品保温防盗门
	M7	900	2100	90		18*4=72	18	参L92J601	夹板木门
	M8	800	2100	40		8*4=32	8	参L92J601	夹板木门
	M9	1800	2100	10		2*4=8	2	参L99J605	铝合金推拉门
	M10	2700	2500	30		6*4=24	6	参L99J605	铝合金推拉门
	M11	900	1600	18	3	3*4=12	3	L99J605	管井检修门，距地 600
								L99J605	管井检修门，距地 600
门联窗	MLC1	1570	2100	20		4*4=16	4	参L99J605	铝合金推拉窗，铝合金推拉窗
飘窗	PC1	1800	1600	40		8*4=32	8	参L99J605	铝合金推拉窗
窗	C1	1800	1700	2	2			参L99J605	铝合金推拉窗
	C2	1500	1700	30		6*4=24	6	参L99J605	铝合金推拉窗
	C3	1000	1700	10		2*4=8	2	参L99J605	铝合金推拉窗
	C4	800	1700	20		4*4=16	4	参L99J605	铝合金推拉窗
	C5	1200	1700	30		6*4=24	6	参L99J605	铝合金推拉窗
	C6	960	1700	20		4*4=16	4	参L99J605	铝合金推拉窗

注：门窗制作尺寸及数量应据实量取。所有外窗均采用中空玻璃。单片玻璃大于1.5m²使用安全玻璃。
阳台凉衣架，窗帘盒由业主自理。楼字对讲门采用保温门。

居住建筑节能设计说明

一、工程概况：

工程名称：河东天亿居住组团5#住宅楼

建筑面积为：4321.04M²；建筑高度为：19.700m

建筑功能、层数：一至五层为住宅。

二、设计依据：

《民用建筑热工设计规范》GB 50176-93

《屋面工程技术规范》GB 50345-2004

《外墙保温工程技术规程》JGJ 144-2004

《混凝土结构工程施工质量验收规范》GB 50204-2002

《建筑装饰装修工程质量验收规范》GB 50210-2001

《民用建筑设计通则》GB 50352-2005

《居住建筑节能设计标准》DBJ14-037-2006

《砌体工程施工质量验收规范》GB 50203-2002

《建筑工程施工质量验收统一标准》GB 50300-2001

《屋面工程质量验收规范》GB 50207-2002

三、保温构造要求及说明：

1. 建筑保温设计按照不同部位进行不同保温设计，保温做法参照《居住建筑保温构造详图（节能65%）》图集号：L06J113

2. 施工条件为基层墙体应符合《混凝土结构工程施工质量验收规范》和《砌体工程质量验收规范》的要求；屋面保温工程基层应符合《屋面工程施工质量验收规范》。门窗框以及墙身上各种进户管线、水落管支架、预埋管件等按设计安装完毕。施工环境温度不应低于5°c，风力不应大于5级，风速不宜大于5m/s，严禁雨天施工，雨期施工应做好防雨措施。

3. 材料配制按照产品使用说明书或图集要求进行配制，配制好的材料均须在规定时间内用完，严禁过时使用。

4. 施工工序严格按照L07J109、L06J113图集要求按不同体系进行按步骤施工。

5. 具体部位施工按居住建筑节能设计表选定节能做法，构造接点做法按照L06J113图集施工。

四、本节能设计仅为建筑热工设计部分，采暖、空调系统设计部分参见设备施工图。

建 筑 做 法 说 明

除注明外表中做法编号详见L06J002

项目	做法名称	做法编号	适用范围	备注
坡道	水泥砂浆坡道	坡1	单元入口	宽1500。
散水	水泥砂浆散水	散2	建筑物室外周边	宽800流水坡3-5%，沿墙设缝、沿墙长度每隔8-12m处留伸缩缝宽20，油膏嵌缝
地面	地面砖防水地面	地15	用于商铺地面	面砖种类、规格、颜色甲方自定
	水泥砂浆防潮地面	地5	储藏室层所有地面	第4项采用150厚小毛石砌M5水泥砂浆。
楼面	水泥砂浆楼面	楼1	楼梯间楼面	防滑
	地面砖防水楼面	楼18	卫生间、厨房、阳台	面砖种类、规格、颜色甲方自定
	地面砖楼面	楼16	除卫生间、厨房、阳台其余室内楼面	面砖种类、规格、颜色甲方自定
内墙面	面砖防水内墙	内墙28(33)	用于卫生间、厨房及阳台	高至板底（阳台贴至窗台），面砖种类、规格、色彩甲方自定
	混合砂浆抹面内墙	内墙4	用于除以上外所有砖墙内墙	
	刮腻子涂料内墙	内墙14	用于除以上外所有轻质隔墙内墙	
踢脚	面砖踢脚	踢4(7)	除卫生间、厨房及阳台外所有内墙	高150，面砖规格及颜色同楼地面
外墙	粘贴聚苯板薄抹灰保温涂料外墙	外墙19	用于所有外墙	面层为外墙涂料，颜色及具体位置详见立面图。
	面砖外墙	外墙12	用于储藏室商铺外墙	面层为外墙涂料，颜色及具体位置详见立面图。
顶棚	刮腻子涂料顶棚	棚1	用于所有房间	
	轻钢龙骨PVC板吊顶	棚15	厨房、卫生间	吊顶高度为2400。
屋面	钢结构屋面		用于坡屋面	专业公司二次制作
	水泥砂浆平屋面	屋面15	用于不上人平屋面	找坡层使用水泥发泡材料
油漆	调和漆	涂1	楼梯木扶手等木构件	
	金属面油漆	涂11	楼梯栏杆等金属构件	（铁件基层应涂防锈漆）

说明：本工程二次装修部分，可根据装修设计进行，但不允许改变结构受力体系。所有装修设计须遵守现行规范规定，并经设计人员同意方可施工。

山 东 省 城镇建筑设计院	河东天亿居住组团5#住宅楼	审 定		专业负责人		图 号	03
	建筑做法说明 门 窗 表 门窗表说明	校 审		复 核		专 业	建 施
资质证书编号		所 审		设 计		日 期	
注册师印章编号		项目负责人		绘 图		第03张	共14张

图 3

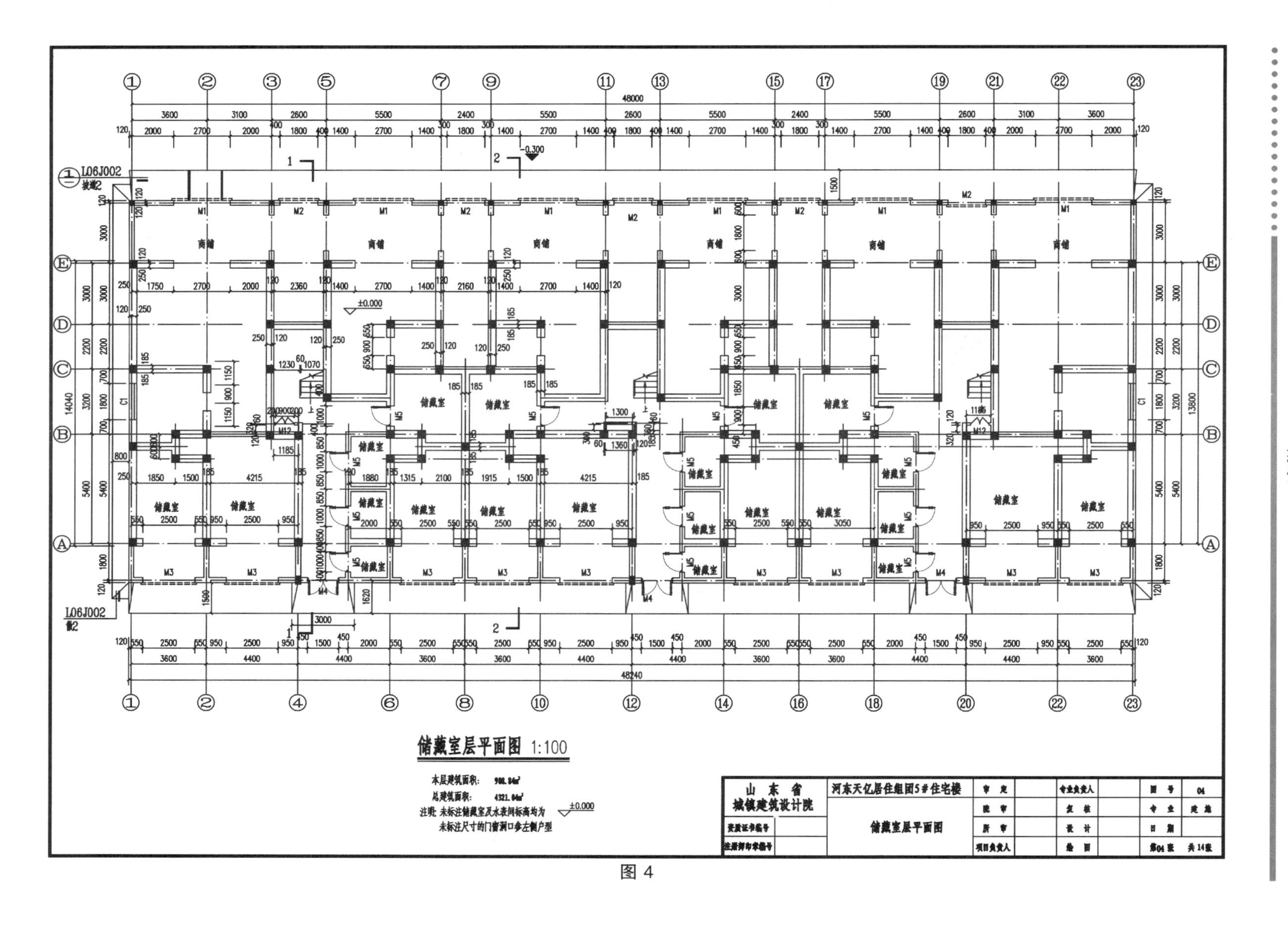
储藏室层平面图 1:100
本层建筑面积： 908.94m²
总建筑面积： 4321.04m²
注明：未标注储藏室及水表间标高均为±0.000
未标注尺寸的门窗洞口参左侧户型
山东省
城镇建筑设计院
河东天亿居住组团5#住宅楼
储藏室层平面图
第04张 共14张
储藏室
商铺

图 4

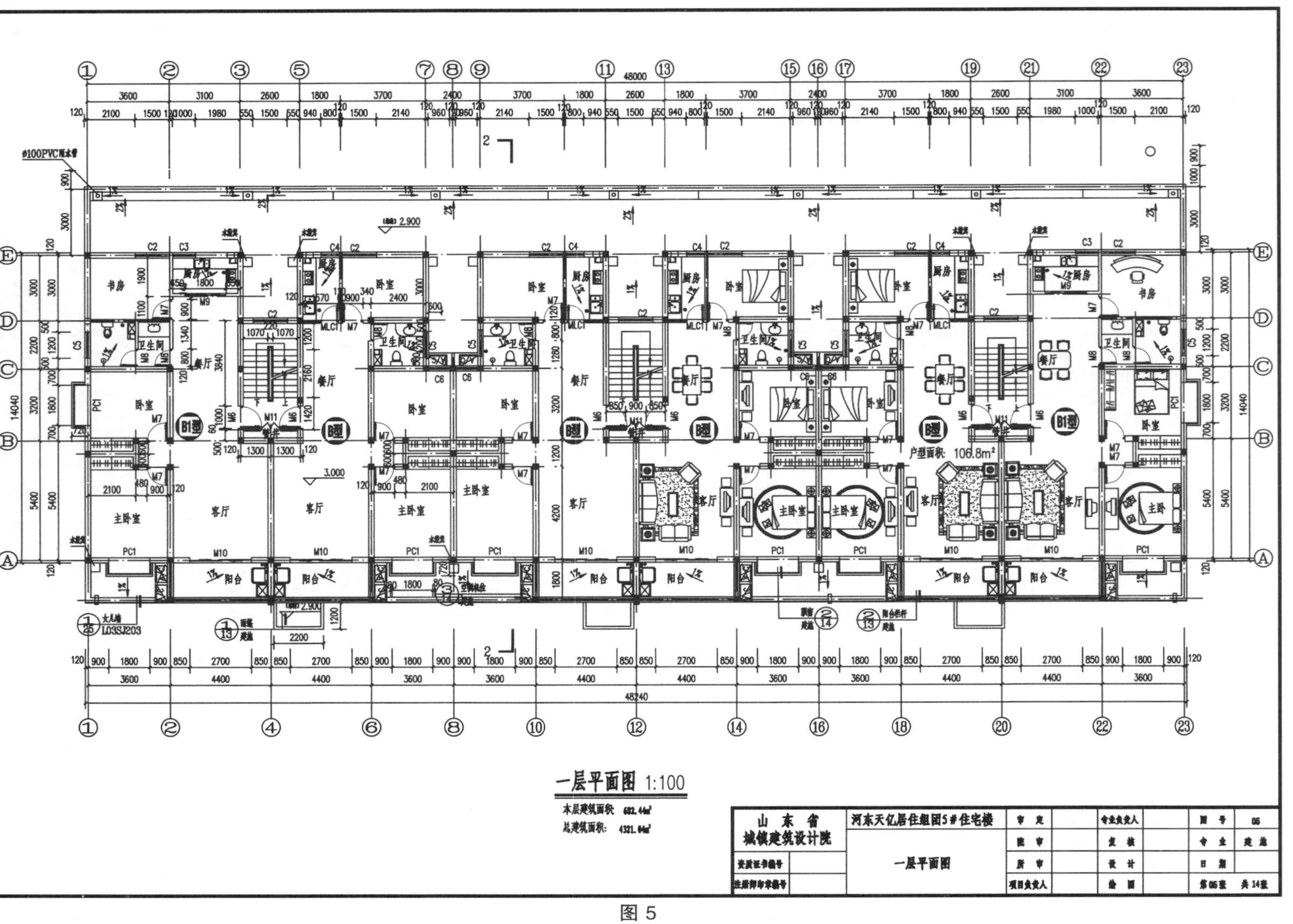
一层平面图 1:100
本层建筑面积 682.44m²
总建筑面积: 4321.04m²
山 东 省
城镇建筑设计院
河东天亿居住组团5#住宅楼
一层平面图
户型面积: 106.8m²

图 5

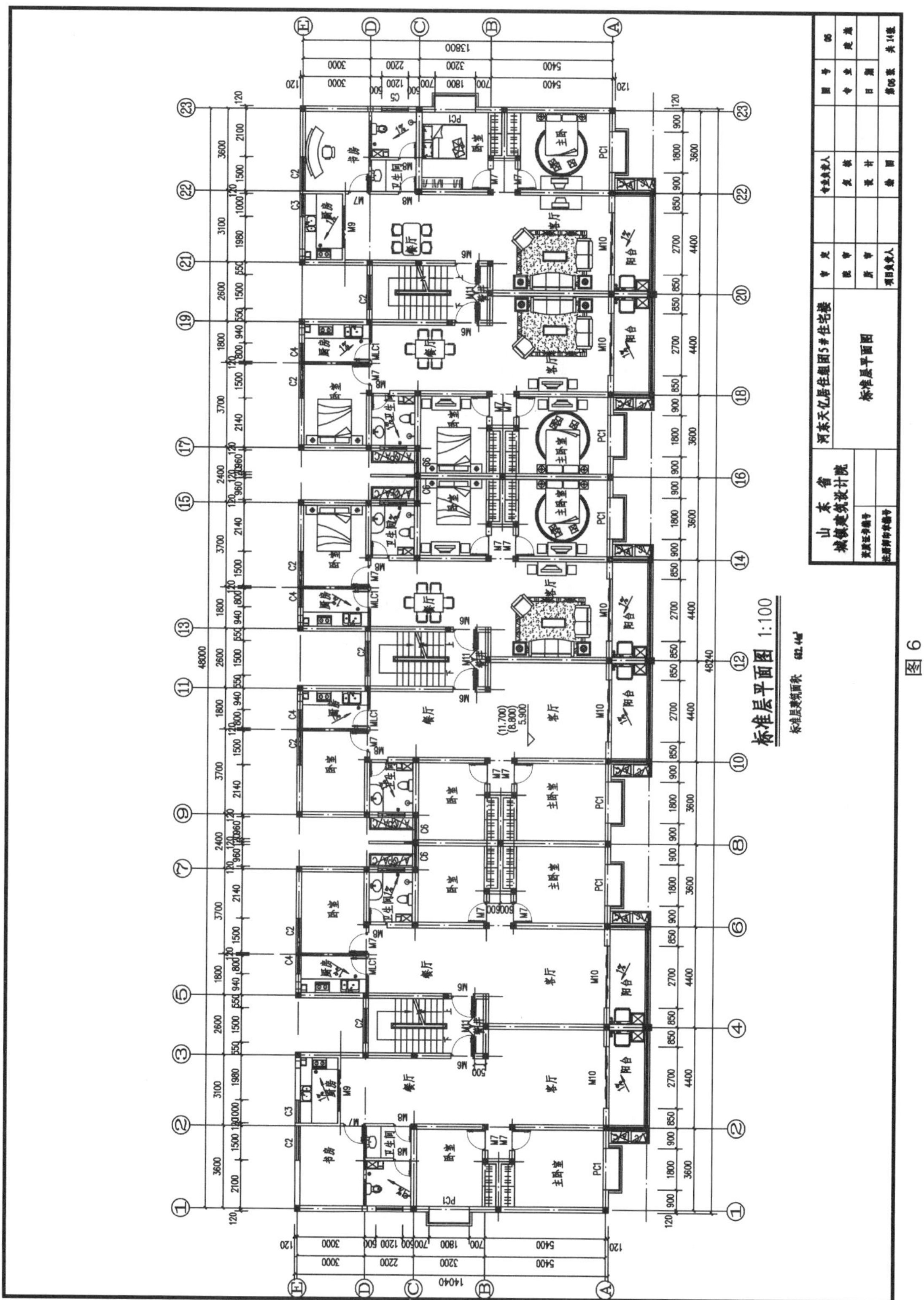

图 6

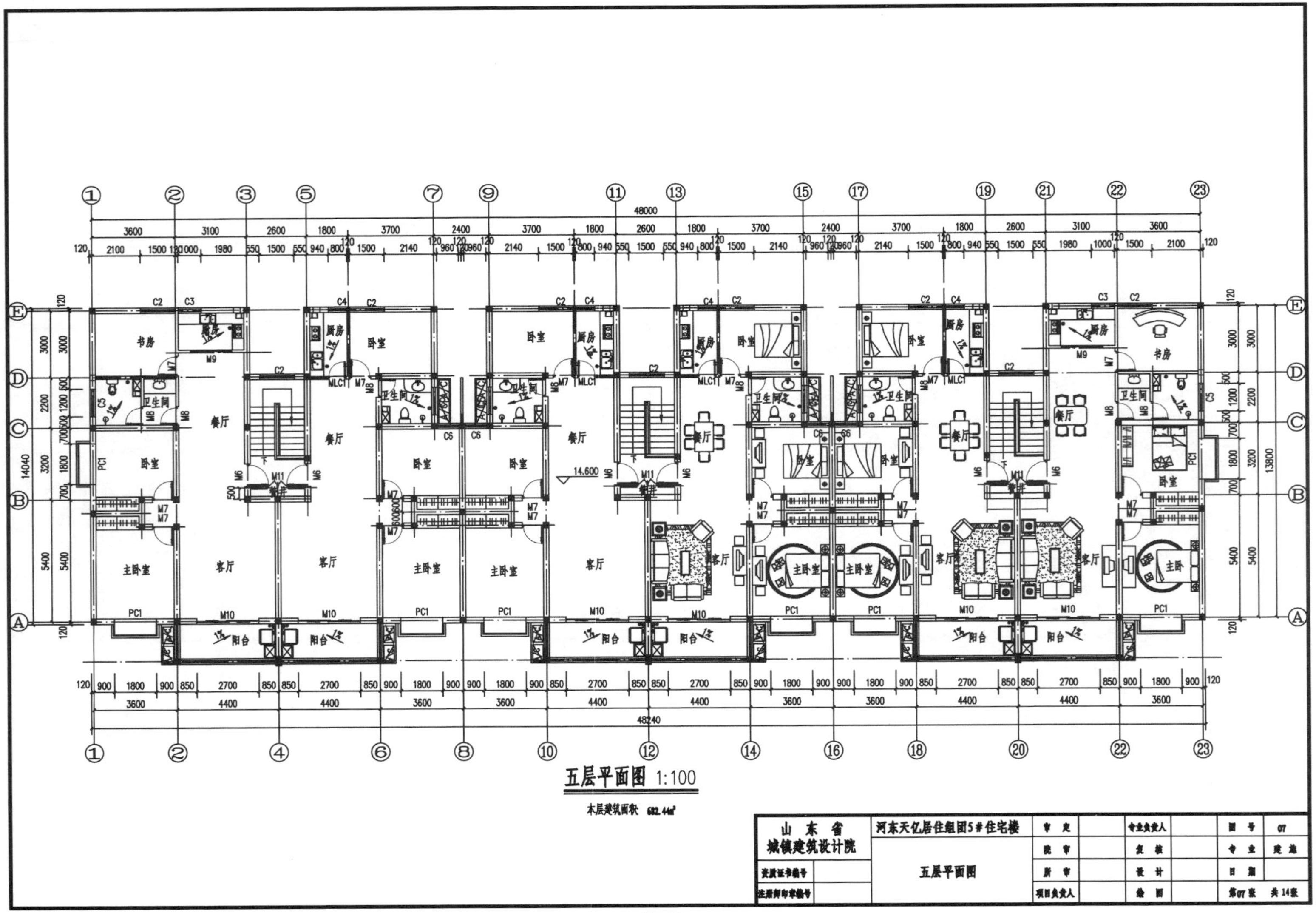
五层平面图 1:100
本层建筑面积 682.44m²
山东省
城镇建筑设计院
资质证书编号
注册师印章编号
河东天亿居住组团5#住宅楼
五层平面图
审定
院审
所审
项目负责人
专业负责人
复核
设计
绘图
图号 07
专业 建施
日期
第07张 共14张
书房
厨房
卫生间
餐厅
卧室
主卧室
客厅
阳台
14.600
48000
48240
14040
13800

图 7

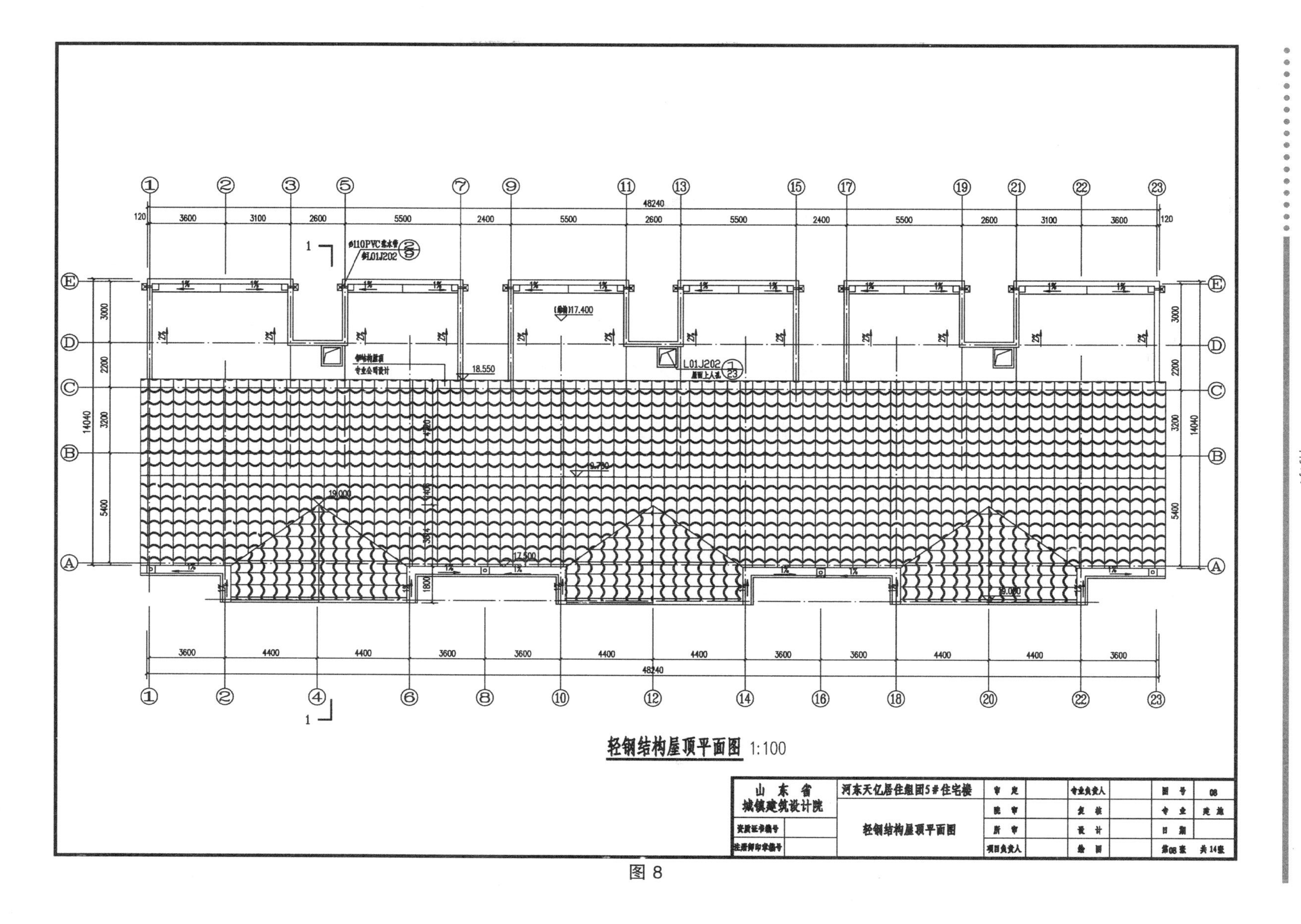

轻钢结构屋顶平面图 1:100
山东省
城镇建筑设计院
河东天亿居住组团5#住宅楼
轻钢结构屋顶平面图
48240
14040

图 8

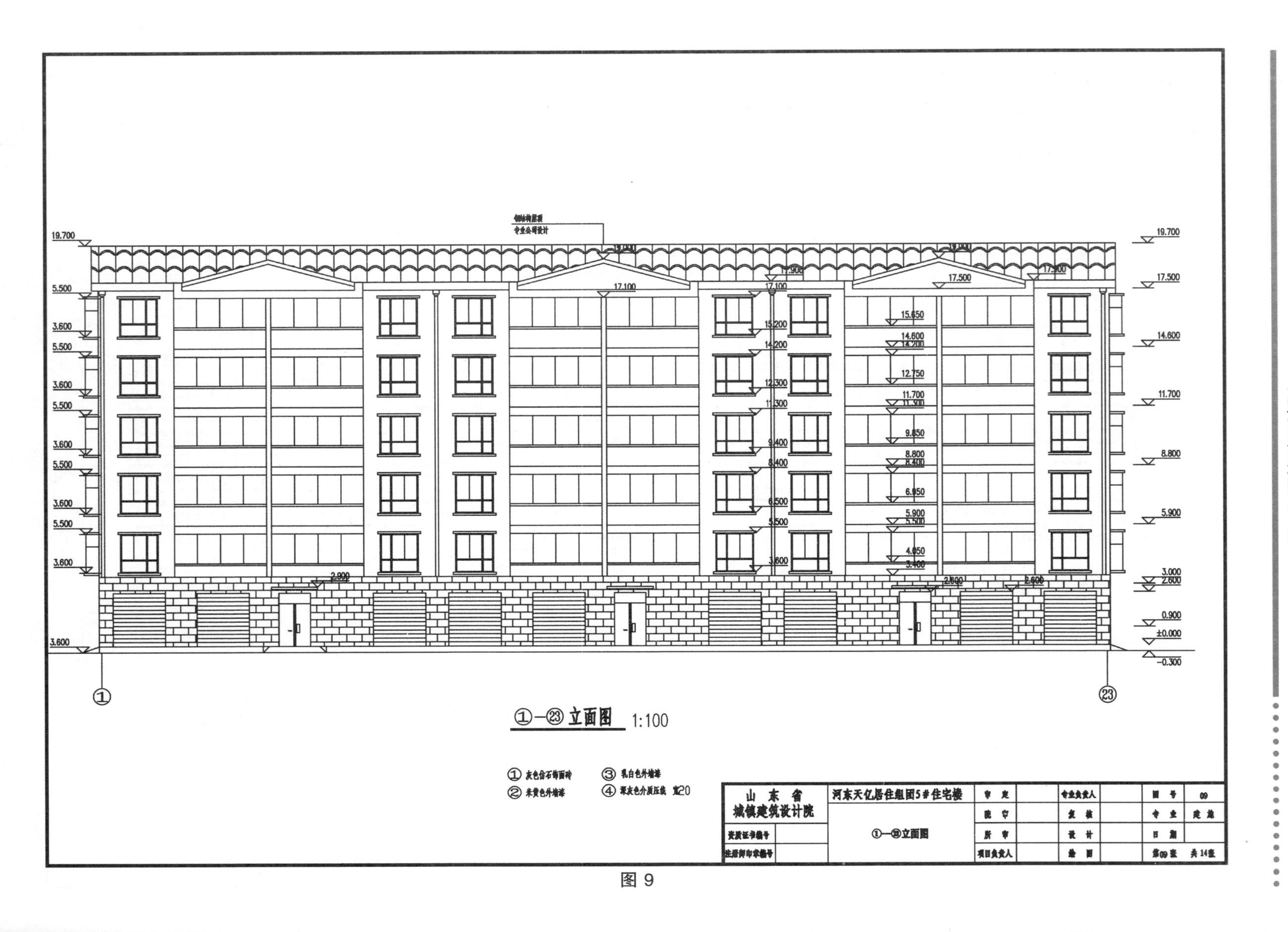

图 9

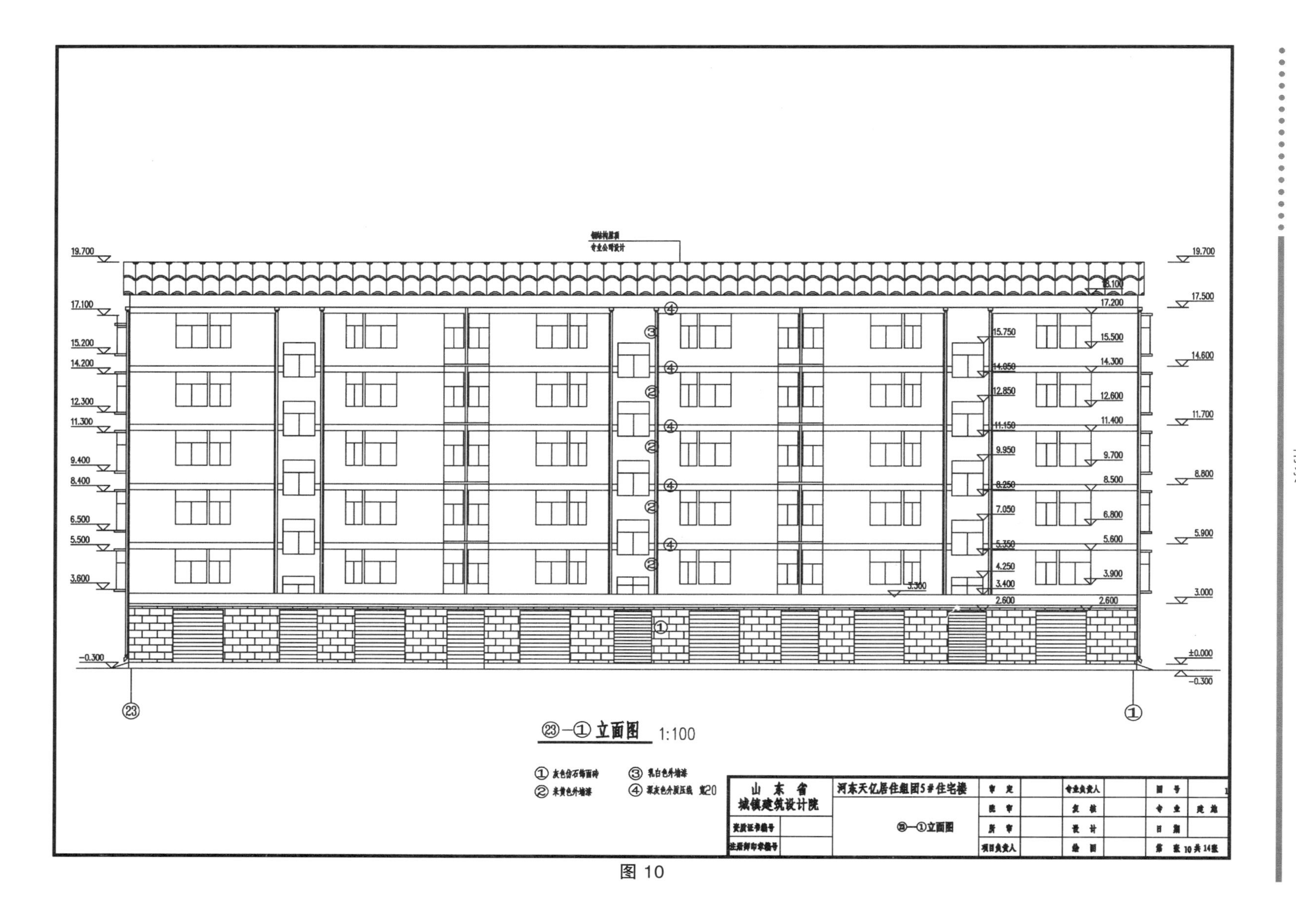
㉓—① 立面图 1:100
① 灰色仿石饰面砖
② 米黄色外墙漆
③ 乳白色外墙漆
④ 深灰色外腰压线 宽20
山东省
城镇建筑设计院
河东天亿居住组团5#住宅楼
㉓—①立面图
资质证书编号
注册师印章编号
审定
院审
所审
项目负责人
专业负责人
复核
设计
绘图
图号
专业 建施
日期
第 张 10 共 14张

图 10

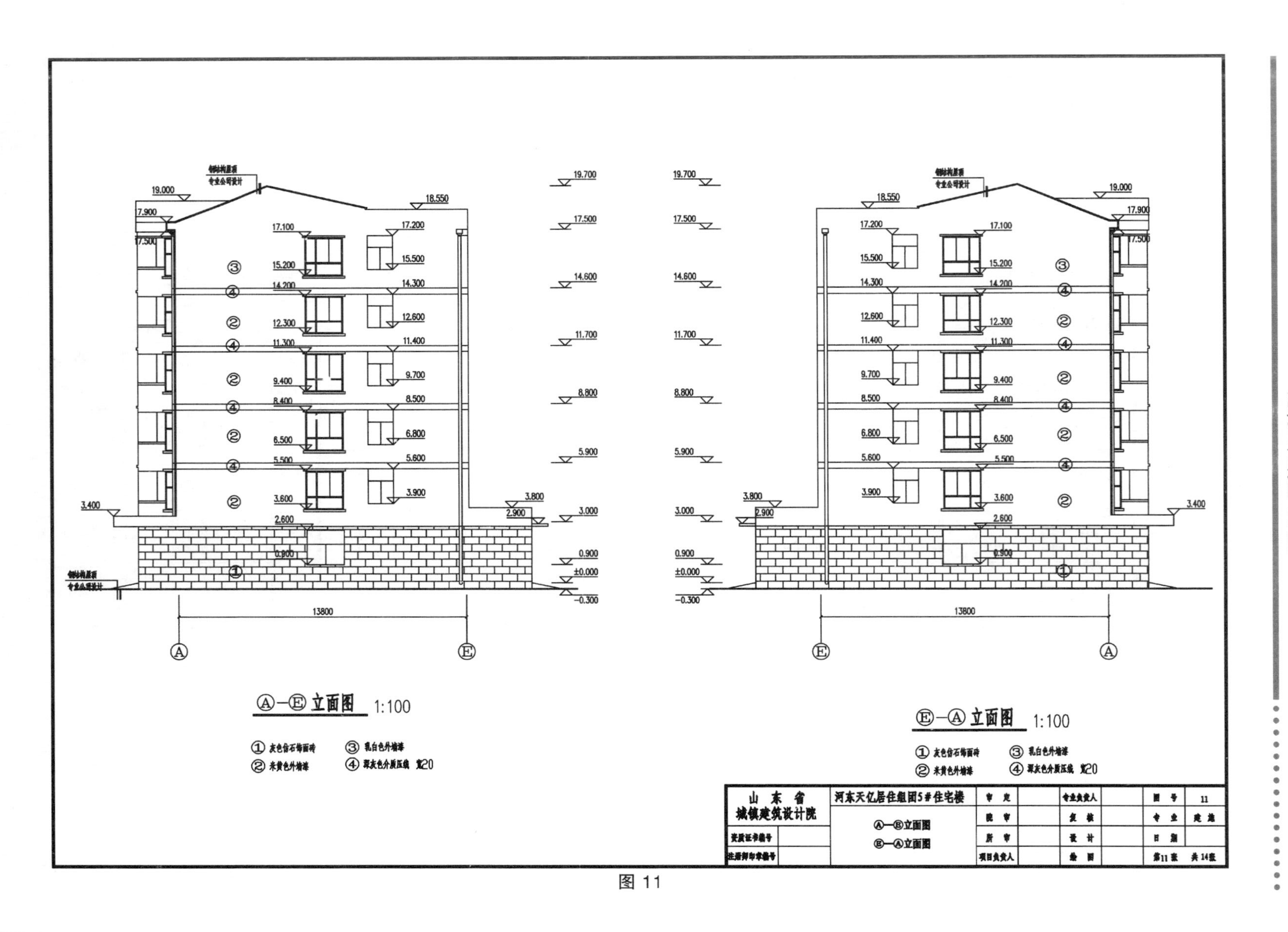

Ⓐ—Ⓔ立面图 1:100
① 灰色仿石饰面砖
② 米黄色外墙漆
③ 乳白色外墙漆
④ 深灰色外质压线 宽20
Ⓔ—Ⓐ立面图 1:100
① 灰色仿石饰面砖
② 米黄色外墙漆
③ 乳白色外墙漆
④ 深灰色外质压线 宽20
钢结构屋面
专业公司设计
13800
19.700
17.500
14.600
11.700
8.800
5.900
3.000
0.900
±0.000
−0.300
19.000
18.550
17.900
3.800
3.400
2.900
2.600
山东省
城镇建筑设计院
河东天亿居住组团5#住宅楼
Ⓐ—Ⓔ立面图
Ⓔ—Ⓐ立面图
审定
院审
所审
项目负责人
专业负责人
复核
设计
绘图
图号 11
专业 建施
日期
第11张 共14张
资质证书编号
注册师印章编号

图 11

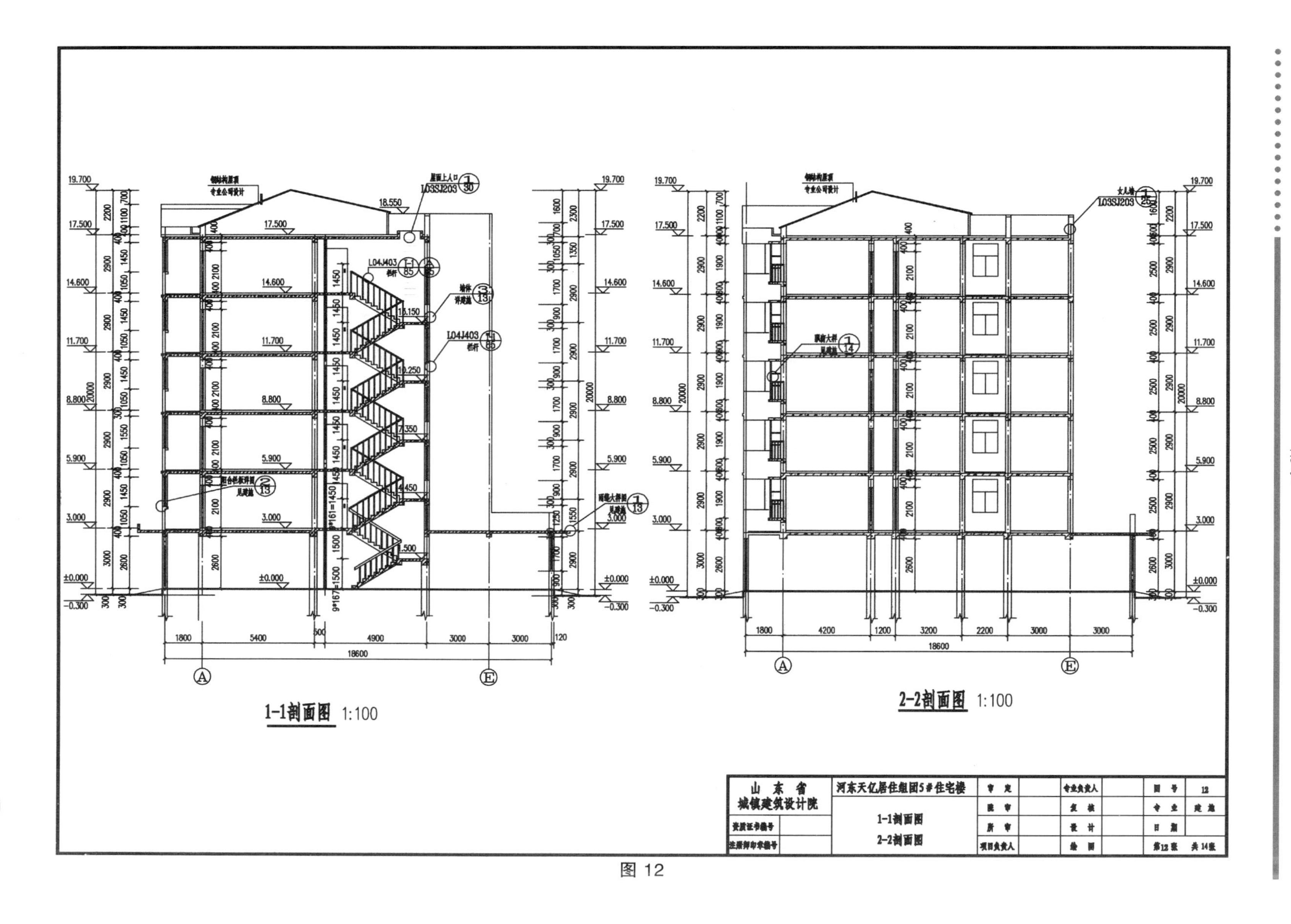
1-1剖面图 1:100
2-2剖面图 1:100
山东省
城镇建筑设计院
河东天亿居住组团5#住宅楼
1-1剖面图
2-2剖面图

图 12

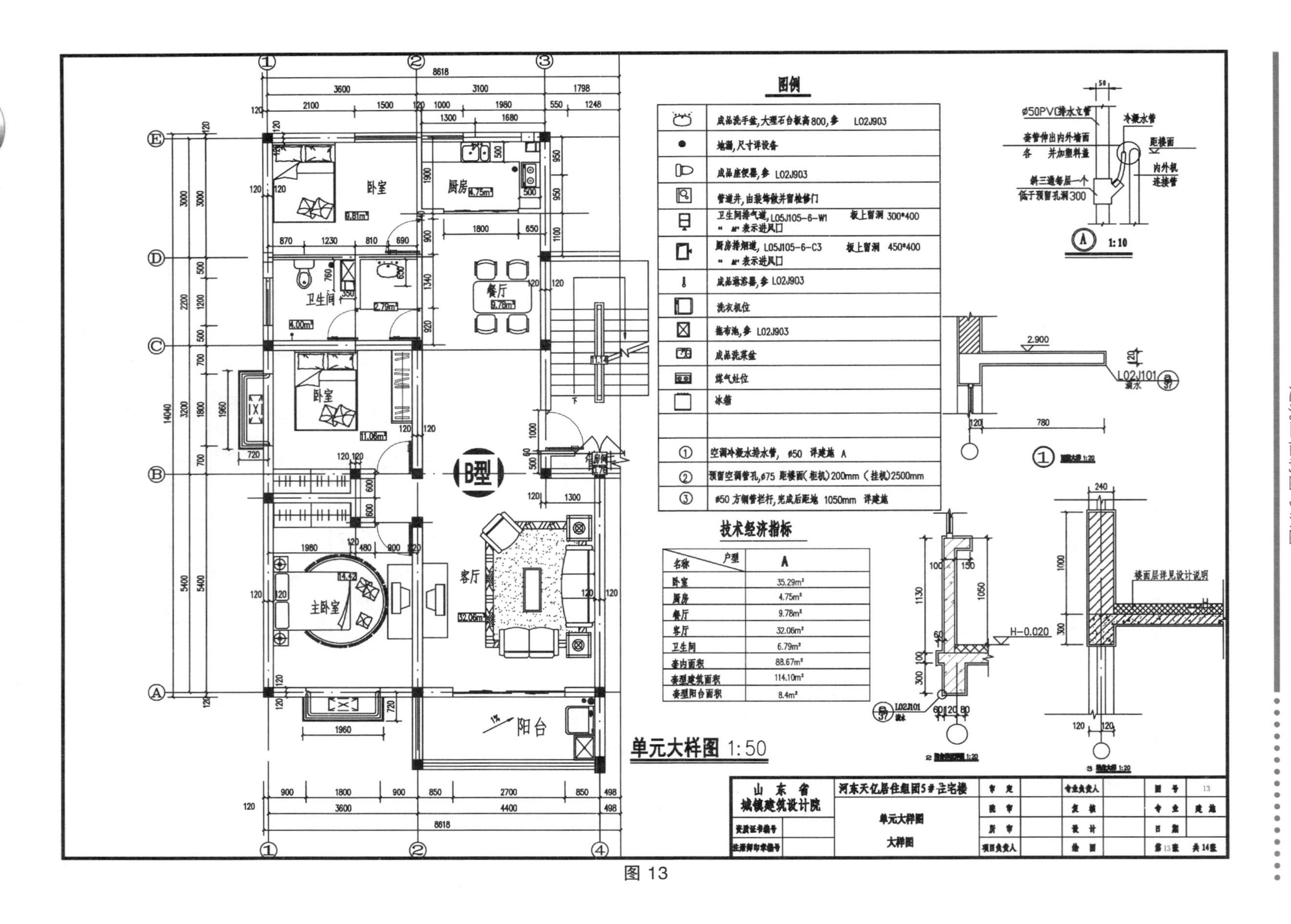
图例
成品洗手盆,大理石台板高800,参 L02J903
地漏,尺寸详设备
成品座便器,参 L02J903
管道井,由装饰做并留检修门
卫生间排气道,L05J105-6-W1 板上留洞 300*400
" ▲" 表示进风口
厨房排烟道,L05J105-6-C3 板上留洞 450*400
" ▲" 表示进风口
成品淋浴器,参 L02J903
洗衣机位
拖布池,参 L02J903
成品洗菜盆
煤气灶位
冰箱
① 空调冷凝水排水管, ø50 详建施 A
② 预留空调管孔,ø75 距楼面(柜机)200mm (挂机)2500mm
③ ø50 方钢管栏杆,完成后距地 1050mm 详建施
技术经济指标
名称 户型 A
卧室 35.29m²
厨房 4.75m²
餐厅 9.78m²
客厅 32.06m²
卫生间 6.79m²
套内面积 88.67m²
套型建筑面积 114.10m²
套型阳台面积 8.4m²
卧室
厨房
餐厅
卫生间
B型
主卧室
客厅
阳台
单元大样图 1:50
ø50PVC排水立管
冷凝水管
套管伸出内外墙面 各 并加塑料盖
距楼面
斜三通每层一个
低于预留孔洞300
内外机 连接管
A 1:10
L02J101 滴水
楼面层详见设计说明
H-0.020
山东省 城镇建筑设计院
河东天亿居住组团5#注宅楼
单元大样图
大样图
资质证书编号
注册师印章编号
审定
院审
所审
项目负责人
专业负责人
复核
设计
绘图
图号 13
专业 建施
日期
第13张 共14张

图 13

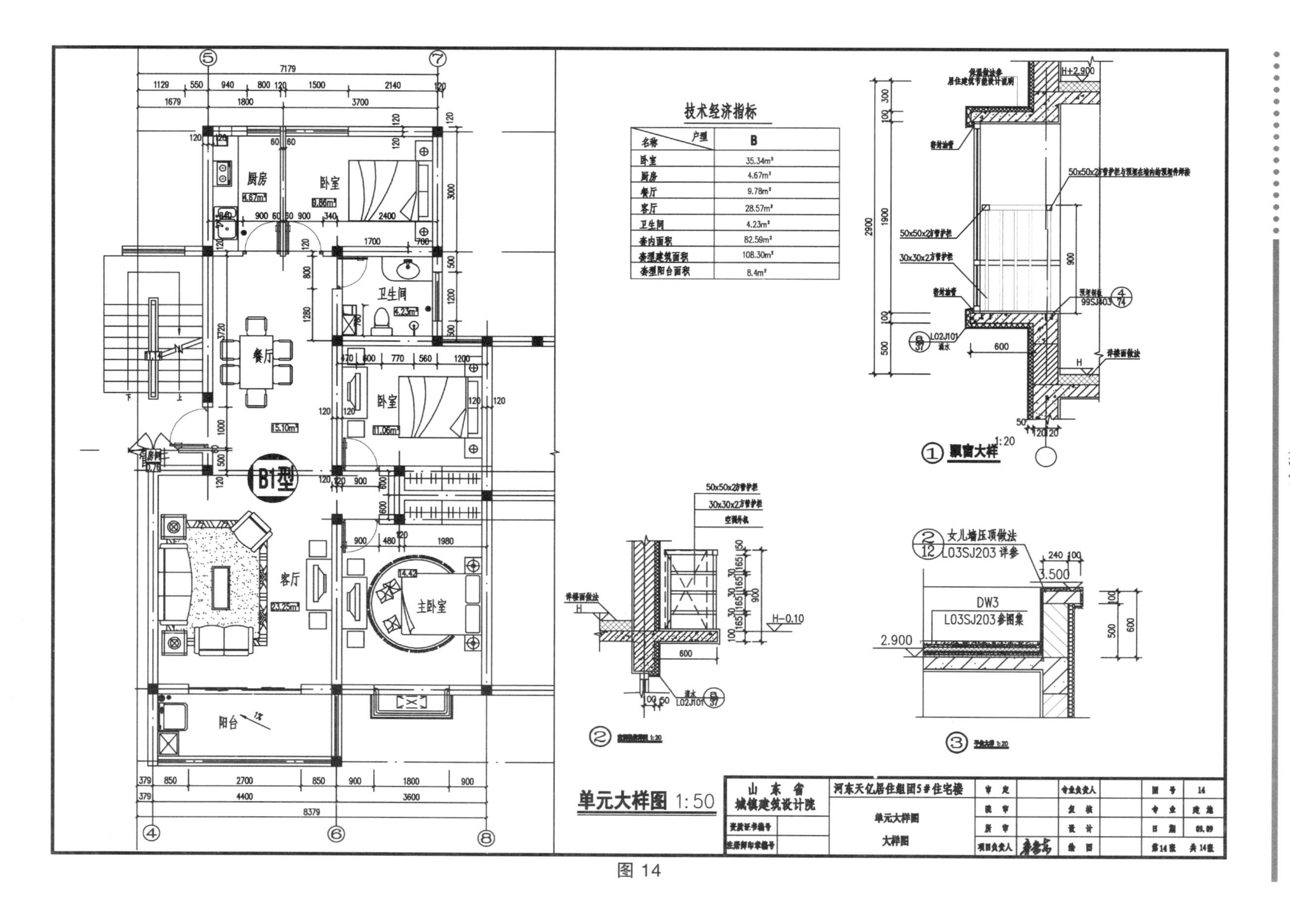
技术经济指标
名称 户型 B
卧室 35.34m²
厨房 4.67m²
餐厅 9.78m²
客厅 28.57m²
卫生间 4.23m²
套内面积 82.59m²
套型建筑面积 108.30m²
套型阳台面积 8.4m²
① 飘窗大样 1:20
② 女儿墙压顶做法 L03SJ203 详参
DW3
L03SJ203参图集
单元大样图 1:50
山东省城镇建筑设计院
河东天亿居住组团5#住宅楼
单元大样图
大样图
B1型
厨房
卧室
卫生间
餐厅
客厅
主卧室
阳台

图 14

结构设计总说明

一、工程概况

1、本工程为机电学院建筑系实训楼，底框结构，商铺加3个标准层

2、本工程水平尺寸单位为mm，竖向尺寸为m。标高均以建筑标高 ±0.000 为基准定出。

3、本工程抗震设防类别为丙类，结构安全等级为二级。

4、本工程抗震设防烈度为7度（0.15g），设计地震分组第一组，抗震等级三级。

5、本工程电算软件采用中国建筑科学研究院的PKPM。（2008版）

二、设计依据

1、建设单位提供的有关审批文件。

2、勘察单位提供的《勘察报告》。

3、现行的规范规程：

《建筑结构荷载规范》 (GB50009-2001)2006年版

《建筑抗震设计规范》 (GB50011-2001)2008年版

《建筑设计防火规范》 (GB50016-2006)

《混凝土结构设计规范》 (GB50010-2002)

《建筑地基基础设计规范》 (GB50007-2002)

三、荷载取值

1、除特殊注明外，本工程楼、屋面均布活荷载标准值：

楼面	客厅	卧室	厨房	餐厅	卫生间	阳台	楼梯
Kn/M²	2.0	2.0	2.0	2.0	2.0	2.5	2.0
屋面	上人屋面		不上人屋面		消防疏散梯		
Kn/M²	2.0		0.5		3.5		

2、基本风压按50年重现期的风压值：0.4Kn/M²；地面粗糙类别为B类。

3、基本雪压按50年重现期的雪压值：0.4Kn/M²。

四、基础部分

1、本工程地基基础设计等级为丙级，建筑场地类别为I类

2、根据地质勘察报告，持力层为粉质粘土，地基承载力特征值Fak=140KPa

3、本工程基础为墙下条形基础，砖砌施工质量控制等级为B级。

4、基槽开挖时，应预留20cm土层至设计标高为人工清理；如果遇到枯井、暗河等特殊情况，施工单位应通知勘察、设计单位人员共同处理。

5、基槽清理完毕应及时验槽，验槽合格方可进行后续工程施工。

6、条形基础砼等级为C25；垫层C15厚100mm。

7、基础砖砌体采用Mu10机制粘土砖，水泥砂浆M10.0

8、基础砖砌体两侧及 -0.000 处应抹防水砂浆。1:2.5防水砂浆20m厚

五、砌体部分

1、地上砖砌体采用Mu10机制承重页岩多孔砖，混合砂浆M10.0。

2、砖砌施工质量控制等级为B级。

3、外墙转角和内墙交接处及承重墙与后砌非承重墙交接处，沿墙高每500mm设2Φ6 拉结筋，每边伸入墙内1000mm。

4、到顶的非承重内隔砖墙或砌块，待下部砌体沉实后顶部一层砖斜砌，并与梁或板底顶紧。

5、顶层墙体有门窗洞口时，在过梁上的墙体水平灰缝内设置三道焊接钢筋网片，钢筋网片双向 Φ6@200，伸入过梁两端墙内600mm。

6、墙内设构造柱，位置详结构图。构造柱自条形基础升起，至女儿墙顶。

如果与构造柱连接的墙垛尺寸过小难以砌筑，可以用素砼与构造柱整体浇筑。

除特殊注明外构造柱详下图：

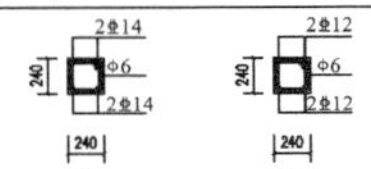

GZ 用于240墙体角柱（240×240，2Φ14，Φ6，2Φ14）　GZ 用于240墙体（240×240，2Φ12，Φ6，2Φ12）

构造柱箍筋加密区为楼层上下各Hn/6，加密区内 Φ6@100，其余Φ6@200

7、墙内设圈梁，bxh=墙厚x300。窗台下设窗台梁。女儿墙顶设压顶梁。

圈梁、窗台梁、女儿墙压顶梁详下图：

8、部分墙体因抗震计算需要需要添加构造柱

构造柱截面积详见各层结构图

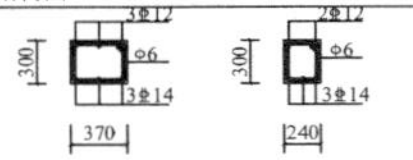

QL-2 1200≤洞口≤2700（370×300，3Φ12，Φ6，3Φ14）　QL-3 1200≤洞口≤2700（240×300，2Φ12，Φ6，3Φ14）

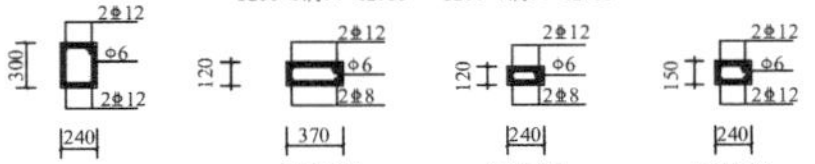

QL 用于240墙体（240×300，2Φ12，Φ6，2Φ12）　窗台梁（370×120，2Φ12，Φ6，2Φ8）　窗台梁（240×120，2Φ12，Φ6，2Φ8）　压顶梁（240×150，2Φ12，Φ6，2Φ12）

六、钢筋砼通用说明

1、主体结构砼梁、板、柱、楼梯均为C25。

2、钢筋种类及要求：

HPB235级钢筋：Φ　钢筋强度设计值Fy=210N/M²

HRB335级钢筋：Φ　钢筋强度设计值Fy=300N/M²

HRB400级钢筋：Φ　钢筋强度设计值Fy=360N/M²

3、受力钢筋d≥25mm的接头，应采用直螺纹机械连接接头，其余可采用焊接接头。同一截面接头钢筋面积不应超过该截面全部钢筋面积的50%。

4、屋面、厨房卫生间等应按设计要求设置排水坡度；厨房、卫生间、阳台等应和房屋内其他楼面有不小于40mm的高差。厨房、卫生间墙内周圈应设素砼防水带，防水带高于楼面建筑标高20 mm，带内纵向设抗裂筋2Φ6。

5、应严格按照现行施工验收规范做好砼养护工作。对于水化热大、温差大的部位，应采用草垫或麻袋等材料覆盖养护。

6、应按有关规范控制拆模时间。对于悬挑构件，砼强度达到100%方可拆模；其他构件砼强度达到75%方可拆模。

7、砼构件与门窗、吊顶、厨卫设备及各类管道支架的连接，优先选用预埋件；在保证可靠的前提下可用膨胀螺栓连接。

七、钢筋砼板

1、除注明外，板分布筋屋面及外露结构用 Φ6@200，楼面用 Φ6@250

2、双向板短向底筋在下，长向钢筋在上。

3、配有双向钢筋的楼板均应加设支撑钢筋。支撑钢筋可用 Φ8 钢筋制成 ⎍ 每平米设置一个。

4、跨度大于4m的板，跨中起拱L/400。

5、开洞楼板当洞口小于300mm时，可不设附加筋；板筋绕过洞边不需切断

6、板内预埋管须铺设在板内两层钢筋之间。当埋管处无板面钢筋时，需沿管长方向加 Φ6@200 的钢筋

7、板中支座负筋架立筋 Φ6@300

8、各层端部房间角部设放射筋。

9、板筋需要搭接时同一接头区段内的钢筋面积不应超过钢筋总面积的25%

10、顶层楼板上无支座负筋处加温度筋 Φ6@150，其与支座负筋搭接长度200

11、板面筋应特别注意架空高度，严防踩踏。

八、钢筋砼梁

1、设备管线须在梁侧开洞或埋设管件时，应严格按照有关规范要求设置浇筑砼之前经检查符合设计要求后方可施工。孔洞预留，严禁后凿。梁上预留洞周边应加筋。　未注明梁附加箍筋均为Φ6@250。

2、跨度≥4m的简支梁及≥2m的悬挑梁应按规范要求起拱。

3、预留洞和门窗洞口过梁详图集03G322-2。

4、主次梁交接处，次梁正负纵筋分别放在主梁正负纵筋之间。

九、其他

1、本设计未考虑雨季施工和冬季施工；当雨季施工和冬季施工时，应分别按有关规范规定采取措施。

2、砼应振捣密实，并加强养护。拆模后如果发现孔洞、蜂窝等缺陷应及时报告，共同采取措施处理，严禁擅自处理并隐瞒。

3、砖砌体各种预留洞口均应采用C25细石砼填实。

3、施工中各专业应密切配合，图中各种预留洞、槽管及防雷等应与相关专业图纸核对无误无漏后方可后续施工。

4、加强带砼可用掺加微膨胀剂的C25砼浇筑，加强带两侧应冲洗干净，不得留有建筑垃圾。

5、本设计未尽事宜应按相关现行规范规程和标准图集施工。隐蔽工程应做好检查和验收，并做准确记录。

6、建设、施工、监理等单位不得擅自更改本设计图纸。如有疑问应及时与结构设计人员联系，经确认无误后方可进行该分部分项工程的施工

7、建设、施工、监理等单位应自备各有关图集以备查阅。

十、楼梯间抗震补充说明：

1、楼梯段上下端对应的墙体处设置构造柱.3.000m层以下构造柱为GZ1，GZ2，3.000m层以上为GZ

2、楼梯间抗震构造说明：顶层楼梯间横墙和外墙应沿墙高每隔500mm设2Φ6通长钢筋；其他各层楼梯间墙体应在休息平台或楼层半高处设置60mm厚的钢筋混凝土带，砂浆强度等级M10 纵向钢筋3Φ10。突出屋顶的楼，电梯间，构造柱应伸到顶部，并与顶部圈梁连接，内外墙交接处应沿墙高每隔500mm设2Φ6通长拉结钢筋，且每边伸入墙内不应小于1m

4、楼顶楼梯间横墙和外墙应沿墙每隔500mm设2Φ6通长钢筋；7-9度时其他各层楼梯间墙体应在休息平台或楼层半高处设置60mm厚的钢筋混凝土带或配筋砖带，其砂浆 强度等级不应低于M7.5，纵向钢筋不少于2Φ10。　5、楼梯间及门厅内墙阳角处的大梁支承长度不应小于500mm，并应与圈梁连接。　6、楼梯段应与平台板的梁可靠连接；不应采用墙中悬挑式踏步或踏步　竖肋插入墙体的楼梯，不应采用无筋砖砌栏板。7、突出屋顶构造柱应伸到顶部，并与顶部圈梁连接，内外墙交接处应每隔500mm设 2Φ6通长拉结钢筋。

		审　定		专业负责人		图　号	
	结构设计总说明	院　审		复　核		专　业	结施
资质证书编号		所　审		设　计		日　期	
注册师印章编号		项目负责人		绘　图		第　张　共　张	

图 15

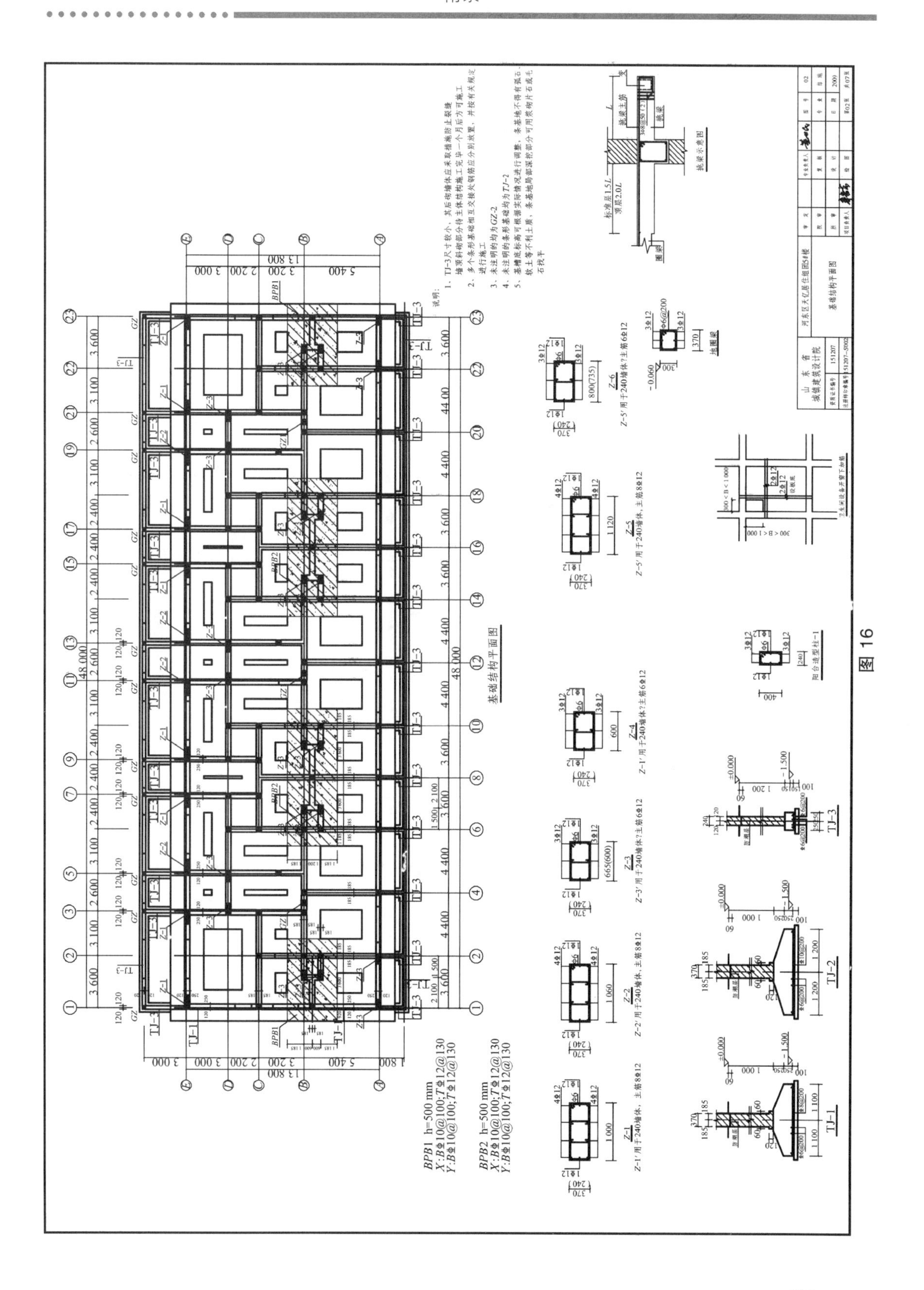
基础结构平面图
BPB1 h=500 mm
X:B⌀10@100;T⌀12@130
Y:B⌀10@100;T⌀12@130
BPB2 h=500 mm
X:B⌀10@100;T⌀12@130
Y:B⌀10@100;T⌀12@130
48 000
13 800
TJ-1
TJ-2
TJ-3
抗梁示意图
山东省城镇建筑设计院
基础结构平面图

图 16

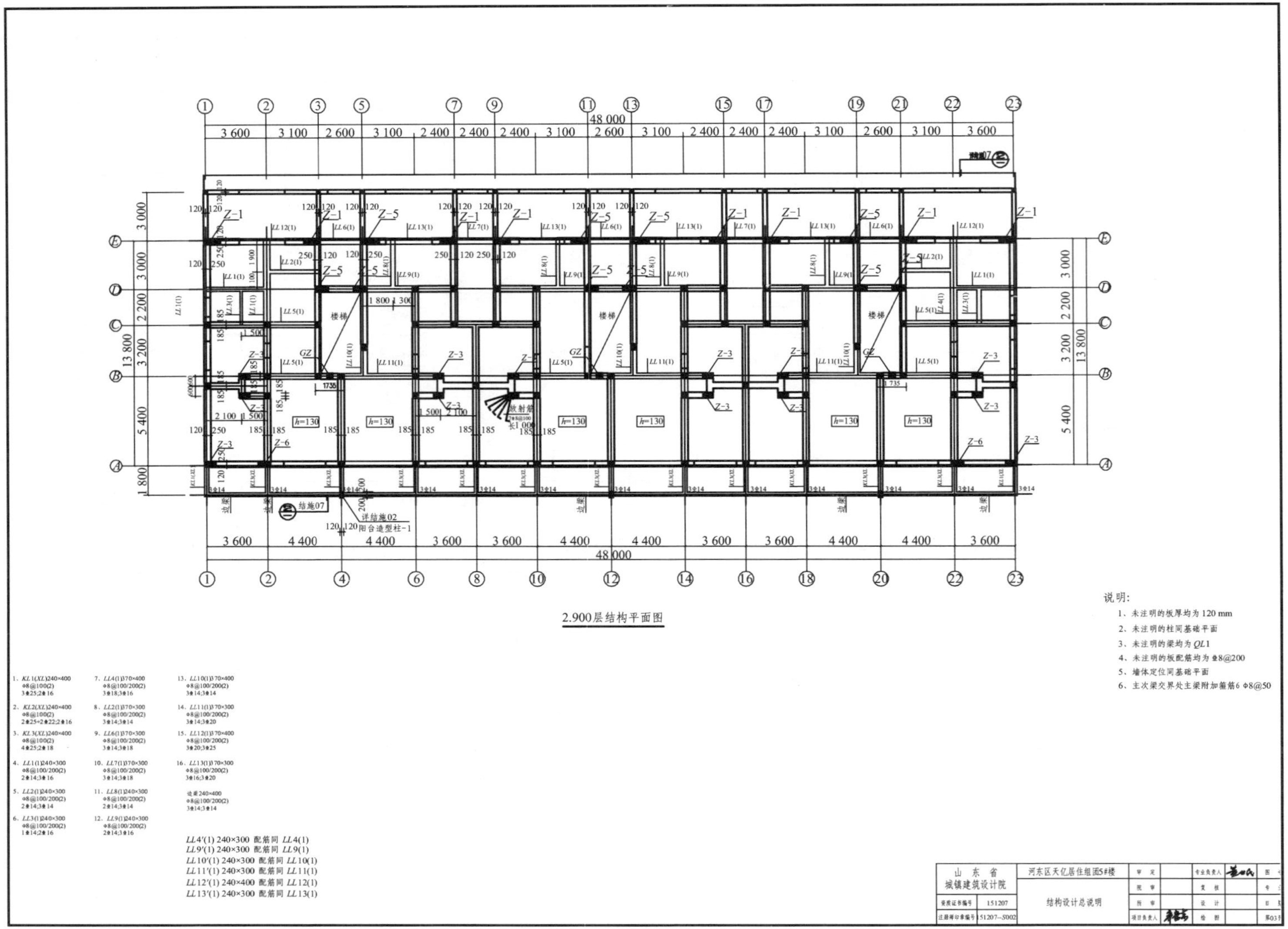
2.900层结构平面图
48 000
13 800
说明:
1、未注明的板厚均为 120 mm
2、未注明的柱同基础平面
3、未注明的梁均为 QL1
4、未注明的板配筋均为 Φ8@200
5、墙体定位同基础平面
6、主次梁交界处主梁附加箍筋6 Φ8@50
1、KL1(XL)240×400 Φ8@100(2) 3Φ25;2Φ16
2、KL2(XL)240×400 Φ8@100(2) 2Φ25+2Φ22;2Φ16
3、KL3(XL)240×400 Φ8@100(2) 4Φ25;2Φ18
4、LL1(1)240×300 Φ8@100/200(2) 2Φ14;3Φ16
5、LL2(1)240×300 Φ8@100/200(2) 2Φ14;3Φ14
6、LL3(1)240×300 Φ8@100/200(2) 1Φ14;2Φ16
7、LL4(1)370×400 Φ8@100/200(2) 3Φ18;3Φ16
8、LL2(1)370×300 Φ8@100/200(2) 3Φ14;3Φ14
9、LL6(1)370×300 Φ8@100/200(2) 3Φ14;3Φ18
10、LL7(1)370×300 Φ8@100/200(2) 3Φ14;3Φ18
11、LL8(1)240×300 Φ8@100/200(2) 2Φ14;3Φ14
12、LL9(1)240×300 Φ8@100/200(2) 2Φ14;3Φ16
13、LL10(1)370×400 Φ8@100/200(2) 3Φ14;3Φ14
14、LL11(1)370×300 Φ8@100/200(2) 3Φ14;3Φ20
15、LL12(1)370×400 Φ8@100/200(2) 3Φ20;3Φ25
16、LL13(1)370×300 Φ8@100/200(2) 3Φ16;3Φ20
边梁240×400 Φ8@100/200(2) 3Φ14;3Φ14
LL4′(1) 240×300 配筋同 LL4(1)
LL9′(1) 240×300 配筋同 LL9(1)
LL10′(1) 240×300 配筋同 LL10(1)
LL11′(1) 240×300 配筋同 LL11(1)
LL12′(1) 240×400 配筋同 LL12(1)
LL13′(1) 240×300 配筋同 LL13(1)
山东省
城镇建筑设计院
资质证书编号 151207
注册师印章编号 151207–S002
河东区天亿居住组团5#楼
结构设计总说明
审定
院审
所审
项目负责人
专业负责人
复核
设计
绘图

图 17

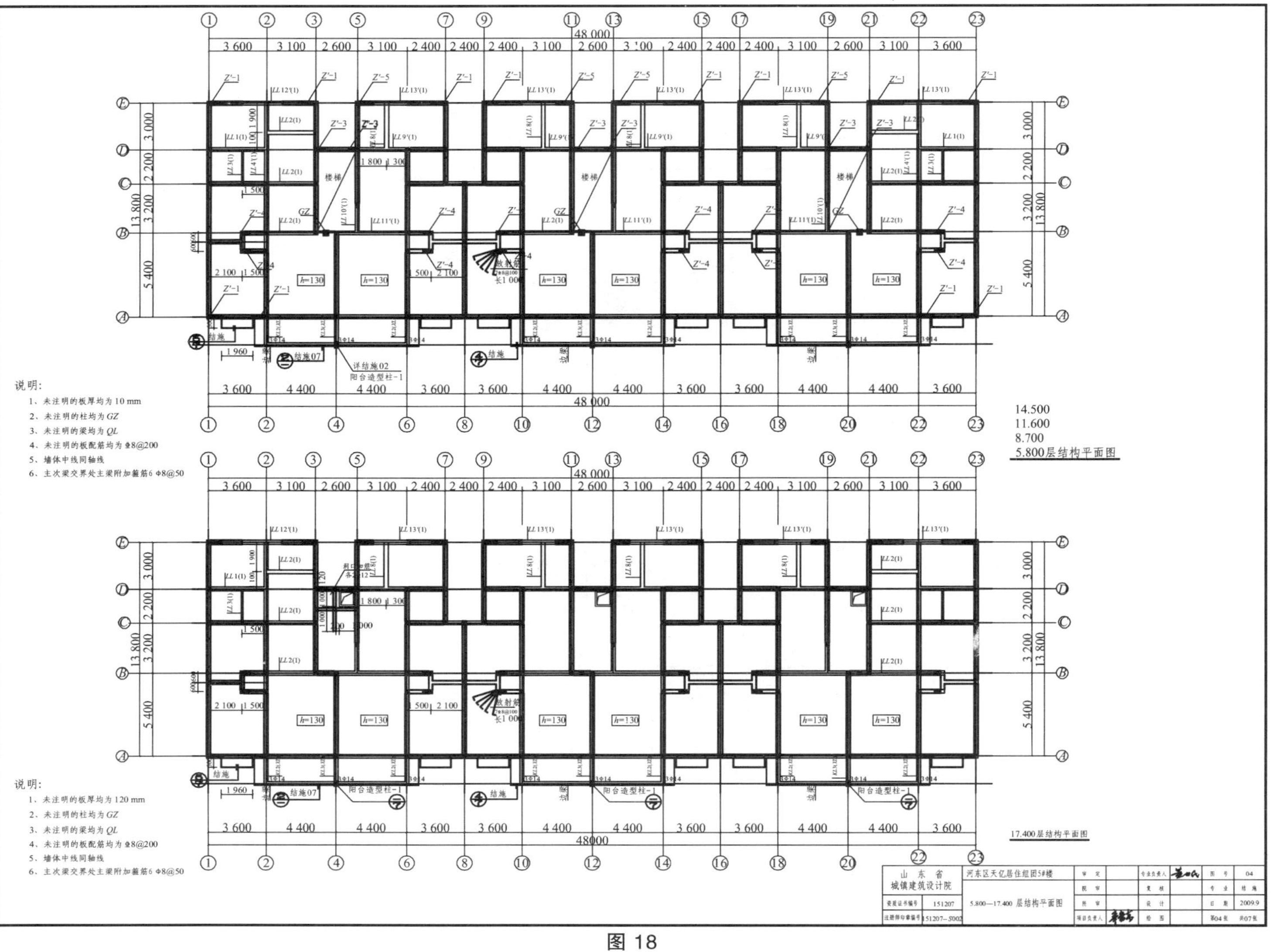
48 000
13 800
14.500
11.600
8.700
5.800层结构平面图
17.400层结构平面图
说明：
1、未注明的板厚均为10 mm
2、未注明的柱均为GZ
3、未注明的梁均为QL
4、未注明的板配筋均为Φ8@200
5、墙体中线同轴线
6、主次梁交界处主梁附加箍筋6 Φ8@50
说明：
1、未注明的板厚均为120 mm
2、未注明的柱均为GZ
3、未注明的梁均为QL
4、未注明的板配筋均为Φ8@200
5、墙体中线同轴线
6、主次梁交界处主梁附加箍筋6 Φ8@50
山东省城镇建筑设计院
河东区天亿居住组团5#楼
5.800—17.400层结构平面图

图 18

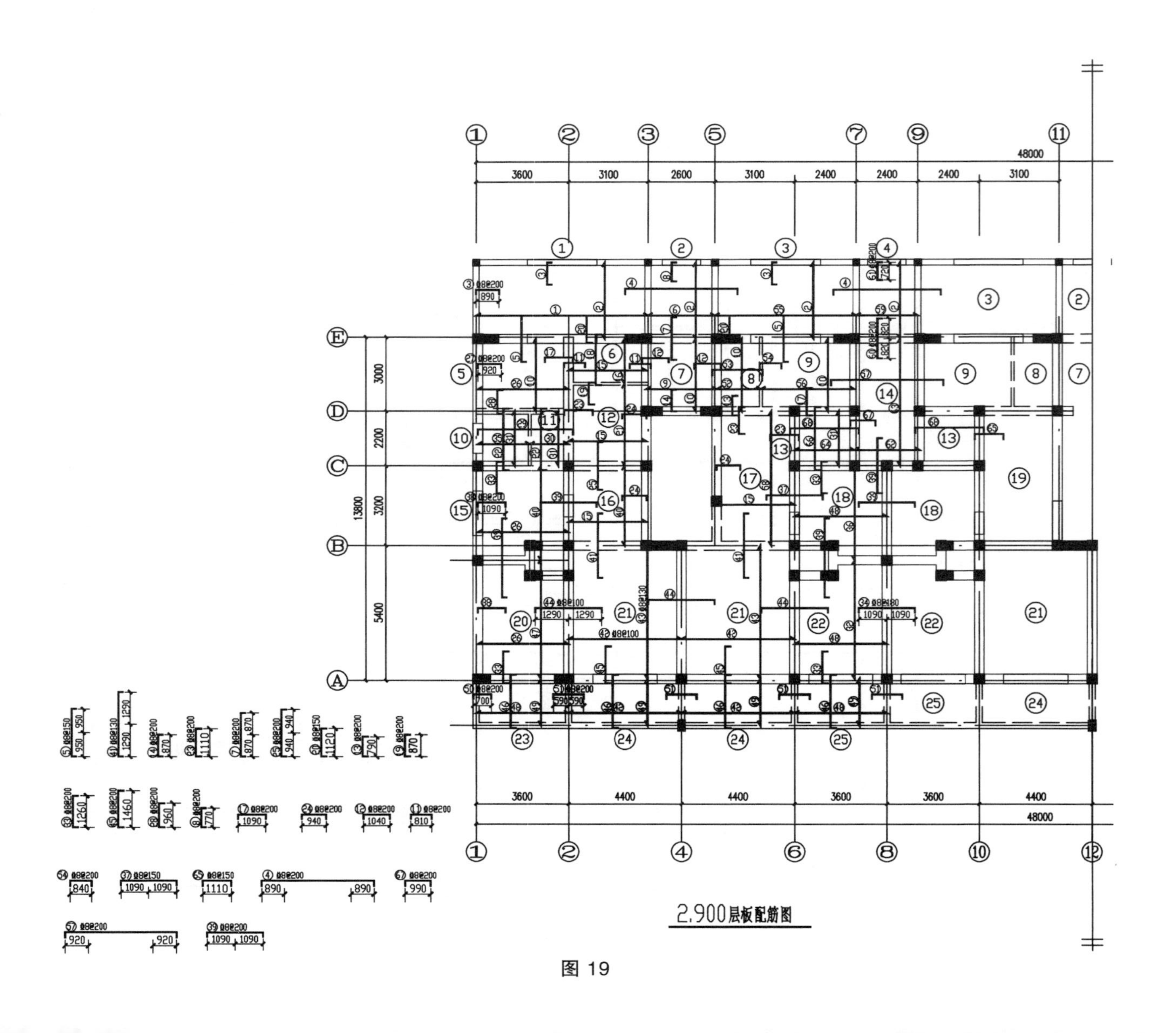
2.900层板配筋图
48000
3600
3100
2600
3100
2400
2400
2400
3100
3600
4400
4400
3600
3600
4400
48000
13800
3000
2200
3200
5400

图 19

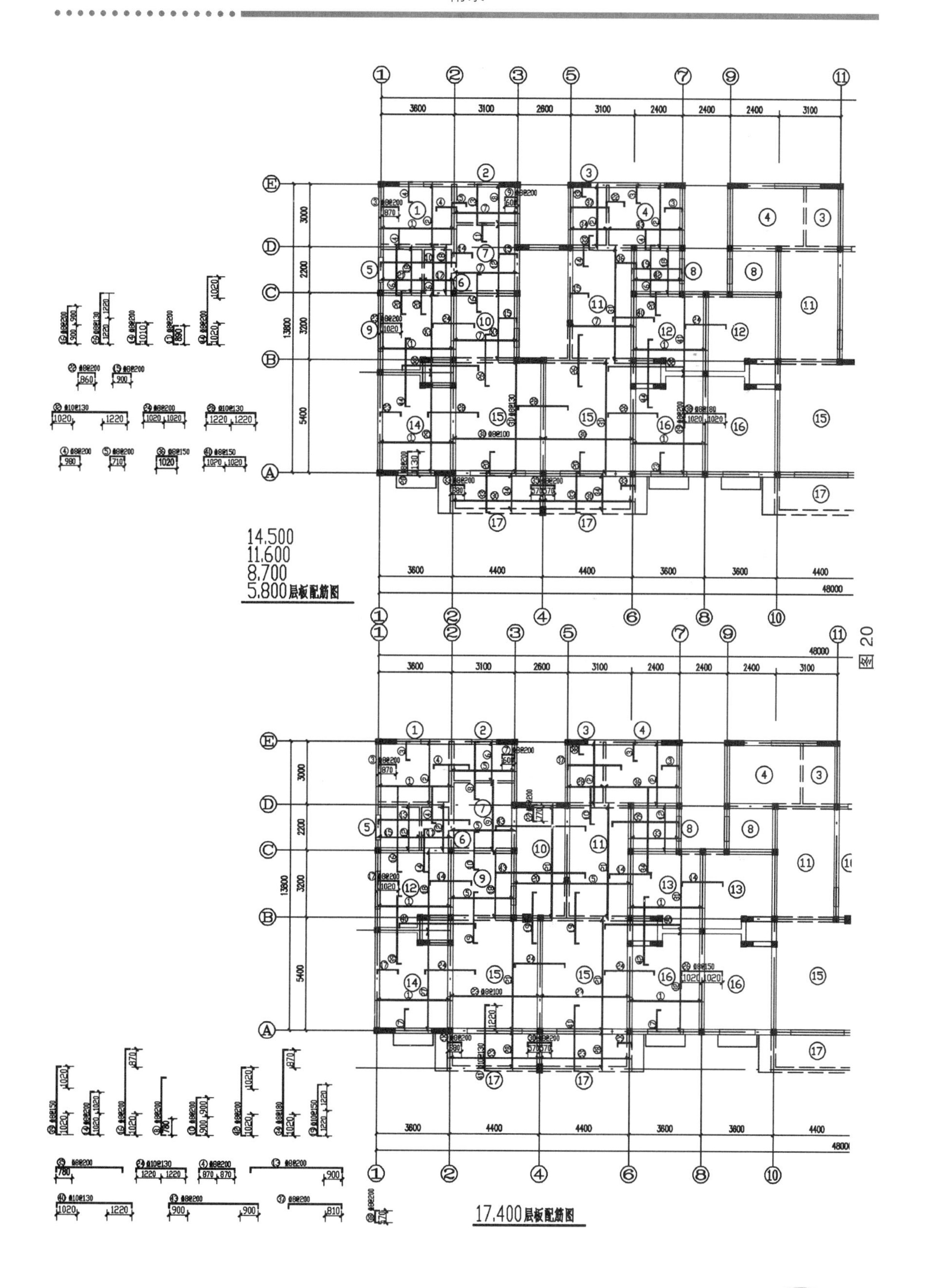
14.500
11.600
8.700
5.800层板配筋图
17.400层板配筋图
图20
48000

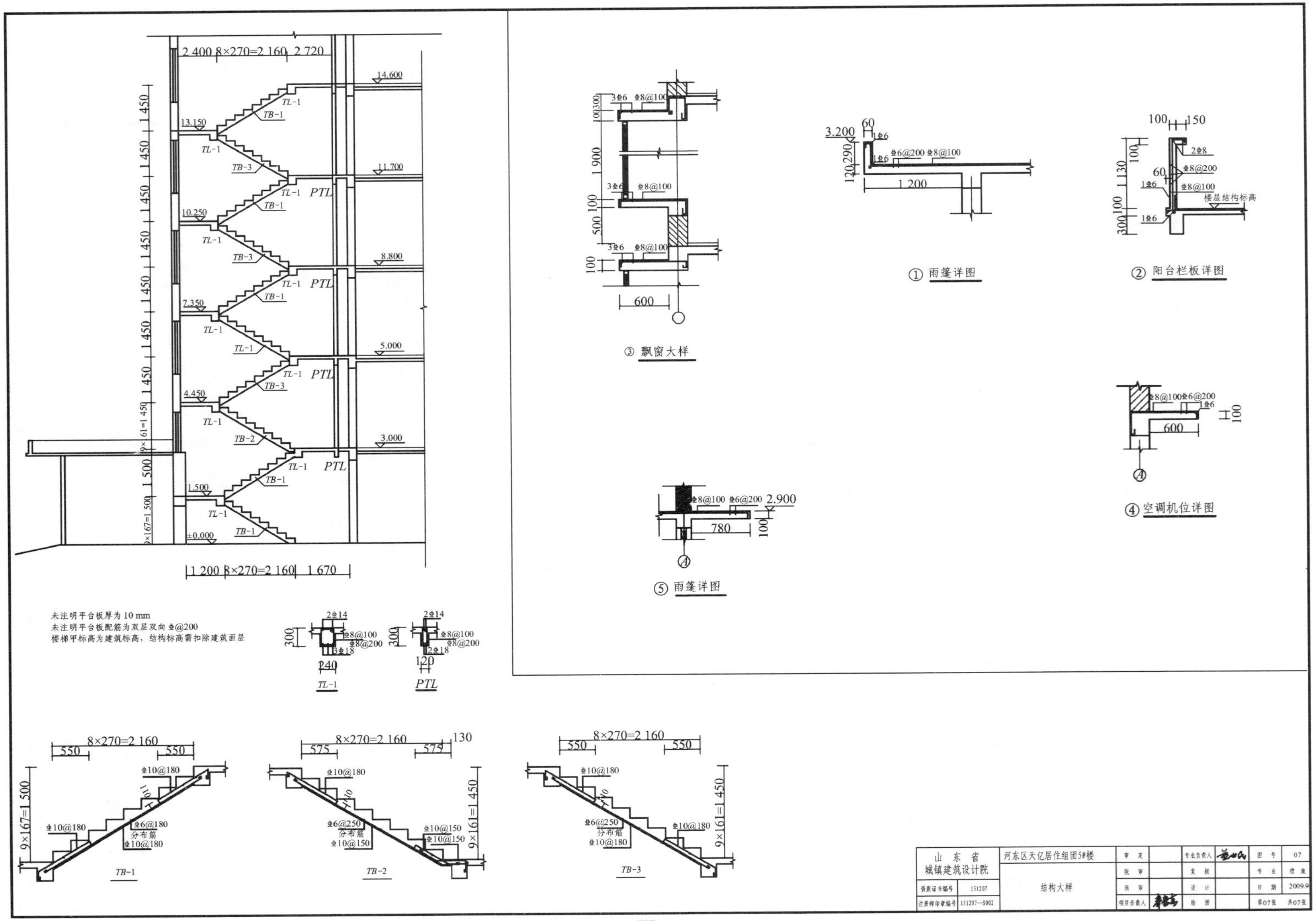
2 400 8×270=2 160 2 720
14.600
11.700
8.800
5.000
3.000
13.150
10.250
7.350
4.450
1.500
±0.000
TL-1
TB-1
TB-2
TB-3
PTL
1 450
9×161=1 450
1 500
9×167=1 500
1 200 8×270=2 160 1 670
未注明平台板厚为 10 mm
未注明平台板配筋为双层双向 ⌀@200
楼梯甲标高为建筑标高，结构标高需扣除建筑面层
2⌀14
⌀8@100
⌀8@200
3⌀18
2⌀18
240
120
300
TL-1
PTL
8×270=2 160
550
575
130
⌀10@180
⌀10@150
⌀6@180
⌀6@250
分布筋
TB-1
TB-2
TB-3
3⌀6
⌀8@100
1 900
500
100
600
③ 飘窗大样
3.200
60
1⌀6
⌀6@200 ⌀8@100
120
290
1 200
① 雨篷详图
100
150
2⌀8
⌀8@200
⌀8@100
1 130
楼层结构标高
② 阳台栏板详图
⌀8@100⌀6@200
④ 空调机位详图
2.900
780
⑤ 雨篷详图
山 东 省
城镇建筑设计院
河东区天亿居住组团5#楼
结构大样
资质证书编号 151207
注册师印章编号 151207--S002
审 定
院 审
所 审
项目负责人
专业负责人
复 核
设 计
绘 图
图 号 07
专 业 结 施
日 期 2009.9
第07张 共07张

图 21

参考文献

[1] 王强，张小平. 建筑工程制图与识图[M]. 北京：机械工业出版社，2010.
[2] 张小平. 建筑识图与房屋构造[M]. 武汉：武汉理工大学出版社，2005.
[3] 刁乾红，等. 土木工程制图与识图[M]. 成都：西南交通大学出版社，2013.
[4] 何 斌，陈锦昌，王枫红. 建筑制图[M]. 6版. 北京：高等教育出版社，2013.
[5] 蒲小琼. 画法几何与土木工程制图[M]. 武汉：武汉大学出版社，2013.
[6] 张 洵，汪红梅. 画法几何与土木工程制图[M]. 武汉：武汉大学出版社，2013.
[7] 叶晓芹. 建筑工程制图[M]. 重庆：重庆大学出版社，2013.
[8] 高远. 建筑装饰制图与识图[M]. 北京：机械工业出版社，2014.
[9] 朱建国，叶晓芹. 建筑工程制图[M]. 北京：清华大学出版社，2015.
[10] 朱育万，卢传贤. 画法几何及土木工程制图[M]. 北京：高等教育出版社，2015.